江西理工大学清江学术文库

铜铅锌硫化矿物表面氧化行为与浮选

冯 博　彭金秀　郭宇涛　著

北 京
冶 金 工 业 出 版 社
2022

内 容 提 要

本书共6章，内容包括铜铅锌硫化矿资源特点以及铜铅锌多金属硫化矿的分离现状、铜铅锌硫化矿物表面氧化与浮选、高分子抑制剂对铜铅锌硫化矿物的抑制行为及机理、铜铅锌硫化矿物表面氧化对高分子抑制剂抑制硫化矿物的影响、铜铅锌硫化矿物表面氧化调控对高分子抑制剂抑制硫化矿物的影响以及硫化矿物表面氧化调控影响浮选的机理等。

本书可供矿山企业的工程技术人员阅读，也可供科研院所的相关研究人员及高等学校矿物加工工程等学科的师生参考。

图书在版编目(CIP)数据

铜铅锌硫化矿物表面氧化行为与浮选/冯博，彭金秀，郭宇涛著．—北京：冶金工业出版社，2022.9

ISBN 978-7-5024-9238-0

Ⅰ.①铜…　Ⅱ.①冯…　②彭…　③郭…　Ⅲ.①硫化矿物—浮游选矿　Ⅳ.①TD952

中国版本图书馆CIP数据核字(2022)第157566号

铜铅锌硫化矿物表面氧化行为与浮选

出版发行　冶金工业出版社　　**电　　话**　(010)64027926
地　　址　北京市东城区嵩祝院北巷39号　　**邮　　编**　100009
网　　址　www.mip1953.com　　**电子信箱**　service@mip1953.com

责任编辑　王梦梦　美术编辑　燕展疆　版式设计　郑小利
责任校对　郑　娟　责任印制　李玉山
北京建宏印刷有限公司印刷
2022年9月第1版，2022年9月第1次印刷
710mm×1000mm　1/16；11.25印张；217千字；169页
定价66.00元

投稿电话　(010)64027932　投稿信箱　tougao@cnmip.com.cn
营销中心电话　(010)64044283
冶金工业出版社天猫旗舰店　yjgycbs.tmall.com
(本书如有印装质量问题，本社营销中心负责退换)

前　言

铜、铅、锌资源是我国的优势矿产资源，但我国的铜、铅、锌矿产资源中伴生及共生矿产资源较多，这给矿产资源的高效利用带来较大压力。硫化铜铅锌矿也称为复杂多金属硫化矿，矿石中除了铅、锌、铜、铁的硫化物外，还常含有镉、铟、银、金，有时还含有铋、锑、钨、锡及稀土元素，因此提高硫化铜铅锌矿的资源利用水平，意义重大。然而，由于矿石中铜铅锌矿物共生关系密切，嵌布粒度细，造成铜铅锌分离难度大，许多选矿厂只能生产铅精矿和锌精矿，而铜没有得到有效回收，造成宝贵铜资源的浪费，或者铜精矿和铅精矿互含高、质量差。复杂铜铅锌多金属硫化矿的分离始终是选矿界的难题之一。

铜铅锌硫化矿的浮选分离离不开高效抑制剂的作用。抑制剂主要有无机抑制剂和有机抑制剂两大类。传统的无机抑制剂因种类少、环境污染大等问题，已不能满足现代工业要求。而有机抑制剂因环境友好、来源广泛、种类多样等优点，显示出光明的应用前景，已被广泛应用于硫化矿浮选中。硫化矿有机抑制剂主要有小分子抑制剂、非离子型有机抑制剂、阳离子型有机抑制剂和阴离子型有机抑制剂，不同类型的有机抑制剂作用方式及作用效果不同。

为了使广大科研、生产及专业人员更加详细地了解高分子抑制剂在铜铅锌多金属硫化矿浮选分离中的作用，作者在长期研究所得成果的基础上，撰写了本书。本书较为系统地介绍了高分子抑制剂对铜铅锌硫化矿物的抑制作用及机理，分析了表面氧化对高分子抑制剂抑制硫化矿物的强化作用，考察了硫化、超声波处理、络合处理等方法对高分子抑制剂抑制硫化矿浮选的影响。

本书共6章。第1章概述铜、铅、锌的性质、用途以及硫化铜铅锌矿的资源分布及特点，并介绍了硫化铜铅锌选矿分离的现状；第2章介绍铜铅锌硫化矿物表面氧化行为与浮选的关系，分析了不同粒度铜铅锌硫化矿物浮选行为，考察了自然氧化和氧化剂氧化条件对黄铜矿、方铅矿、闪锌矿和黄铁矿浮选行为的影响；第3章介绍高分子抑制剂对铜铅锌硫化矿物的抑制行为和机理，以及黄原胶、刺槐豆胶等高分子抑制剂对铜铅锌硫化矿物的抑制行为，考察了高分子抑制剂对硫化矿物浮选分离的影响，分析了高分子抑制剂对铜铅锌硫化矿物的选择性抑制机理；第 4 章介绍铜铅锌硫化矿表面氧化对高分子抑制剂抑制硫化矿物的影响，以及 H_2O_2、$KMnO_4$ 等氧化剂加入对高分子抑制剂抑制硫化矿物的影响，分析了氧化剂强化高分子抑制剂抑制作用的机理；第 5 章和第 6 章介绍硫化、超声波处理、络合处理等方法对高分子抑制剂抑制硫化矿物浮选的影响，确定了表面氧化调控在铜铅锌多金属硫化矿物浮选分离中的作用，分析了表面氧化调控影响高分子抑制剂的作用机理。

本书的出版得益于江西理工大学清江学术文库的资助，在此表示感谢。本书涉及的研究内容得到了国家自然科学基金项目(52174248)、江西省自然科学基金项目（20202ACBL214010）、江西省青年井冈学者、江西省双千计划（jxsq2019201115）、江西理工大学清江拔尖人才计划的资助，在此对以上机构表示衷心的感谢。研究生彭金秀、郭宇涛为本书所涉及实验的开展做出了重要贡献，在此表示感谢。全书由冯博统稿，在撰写过程中，研究生钟春晖、张良柱、陈渊淦参与部分文字录入和图表整理，在此一一表示感谢。

由于水平所限，书中不妥之处，希望读者批评指正。

作　者

2021 年 12 月

目　　录

1 绪　　论

1.1 铜铅锌的性质和用途

1.1.1 铜的性质和用途

铜是紫红色金属，密度为8.96g/cm³，熔点为1083.4℃，其导热性和导电性在所有金属中仅次于银。铜在干燥的空气中不易氧化，但在含有二氧化碳的潮湿空气中，表面易生成一层有毒的碱式碳酸铜（铜绿），这层薄膜能保护铜不再被腐蚀。铜在盐酸和稀硫酸中不易溶解，但能溶于有氧化作用的硝酸和含有氧化剂的盐酸中，铜还能溶于氨水。铜易加工，可制成管、棒、线、带以及箔等型材。

铜易与多种元素组成合金，如青铜（铜锡合金）、黄铜（铜锌合金）、白铜（铜镍合金）等。

铜及其合金的应用范围很广，在有色金属中，铜的产量和耗用量仅次于铝，居第二位。铜在电器、输电和电子工业中用量最大，据统计，世界上生产的铜，近一半消耗在电器工业中。军事上用铜制造各种子弹、炮弹、舰艇冷凝管和热交换器以及各种仪表的弹性元件等。铜还可用来制作轴承、轴瓦、油管、阀门、泵体，以及高压蒸汽设备、医疗器械、光学仪器、装饰材料及金属艺术品和各种日用器具等。

1.1.2 铅的性质和用途

铅是蓝灰色金属，新的断口具有灿烂的金属光泽。其固态密度为11.35g/cm³，熔点为327.4℃，沸点为1525℃。单质铅在金属中是最柔软的，莫氏硬度为1.5。铅具有很好的展性，但其延性甚小，不耐拉力。铅的导热度很低，相当于银的7.5%，导电度也很差，仅为银的7.77%。铅具有高度的化学稳定性，常温时在干燥空气中不发生化学变化，但铅易溶于稀硝酸。室温下，铅不溶于硫酸和盐酸，常温时盐酸和硫酸的作用仅及铅的表面，因为生成的$PbCl_2$及$PbSO_4$几乎是不溶解的，附着在铅表面，使内部的金属不受腐蚀。铅与含碱、氨、氯的溶液和有机酸、酯均不发生反应。

由于铅具有抗酸、碱腐蚀的性质，因此用途较广，如可以用来制造化工设备的各种构件、巴比特合金-铅基合金轴承、冶金工厂的电解槽、通信电缆铠装材料以及做蓄电池等，由于铅能吸收放射性射线，故可应用于X-光工业及原子能工业，铅的化合物可用在颜料、陶瓷、玻璃、橡胶等，还可用于焊料、印刷合金等。

1.1.3 锌的性质和用途

锌是一种蓝白色金属，密度为 7.14g/cm^3，熔点为 419.5℃。锌在室温下，性较脆，100~150℃时，变软，超过 200℃后，又变脆。锌的化学性质活泼，在常温下的空气中，表面生成一层薄而致密的碱式碳酸锌膜，可阻止其进一步氧化，当温度达到 225℃，锌氧化激烈，燃烧时，发出蓝绿色火焰。锌易溶于酸，也易从溶液中置换金、银、铜等。锌在自然界中多以硫化物状态存在，如闪锌矿，也有少量氧化矿，如菱锌矿和异极矿。

由于锌在常温下表面易生成一层保护膜，所以锌最大的用途是用于镀锌工业。锌能和许多有色金属形成合金，其中锌与铝、铜等组成的合金，广泛用于压铸件。锌与铜、锡、铅组成的黄铜，用于机械制造业，含少量铅、镉等元素的锌板可制成锌锰干电池负极、印花锌板、有粉腐蚀照相制板和胶印印刷板等，锌肥（硫酸锌、氯化锌）有促进植物细胞呼吸、碳水化合物的代谢等作用，锌粉、锌钡白、锌铬黄可作颜料。氧化锌还可用于医药、橡胶、油漆等工业。

1.2 铜铅锌资源分布

1.2.1 铜资源分布

世界铜矿资源主要分布在北美、拉丁美洲和中非三地。据 2019 年统计数据，全球铜矿资源储量接近 8.7 亿吨，其中智利是全球铜资源最丰富的国家之一，约有 2 亿吨。智利、澳大利亚和秘鲁属于铜资源储量的第一梯队，分别占全球铜资源储量的 23%、10%、10%；俄罗斯、墨西哥和美国属于第二梯队，分别占全球铜资源储量的 7%、6%、6%；中国属于第三梯队，占全球铜资源储量的 3%。

截至 2019 年，我国铜矿金属查明资源储量为 11253 万吨，主要分布于西藏、江西、云南、新疆、内蒙古和安徽等省（区）。当前中国已发现的铜资源具有矿床规模较小的特点，其中大型、中型和小型矿床分别占 2.7%、8.9%和 88.4%。中国已探明的铜矿床虽然规模较小，但是其数量较多，大型以上矿床资源储量多，达到全国总铜矿床数量的 72%。铜矿储量大于 250 万吨的铜矿为超大型铜矿床，按此标准，江西德兴铜矿、黑龙江多宝山铜多金属矿、西藏玉龙铜矿、西藏驱龙铜矿、西藏甲玛铜矿、西藏多龙铜矿、甘肃金川铜镍矿、云南东川铜矿为超大型铜矿。中国铜矿类型较多，目前世界已知的斑岩型、砂岩型、矽卡岩型、海相火山岩型等十种铜矿床类型在我国长江中下游、东天山等地均有发现，其中斑岩型铜矿、矽卡岩型铜矿、海相火山岩型铜矿的储量占比分别为 41%、27% 和 9.24%。斑岩型铜矿是我国最重要且储量最大的矿床类型，而矽卡岩型和海相火山岩型是富铜矿的主要来源。中国铜矿床贫矿居多，富矿少。铜矿平均品位为0.87%，品位大于1%的铜储量约占全国铜矿总储量的3.59%。在大型铜矿中，品位大于1%的铜储量仅占13.2%。而中国斑岩型铜矿床平均铜品位为0.55%，砂岩型铜矿床平均品位在0.5%~1%。总之，中国较大多数铜矿床属于中低品位，远低于智利、赞比亚等国的铜矿石品位。

1.2.2 铅锌资源分布

单一的铅矿和锌矿很少，通常铅锌矿密切共生，因此以铅锌矿为对象进行探讨。全球铅锌矿资源丰富，据2018年统计数据，全球铅锌储量为30500万吨，主要分布在澳大利亚、中国、俄罗斯、墨西哥、秘鲁、哈萨克斯坦、美国、印度、波兰和加拿大等国家，其中澳大利亚和中国的铅锌储量均达5000万吨以上，俄罗斯、墨西哥、秘鲁、哈萨克斯坦、美国、印度和波兰铅锌资源储量也较丰富，均达1000万吨以上。全球铅锌矿床主要有喷流沉积型、火山块状硫化物型、密西西比河谷型3大类，分别占总资源的50%、14%、13%，其他类型如铁氧化物铜-金型、花岗岩型、黑色页岩型伴生的铅锌矿床等占8%。

铅锌矿在我国分布广泛，目前有29个省（区、市）发现并勘查了铅锌资源，但从富集程度和保有储量来看，铅锌合计储量大于800万吨的主要6个省区依次为云南2662.91万吨、内蒙古1609.87万吨、甘肃1122.49万吨、广东1077.32万吨、湖南888.59万吨、广西878.80万吨，合计为8239.98万吨，占全国铅锌储量的64%；从三大经济地区分布来看，主要集中于中西部地区，铅储量占73.8%，锌储量占74.8%。我国铅锌资源储量丰富，但生产较为分散，主要表现在：矿山数量多，但小而散，大型铅锌矿山的全球占比较低；矿床地质条件复杂，开采难度大；富矿少，贫矿多；锌供应企业相对分散，多而不强。正因如此，我国铅锌资源从开采到加工冶炼，所花费的成本代价较高。

与世界其他国家相比，我国铅锌矿产资源品质中等，既有云南兰坪、甘肃厂坝、广东凡口这样储量超过千万吨的世界级大型铅锌矿，更有众多中小型矿藏。在全国700多处矿产地中，云南会泽铜锌矿、广东凡口铅锌矿、云南兰坪铅锌矿、四川白玉铅锌矿、湖南黄沙坪铜锌矿、浙江龙泉铅锌矿、贵州普安铅矿等大中型矿床的铅、锌储量分别占81.1%和88.4%。矿石类型主要有硫化铅矿、硫化锌矿、氧化铅矿、氧化锌矿、硫化铅锌矿、氧化铅锌矿以及混合铅锌矿等。以锌为主的铅锌矿床和铜锌矿床较多，而以铅为主的铅锌矿床不多，单铅矿床更少。

从目前已勘探的超大型、大中型矿床分布来看，主要集中在滇西、川滇、西秦岭-祁连山、内蒙古狼山和大兴安岭、南岭等五大成矿集中区。成矿期主要集中在燕山期和多期复合成矿期。据《中国内生金属成矿图说明书》统计的铅锌矿床的成矿期，前寒武期占6%、加里东期占3%、海西期占12%、印支期占

1.3%、燕山期占39%、喜马拉雅期占0.7%、多期占38%。大多数矿床普遍共伴生Cu、Fe、S、Ag、Au、Sn、Sb、Mo、W、Hg、Co、Cd、In、Ga、Ge、Se、Tl、Sc等元素。有些矿床伴生元素达50多种。特别是近20年来，通过综合勘查和矿石物质成分研究，证实许多铅锌矿床中银含量高，成为铅锌银矿床或银铅锌矿床，其银储量占全国银矿总储量的60%以上，在采选冶过程中综合回收银的产量，占全国银产量的70%~80%，金的储量和产量也相当可观。

1.3 铜铅锌硫化矿资源特点

1.3.1 硫化铜矿资源特点

中国铜矿资源从矿床规模、铜品位、矿床物质成分和地域分布、开采条件来看具有以下特点：

（1）中小型矿床多，大型、超大型矿床少，在探明的矿产地中，大型、超大型仅占3%，中型占9%，小型占88%；

（2）贫矿多，富矿少，中国铜矿平均品位为0.87%，品位大于1%的铜储量约占全国铜矿总储量的35.9%，在大型铜矿中，品位大于1%的铜储量仅占13.2%；

（3）共伴生矿多，单一矿少，在900多个矿床中单一矿仅占27.1%，综合矿占72.9%，具有较大综合利用价值金属如金、银、铅、锌、硫等；

（4）坑采矿多，露采矿少，目前，国营矿山的大中型矿床，多数是地下采矿，而露天开采的矿床很少，仅有甘肃白银厂矿田的火焰山、折腰山两个矿床，而且露天采矿已闭坑转入地下开采。

1.3.2 硫化铅锌矿资源特点

我国铅锌矿的资源特点主要包括以下几点。

（1）储量与分布。铅锌资源分布比较集中，主要分布在云南、内蒙古、甘肃、广东、湖南、青海、广西、新疆、河北、四川等10个省（区），这10个省（区）的储量、基础储量、查明资源储量合计分别占全国的90.6%、88.7%、76.1%。

（2）资源禀赋较差。虽然我国铅锌资源储量丰富，产量多年居世界前列，但相对其他铅锌资源大国，我国的铅锌资源禀赋相对较差，矿石中铅加锌品位多数在5%~10%，品位大于10%的矿石不到总储量的10%，而国外矿山品位一般都比较高，铅加锌大多在10%以上。铅锌共生，矿石中铅少锌多，铅锌比约为1∶2.6，而国外铅锌比约为1∶1.2。

（3）矿床类型以硫化矿为主。90%的储量为原生硫化矿，只有云南的会泽、兰坪，辽宁的紫河，广西的泗顶和陕西的铅峒山等少数几个氧化铅锌矿床。

(4) 矿石类型复杂，共伴生组分多。我国多数锌矿床物质成分较为复杂，共伴生组分多，绝大多数铅锌矿床均伴生有铜、铁、银、硫、锡、硒、铳等元素，有的矿床共伴生元素多达50余种。近年来通过综合勘查对铅锌矿床共生成分进行了进一步研究，而勘查证明，许多锌矿床的银含量较高，如加以综合回收亦能产生可观的经济效益。

(5) 矿山外部基础设施较为完善，采矿及矿物加工水平已处于世界前列。

1.4 金属硫化矿的分离

铜铅锌硫化矿中主要金属矿物为黄铜矿、方铅矿、闪锌矿、黄铁矿及磁黄铁矿，次要金属矿物为黝铜矿、斑铜矿、辉铜矿、磁铁矿及毒砂等。有时亦存在少量蓝铜矿、白铅矿、菱锌矿及褐铁矿等氧化矿物，脉石矿物主要有石英、方解石、透闪石、石榴子石、萤石等。还常含有镉、铟、金、银等可综合回收的贵重金属及稀散元素，具有较大的经济价值。

铜铅锌硫化矿中伴生有用矿物种类多，矿石性质复杂，各种硫化矿物均有一定的可浮性，常采用浮选分离。铜铅锌硫化矿物都存在不同程度的氧化，矿石中共生关系紧密，嵌布粒度极不均匀。硫化铜矿表面溶解易产生大量游离的铜离子，造成矿浆中易被铜离子活化的闪锌矿和黄铁矿可浮性骤然上升致使铜铅锌硫化矿物的可浮性相近，从而增大了浮选分离的难度；矿石中易氧化的黄铁矿较多；含有可浮性较好的碳质磁黄铁矿、碳质页岩及黏土质物料；矿石泥化严重，选矿产品种类较多，流程结构复杂，生产操作控制困难，磨矿中难以单体解离等，这些均导致铜铅锌硫化矿物浮选分离困难。

综上所述，铜铅锌硫化矿由于具有极复杂的矿物组成，以及矿物间共生关系极为密切等原因铜铅锌硫化矿物难以高效分离，共伴生元素没有得到有效回收，造成资源的严重浪费。因此，了解铜铅锌硫化矿中各矿物的浮选行为，实现铜铅锌硫化矿的高效分离具有十分重要的意义。

1.4.1 黄铜矿的性质与浮选行为

黄铜矿化学式为 $CuFeS_2$，其中 Cu 含量为（质量分数，后同）34.56%，S 含量为 34.92%。黄铜矿是四方晶系，晶格能较大，颜色为黄色，不透明，有金属光泽，不完全解离，性质较脆，导电性良好。黄铜矿表面疏水性及可浮性较好，一般通过浮选实现黄铜矿从矿石中的回收。黄铜矿表面易氧化，对其浮选回收率影响较大。谢珉等人研究发现黄铜矿中的铁离子性质比较活泼，呈高自旋价态，因此黄铜矿与氧气接触后，氧气不是与黄铜矿中铜离子结合，而是与黄铜矿中的铁离子结合发生作用。黄铜矿在有氧的条件下，具有良好的自诱导无捕收剂浮选性能和一定的硫诱导无捕收剂浮选性能。Lurttrell 和 Yoo 研究发现不同产地的黄铜矿无捕收剂浮选性能存在差别。黄铜矿最常用的捕收剂为黄药，其对黄铜矿有很强捕收效果，但是选择性较差。黑药也是黄铜矿的有效捕收剂，具有起泡性能，其捕收能力比黄药稍弱，但是选择性强于黄药。其他捕收剂还有Z-200、硫氮、硫氨脂等。常用的黄铜矿抑制剂有硫化钠、硫氢化钠、氰化物、诺克斯药剂和氧化剂等无机抑制剂，新型无机抑制剂主要有巯基类、胀基硫代乙酸、乙酰二硫代碳酸二钠、黄原酸盐、嘧啶类等。

1.4.2 方铅矿的性质与浮选行为

方铅矿化学式为PbS，其中Pb含量为86.6%，S含量为13.4%。方铅矿是等轴晶系，颜色为铅灰色，不透明，金属光泽，硬度小，密度大，三组解离完全，具有弱导电性，在矿床中一般与闪锌矿致密共生。方铅矿在表面纯净，还原或强氧化的条件下可浮性弱，只有在适当氧化时才具有较好的无捕收剂可浮性。研究表明，方铅矿较黄铁矿更难氧化，两者氧化后形成硫酸盐的溶解度差别较大；在溶液中，方铅矿表面溶解的铅离子量远远小于黄铁矿表面溶解的铁离子量，因此在中性或碱性溶液中，黄铁矿表面生成的氢氧化铁的量远大于后者表面生成的氢氧化铅的量。方铅矿常用的抑制剂有重铬酸盐和亚硫酸盐，但对表面纯净的方铅矿则没有抑制作用，只能在方铅矿表面发生氧化后才能抑制其浮选行为。对于重铬酸盐和亚硫酸盐作用后的方铅矿表面生成薄膜的电子衍射鉴定发现：在发生氧化的方铅矿表面生成的是具有高度亲水性的重铬酸铅和亚硫酸铅，它们的生成掩盖了方铅矿表面生成的疏水性的金属捕收剂盐，从而抑制了其可浮性；而在表面纯净的方铅矿表面生成的则是重铬酸盐和亚硫酸盐所对应的氧化物。

1.4.3 闪锌矿的性质与浮选行为

闪锌矿的化学式为ZnS，其中Zn含量为46.64%，S含量为53.36%。闪锌矿晶体结构属于等轴晶系，闪锌矿的颜色由于其铁含量的不同也随之变化：当闪锌矿中铁含量增加时，其颜色逐渐加深，透明度也由透明到半透明，甚至不透明；当闪锌矿中含铁量大于10%时常被称为铁闪锌矿。闪锌矿几乎总与方铅矿共生，目前，世界上的硫化锌矿资源为生产金属锌的主要矿石资源，但氧化锌矿资源也较多，这是由于金属硫化锌矿床接近地表的部分长期受到氧气、水、生物有机物等侵蚀作用，经过一系列风化和演变过程，导致浅层矿床主要的含锌矿物以菱锌矿、异极矿等氧化锌矿为主。闪锌矿的浮选行为有两个明显的特点：（1）闪锌矿的天然可浮性较差；（2）由于铜矿物溶解在矿浆中，产生的铜离子会活化闪锌矿，使闪锌矿具有和黄铜矿相类似的性质，提高了闪锌矿的可浮性，从而使得铜和锌矿物难以分离。通过对闪锌矿表面 $Ca(OH)^+$ 和 OH^- 两种离子的吸附进行动力学模拟，并对吸附能和吸附质量云图进行分析得出，$Ca(OH)^+$更容易吸附在ZnS表面吸附，这些吸附在表面的离子又与OH^-和硫化矿氧化产物产生的SO_4^{2-}等离子作用形成不溶性亲水表面产物，从而导致矿物受到抑制。

1.4.4 黄铁矿的性质与浮选行为

黄铁矿化学式为FeS_2，其中Fe含量为46.64%，S含量为53.36%。黄铁矿是等轴晶系，颜色为浅黄铜色，不透明，有强金属光泽，性质较脆，具有弱导电性、电热性及逆磁性等。黄铁矿可浮性较好，在磨矿及浮选过程中很容易氧化，其氧化后生成可溶性盐，产生三价的铁离子、硫酸根等离子，因此在碱性矿浆中容易在黄铁矿表面氧化生成$Fe(OH)_3$亲水性薄膜而使得黄铁矿被抑制；而在低pH值酸性条件下，所产生的$Fe(OH)_3$薄膜会被溶解而产生新鲜表面，使用捕收剂又可将其浮选。所以黄铁矿的浮选性能与pH值有着密切的关系。研究表明，黄铁矿在酸性条件下甚至产生零价的元素S^0，增加了黄铁矿的疏水性，使其可浮性变好。黄铁矿在不同的矿浆环境中可浮性明显不同，当pH<6的条件下，黄铁矿表面产生中性硫，可浮性较好；而在碱性条件下，黄铁矿表面产生亲水性$Fe(OH)_3$薄膜，随着pH值的增大可浮性变差。因此，常用石灰调pH值矿浆，在高碱条件下抑制黄铁矿的浮选。被抑制的黄铁矿又常用硫酸、盐酸等酸类降低pH值，溶解黄铁矿表面上的$Fe(OH)_3$薄膜，使其活化。

1.4.5 硫化矿表面氧化行为及其对矿物浮选的影响

硫化矿的氧化产物与其表面疏水亲水性密切相关，所以要想研究清楚硫化矿的浮选过程就必须了解硫化矿的氧化还原性。硫化矿物比较容易氧化，其浮选行为和表面性质受到氧化产物的种类和氧化深度等因素的影响。

pH值的影响：如用MS代表硫化矿物，在酸性、中性或碱性水溶液中的氧化反应可以写成式（1-1）~式（1-4）。

在酸性水溶液中：

$$MS = M^{n+} + S^0 + ne \tag{1-1}$$

在中性或碱性水溶液中：

$$MS + nH_2O = M(OH)_n + S^0 + nH^+ + ne \tag{1-2}$$

同时，还可以发生以下的反应，生成SO_4^{2-}、$S_2O_3^{2-}$；

$$2MS + 7H_2O = 2M(OH)_n + S_2O_3^{2-} + 10H^+ + 8e \tag{1-3}$$

$$MS + 6H_2O = M(OH)_n + SO_4^{2-} + 10H^+ + 8e \tag{1-4}$$

铜铅锌硫化矿浮选配合一些药剂的使用，可提高目的矿物的分离效果。一般需要的药剂有捕收剂、抑制剂、起泡剂及活化剂等。抑制剂主要为无机抑制剂和有机抑制剂。

1.4.6 无机抑制剂在硫化矿分离中的作用及应用

无机抑制剂因选择性好、分离效果明显等优点，在铜铅锌硫化矿浮选分离中应用广泛，硫化矿无机抑制剂主要有氰化物、氧化还原剂、石灰和硫酸锌等。

氰化物在硫化矿浮选中常被用来抑制闪锌矿、黄铁矿和黄铜矿等硫化矿物，但对方铅矿无影响。常用的氰化物有氰化钠、氰化钾和氰化钙，工业上常将氰化物与石灰或硫酸锌混合使用。氰化物起抑制作用的有效成分是其在矿浆中水解后生成的CN^-，随着pH值升高，溶液中CN^-浓度增加，抑制效果增强。其作用机理是：氰化物与硫化矿表面作用生成氰络合物，该过程清除了硫化矿表面吸附的双黄药；另外CN^-能够降低黄药氧化为双黄药的速率，从而强化硫化矿表面的疏水性。此外，氰化物可与Cu^{2+}反应生成络合物沉淀，消除Cu^{2+}对闪锌矿的活化作用，但氰化物与闪锌矿反应生成的络合物不稳定，碱性条件下易水解生成氢氧化锌并覆盖于闪锌矿表面而使其抑制。氰化物是剧毒品，管理储存困难，价格比其他抑制剂贵很多，选矿废水需处理达标后排放，给选矿厂带来环保压力，且在浮选过程中金银等伴生金属容易被氰化物所溶解，导致金属流失，因而近年来有氰工艺逐渐被大多数选厂所淘汰。

氧化还原剂主要包括硫化钠、硫氢化钠、高锰酸钾和重铬酸盐等。硫化钠和硫氢化钠主要通过水解产生的SH^-排挤吸附在矿物表面的黄药，同时SH^-吸附在矿物表面，使得矿物表面亲水，硫化钠用量大时，绝大多数硫化矿物都会受到抑制。高锰酸钾可以有效地抑制黄铁矿和闪锌矿，一方面高锰酸钾可以氧化矿物表面使得捕收剂难以吸附在矿物表面，另一方面也会与矿浆中的黄药作用。重铬酸盐是方铅矿的有效抑制剂，对黄铁矿也有抑制作用，主要通过水解产生的CrO_4^-与表面发生氧化的方铅矿发生化学反应生成难溶的亲水铬酸铅薄膜。

石灰是铜铅锌硫化矿分离中应用最广泛的一种抑制剂，它一般单独使用或与氰化物、氧化还原剂以及有机抑制剂组合使用，可用于抑制黄铁矿或闪锌矿等硫化矿。其抑制硫化矿机理是：在高pH值条件下在硫化矿表面生成亲水的薄膜，覆盖或阻止黄药在其表面的吸附；矿浆中Ca^{2+}、$Ca(OH)^+$吸附于矿物表面，与双黄药形成竞争吸附，减少矿物表面与双黄药作用的活性中心数量；碱性条件下矿物表面加速氧化，生成亲水的氧化产物。虽然石灰来源广泛、价格低廉，在工业应用上工艺成熟，生产操作稳定，能很好地抑制硫化矿，但石灰工艺有着明显缺陷：（1）专门的石灰制乳车间增加了生产成本，生产中的管道容易结垢堵塞，给管道维护带来不便；（2）高碱条件下降低了金银伴生金属在精矿中的富集程度，减少了选矿厂的经济效益；（3）被石灰抑制的矿物需要使用大量的硫酸活化，恶化工人生产环境，也在一定程度上带来了环保问题。

硫酸锌是闪锌矿的抑制剂，通常在碱性矿浆中才起抑制作用，且矿浆pH值越高，其抑制作用越明显，硫酸锌在碱性矿浆中生成氢氧化锌胶体吸附在闪锌矿表面，阻止矿物与捕收剂发生作用。通常硫酸锌不单独使用，而常与氰化物、碳酸钠等配合使用。

马忠臣等人在内蒙古某铅锌硫化矿浮选分离中，采用组合抑制剂石灰和次氯酸钙抑制黄铁矿、碳酸钠和硫酸锌组合药剂抑制锌矿物等工艺条件及优先选铅—铅尾矿选锌流程，获得了理想的选矿技术指标。浮选闭路试验结果表明：铅精矿铅品位为45.18%，铅回收率为88.98%；锌精矿锌品位为45.97%，锌回收率为83.77%。

王勇等人分别采用组合药剂 $ZnSO_4+Na_2SO_3$ 和单一石灰法对某硫化铅锌矿进行了无氰分离工艺试验研究，两种方法均获得了较好的指标，但单一石灰法用量小、成本低，还提高了铅精矿或锌精矿的品位。

矿浆电位调控法主要通过向矿浆中加入氧化还原试剂来实现分选目的。氧化还原试剂可通过改变矿的费米能级和边缘能级来影响矿物的能带结构，该过程易于实现且效果优于外控电位法。还原剂的作用机理为：调控矿浆电位至还原气氛，使吸附在硫化矿表面的双黄药解析，并还原溶液中 Cu^{2+} 等离子，从而强化硫化矿物表面的亲水性，常用的还原试剂有二氧化硫、亚硫酸钠、连二亚硫酸钠、硫化钠等。氧化剂的作用机理为：调控矿浆电位至氧化气氛，促使硫化矿物表面生成亲水性薄膜，达到使硫化矿物亲水的目的，常用的氧化剂有高锰酸钾、过氧化氢、次氯酸钙、高铬酸钾等。

余新阳等人研究了 $Ca(ClO)_2$ 对黄铁矿的抑制作用机理，结果表明 $Ca(ClO)_2$ 在低碱度条件下是黄铁矿的有效抑制剂，而对黄铜矿的可浮性没有影响。通过纯矿物实验和人工混合矿物实验研究表明，$Ca(ClO)_2$ 可稳定地适应各种铜硫比的混合矿的分离，并获得较好的指标。根据拉曼光谱分析 $Ca(ClO)_2$ 抑制黄铁矿的机理为：$Ca(ClO)_2$ 作为氧化剂在低 pH 值条件下使黄铁矿表面氧化生成亲水的 $Fe(OH)_3$ 和 $CaCO_3$ 薄膜，阻碍捕收剂的吸附，从而有效的分离了硫化铜矿物和黄铁矿。

然而传统的无机抑制剂因种类少、抑制能力弱、环境污染大等问题，在硫化矿的浮选应用中受到限制。与无机抑制剂相比，高分子抑制剂具有种类多、来源广、抑制能力强、无污染等优点，日益受到选矿工作者的重视。

1.4.7 有机抑制剂在硫化矿分离中的作用及应用

传统的无机抑制剂因种类少、环境污染大等问题，已不能满足现代工业要求；而有机抑制剂因环境友好、来源广泛、种类多样等优点，显示出光明的应用前景，已被广泛应用于硫化矿浮选中。硫化矿有机抑制剂主要有小分子抑制剂、非离子型有机抑制剂、阳离子型有机抑制剂和阴离子有机抑制剂。

有机抑制剂的抑制性能与其分子结构相关联，其分子量的大小和亲固官能团的类型决定其抑制性能，不同的分子量、不同的亲固基对硫化矿的抑制作用有不同的影响。

小分子抑制剂因官能团中含有硫、磷而对硫化矿有较强的选择性，可根据不同性质的矿物设计抑制剂的分子结构，是当前硫化矿抑制剂研究与开发的重点；大分子有机抑制剂抑制性能强于小分子有机抑制剂，但选择性弱于小分子抑制剂的选择性，其具有多种类别亲固官能团，以S、N、P、O等为中心原子，官能团类型有酚巯基、羟基、羧基、磺酸基、氨基等。研究工作者们使用新型有机抑制剂BKY-1、水杨酸、焦性没子酸、乳酸、单宁酸及三羧基甲基-二硫代碳酸钠等用于铜硫浮选分离中，取得了良好的指标。也有学者设计了一种新型阴离子小分子有机抑制剂甘油基黄原酸钠用来抑制黄铁矿，该抑制剂分子结构中含有羟基、黄原酸基等官能团。

大分子抑制剂相较于小分子抑制剂，其支链更多，分子量大，官能团种类丰富，多数来源于天然有机物及其加工产品，大分子有机抑制剂分为非离子型和离子型两类，淀粉、糊精、刺槐豆胶、木质素、纤维素等为非离子型有机抑制剂，木质磺酸盐、腐殖酸钠、羧乙基纤维素、壳聚糖等为离子型有机抑制剂。

研究表明，有机抑制剂RC对黄铁矿和磁黄铁矿有较强的抑制作用，抑制机理为RC分子结构中含有羰基、羟基、磺酸基等官能团，RC与捕收剂形成竞争吸附，RC携带众多亲水性官能团使得矿物表面亲水而产生抑制效果；糊精对硫化矿的抑制机理是通过羟基与黄铁矿表面的三价铁发生特性吸附而生成络合物，从而吸附在黄铁矿表面；CMC、单宁酸、EDTA及腐殖酸钠对硫化矿抑制效果也较好。

有学者研究发现，高分子有机抑制剂木质素磺酸钙对硫化矿产生抑制作用的原因是在矿物表面与捕收剂形成竞争吸附，多糖化合物CMC、瓜尔豆胶对硫化矿产生较好抑制效果的机理各不相同，瓜尔豆胶通过氢键作用而发生吸附，CMC在钙离子的存在下通过静电相互作用以及相应pH值下布朗斯特质子酸作用发生吸附，SGX对硫化矿产生抑制效果关键是分子中亲水性羟基及药剂的强力吸附。

近年来，有机抑制剂已被应用于硫化矿浮选生产中，学者们也研发了大量高效的新型药剂，并与传统药剂进行组合使用，取得了较好的效果。

卜勇杰等人组合使用CMC和重铬酸钠等抑制剂于某硫化矿浮选中，不仅减少了环境污染，铜铅的分离效果佳，铜铅锌精矿品位也较好。周德炎等人组合使用氰化物与单宁类抑制剂于长坡选矿厂的铅锌分离工艺中，不仅提高了铅的品位及回收率，也解决了之前因大量使用氰化物带来的环境污染问题。

胡喆等人研究发现组合糊精及腐殖酸钠与石灰使用可提高硫化镍及黄铁矿的浮选分离效果。大量研究表明，组合药剂氯化钙+单宁酸等对硫化矿的抑制效果均显著优于单一抑制剂抑制效果，非离子型抑制剂 SH 与石灰的组合使用在铜硫分离中已取得较好的效果。

刘豹等人在辽宁某铜铅锌硫化矿浮选中使用了 CMC 后提高了铜精矿品位及回收率。尚衍波等人在硫化矿浮选分离高效药剂研究中发现巯基乙酸钠在铜铅分离对铜抑制作用更强，且新型有机盐类抑制剂 BK511 对硫化矿分离效果较佳。

高分子抑制剂壳聚糖及甲基纤维素对矿物具有极好的抑制效果，而羧化壳聚糖可用于抑制黄铜矿浮铅。已有大量研究表明，使用高分子抑制剂是提高硫化矿浮选分离效果、精矿产品质量及资源综合回收率的有效方法，所以对新型有机抑制剂研发具有重要意义。

2 铜铅锌硫化矿物表面氧化与浮选

在矿石选矿过程中，硫化矿物的氧化不可避免。为了研究氧化对不同硫化矿物浮选的影响，本章以黄铜矿、黄铁矿、方铅矿和闪锌矿为对象，分析硫化矿物表面氧化与矿物浮选的关系，考察了浮选 pH 值、矿物粒度、搅拌时间、自然氧化和氧化剂氧化等条件变化对各种硫化矿物可浮性的影响。

2.1 不同粒度铜铅锌硫化矿物浮选行为

图 2.1 所示为 pH=7 时，捕收剂丁基黄药用量对不同粒度方铅矿浮选行为的影响。由图 2.1 可知，随着丁基黄药用量增加，3 个粒级方铅矿的浮选回收率轻微增加且基本一样。图 2.2 所示为溶液 pH 值变化对不同粒级方铅矿浮选行为的影响。由图 2.2 可知，pH 值为 3~11 时，3 种粒级方铅矿可浮性皆较好。图 2.1 及图 2.2 结果表明：各粒级方铅矿可浮性较好；丁基黄药用量及 pH 值变化对各粒级方铅矿的回收率影响较小。

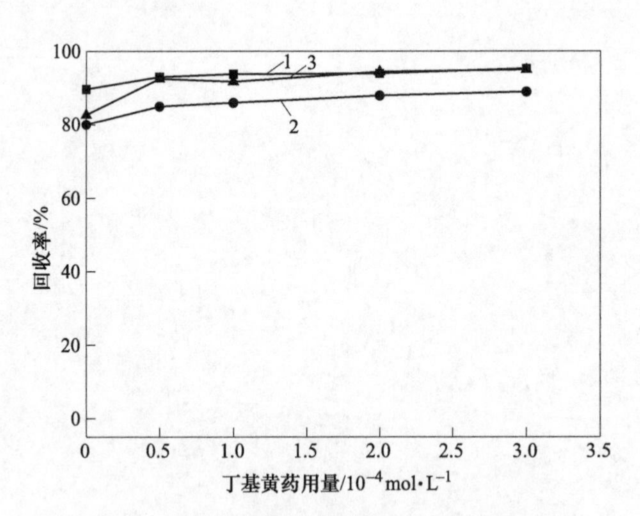

图 2.1 捕收剂用量对方铅矿浮选行为的影响

（pH=7；MIBC 用量：1×10^{-4}mol/L）

1—10μm 以下；2—0.037~0.075mm；3—0.075~0.15mm

图 2.3 所示为 pH=7 时，捕收剂丁基黄药用量对不同粒度闪锌矿浮选行为的影响（闪锌矿纯矿物中含有少量次生硫化铜矿物，导致闪锌矿可浮性较好，研究

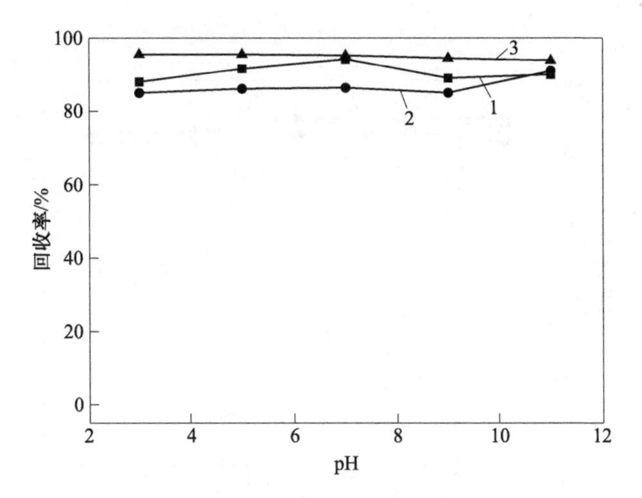

图 2.2　pH 值变化对方铅矿浮选行为的影响

（pH=7；MIBC 用量：1×10^{-4}mol/L；丁基黄药用量：1×10^{-4}mol/L）

1—10μm 以下；2—0.037~0.075mm；3—0.075~0.15mm

没有外加铜离子）。由图 2.3 可知，随着丁基黄药用量增加，3 个粒级的闪锌矿回收率略微升高，并趋于一致。图 2.4 所示为溶液 pH 值变化对不同粒级闪锌矿浮选行为的影响。由图 2.4 可知，pH 值为 3~11 时，各粒级闪锌矿可浮性皆较好。图 2.3 及图 2.4 结果表明：各粒级闪锌矿可浮性较好；丁基黄药用量和 pH 值变化对各粒级闪锌矿的回收率影响较小。

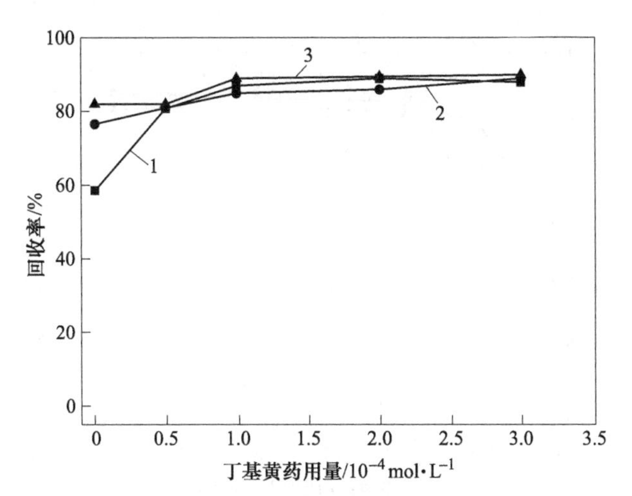

图 2.3　捕收剂用量对闪锌矿浮选行为影响

（pH=7；MIBC 用量：1×10^{-4}mol/L）

1—10μm 以下；2—0.037~0.075mm；3—0.075~0.15mm

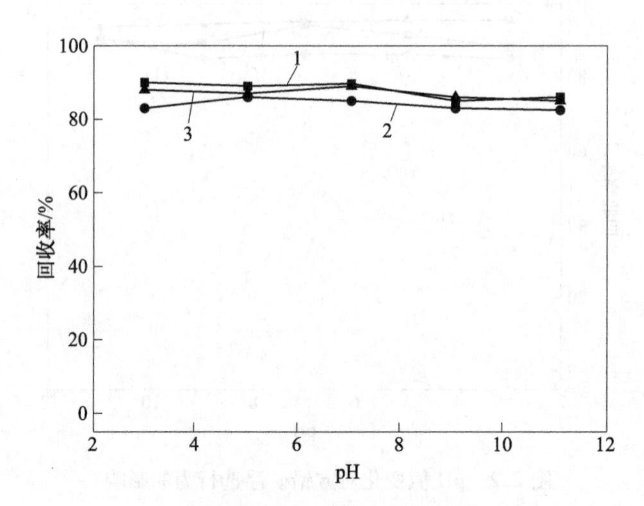

图 2.4　pH 值变化对闪锌矿浮选行为的影响

（pH=7；MIBC 用量：1×10^{-4}mol/L；丁基黄药用量：1×10^{-4}mol/L）

1—10μm 以下；2—0.037~0.075mm；3—0.075~0.15mm

图 2.5 所示为 pH=7 时，捕收剂丁基黄药用量对不同粒度黄铜矿浮选行为的影响。由图 2.5 可知，随着丁基黄药用量增加，3 个粒级黄铜矿回收率逐渐增加且相近。图 2.6 所示为溶液 pH 值变化对不同粒级黄铜矿浮选行为的影响。由图 2-6 可知，pH 值为 3~11 时，各粒级黄铜矿可浮性皆较好。

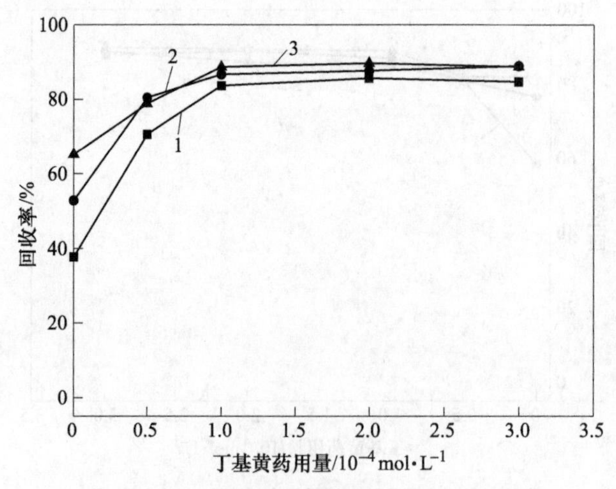

图 2.5　捕收剂用量对黄铜矿浮选行为的影响

（pH=7；MIBC 用量：1×10^{-4}mol/L）

1—10μm 以下；2—0.037~0.075mm；3—0.075~0.15mm

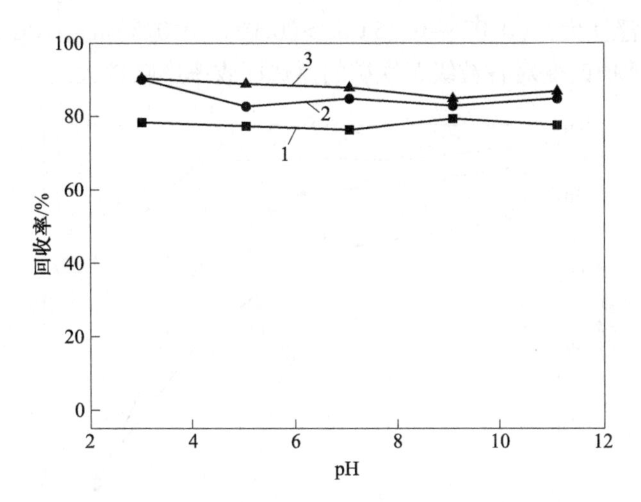

图 2.6 pH 值变化对黄铜矿浮选行为的影响

（pH=7；MIBC 用量：1×10^{-4}mol/L；丁基黄药用量：1×10^{-4}mol/L）

1—10μm 以下；2—0.037~0.075mm；3—0.075~0.15mm

图 2.7 所示为 pH=7 时，捕收剂丁基黄药用量对不同粒度黄铁矿浮选行为的影响。由图 2.7 可知，随着丁基黄药用量增加，3 个粒级黄铁矿回收率迅速增加并趋于稳定，回收率随着粒级减小而减小。图 2.8 所示为溶液 pH 值变化对各粒级黄铁矿浮选行为的影响。由图 2.8 可知，随着 pH 值逐渐增加，各粒级黄铁矿回收率逐渐下降，回收率随着粒级减小而减小。图 2.7 及图 2.8 结果表明：3 个

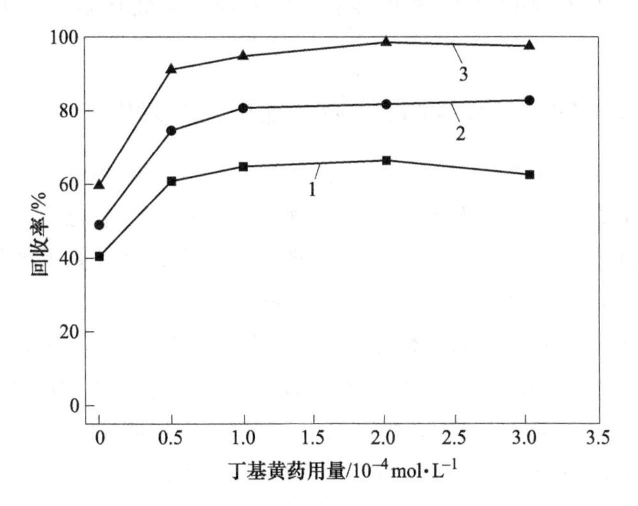

图 2.7 捕收剂用量对黄铁矿浮选行为的影响

（pH=7；MIBC 用量：1×10^{-4}mol/L）

1—10μm 以下；2—0.037~0.075mm；3—0.075~0.15mm

粒级黄铁矿可浮性为：(0.075~0.15)mm>(0.037~0.075)mm>10μm 以下；丁基黄药用量及 pH 值改变对各粒级黄铁矿的浮选回收率影响较大。

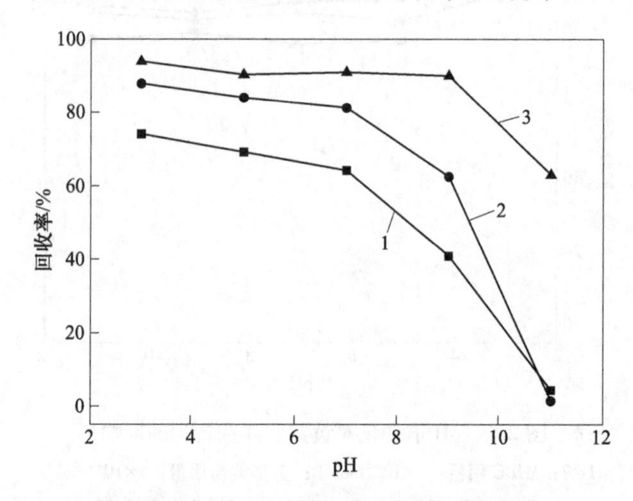

图 2.8 pH 值变化对黄铁矿浮选行为的影响

(pH=7；MIBC 用量：1×10^{-4}mol/L；丁基黄药用量：1×10^{-4}mol/L)

1—10μm 以下；2—0.037~0.075mm；3—0.075~0.15mm

黄铜矿、方铅矿、闪锌矿及黄铁矿 4 种硫化矿可浮性较好且相近，黄铜矿、方铅矿、闪锌矿浮选回收率受粒度影响较小，黄铁矿浮选回收率受粒度影响较大，粒度越细，黄铁矿回收率越低，这可能是不同粒度与不同种类矿物的表面氧化行为不同而影响了浮选回收率，故可探索硫化矿表面氧化方式对浮选的影响。

2.2 自然氧化对不同粒度硫化矿物浮选行为的影响

自然氧化为硫化矿物在自然条件下被空气中氧气氧化的过程，硫化矿石采出后，在运输、储藏、破碎、磨矿、调浆过程中，与氧气的接触不可避免，因此需要研究自然氧化对矿物浮选的影响。本节研究了自然氧化（露天放置氧化及水中调浆氧化）对不同粒度硫化矿浮选行为的影响。

图 2.9 所示为 pH=7，捕收剂用量为 1×10^{-4}mol/L 时，氧化天数变化对不同粒度方铅矿浮选行为的影响。由图 2.9 可知，随着氧化天数的增加，3 个粒级方铅矿回收率变化小且相近。图 2.10 所示为 pH=7，捕收剂用量为 1×10^{-4}mol/L 时，矿浆搅拌时间变化对不同粒级方铅矿浮选行为的影响。由图 2.10 可知，搅拌时间变化对 3 个粒级方铅矿回收率无影响。图 2.9 及图 2.10 结果表明：自然氧化对各个粒度的方铅矿浮选回收率影响较小。

图 2.11 所示为 pH=7，捕收剂用量为 1×10^{-4}mol/L 时，氧化天数变化对不同

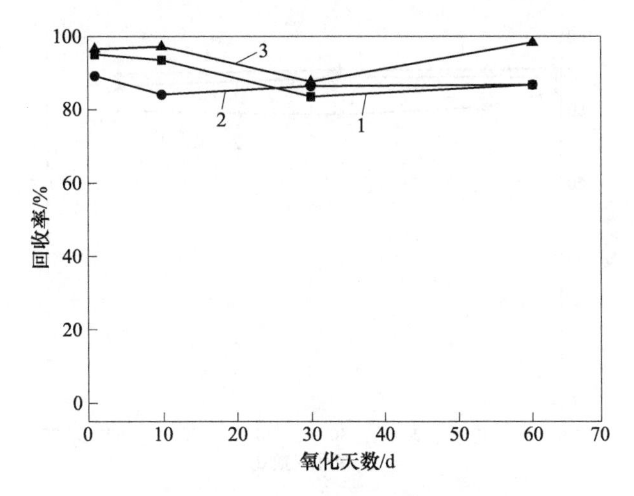

图 2.9 氧化天数对方铅矿浮选行为的影响

（pH=7；MIBC 用量：1×10^{-4}mol/L；丁基黄药用量：1×10^{-4}mol/L）

1—10μm 以下；2—0.037~0.075mm；3—0.075~0.15mm

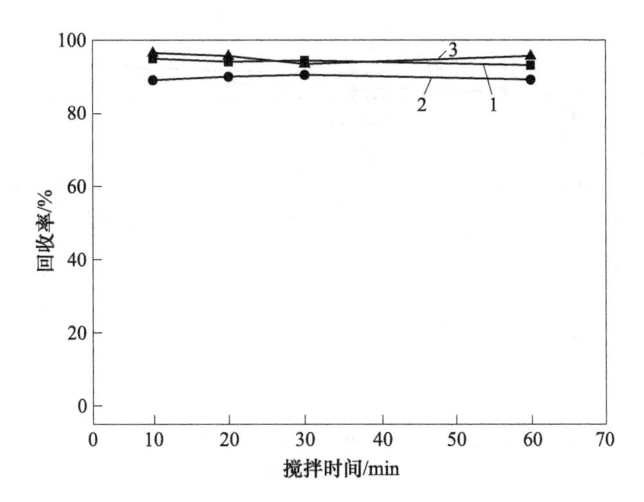

图 2.10 搅拌时间对方铅矿浮选行为的影响

（pH=7；MIBC 用量：1×10^{-4}mol/L；丁基黄药用量：1×10^{-4}mol/L）

1—10μm 以下；2—0.037~0.075mm；3—0.075~0.15mm

粒度闪锌矿浮选行为影响。由图 2.11 可知，随着氧化天数增加，3 个粒级闪锌矿回收率变化小且相近。图 2.12 所示为 pH=7，捕收剂用量为 1×10^{-4}mol/L 时，矿浆搅拌时间变化对不同粒级闪锌矿浮选行为影响。由图 2.12 可知，搅拌时间变化对各粒级闪锌矿回收率无影响。图 2.11 及图 2.12 结果表明：自然氧化对各个粒度的闪锌矿浮选回收率影响较小。

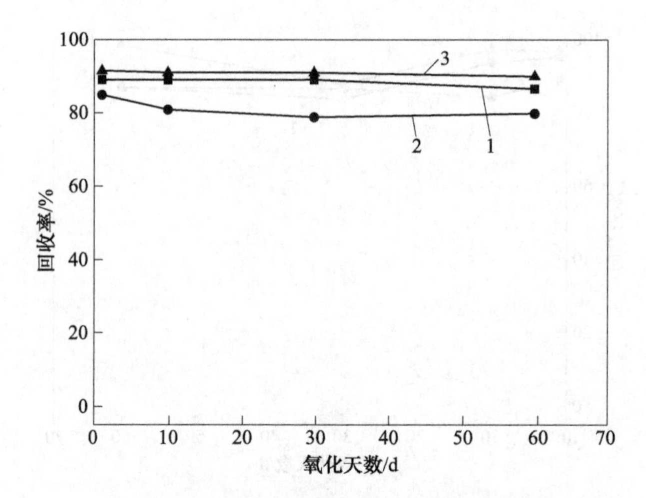

图 2.11 氧化天数对闪锌矿浮选行为的影响

（pH=7；MIBC 用量：1×10^{-4}mol/L；丁基黄药用量：1×10^{-4}mol/L）

1—10μm 以下；2—0.037~0.075mm；3—0.075~0.15mm

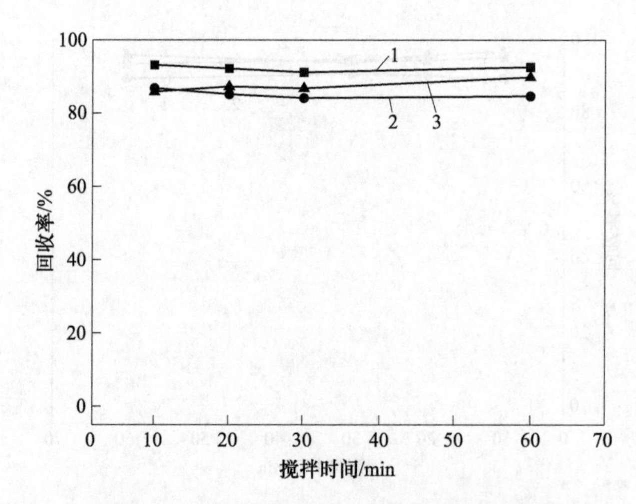

图 2.12 搅拌时间对闪锌矿浮选行为的影响

（pH=7；MIBC 用量：1×10^{-4}mol/L；丁基黄药用量：1×10^{-4}mol/L）

1—10μm 以下；2—0.037~0.075mm；3—0.075~0.15mm

图 2.13 所示为 pH=7，捕收剂用量为 1×10^{-4}mol/L 时，氧化天数变化对不同粒级黄铜矿浮选行为影响。由图 2.13 可知，随着氧化天数增加，10μm 以下黄铜矿浮选回收率快速下降，而粗粒级黄铜矿的回收率无变化。图 2.14 所示为 pH=7，捕收剂用量为 1×10^{-4}mol/L 时，矿浆搅拌时间变化对不同粒级黄铜矿浮选行为影响。由图 2.14 可知：随着矿浆搅拌时间增加，10μm 以下黄铜矿回收率

略微下降，而粗粒级黄铜矿的回收率无变化。图 2.13 及图 2.14 结果表明：自然氧化对细粒级黄铜矿的浮选回收率有一定影响。

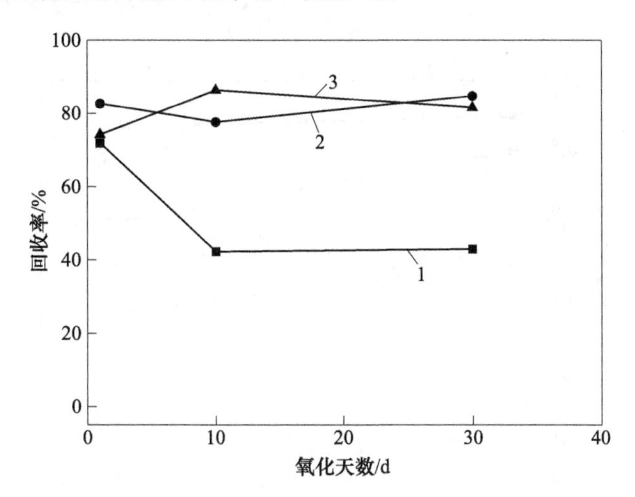

图 2.13 氧化天数对黄铜矿浮选行为的影响

（pH=7；MIBC 用量：1×10^{-4}mol/L；丁基黄药用量：1×10^{-4}mol/L）

1—10μm 以下；2—0.037～0.075mm；3—0.075～0.15mm

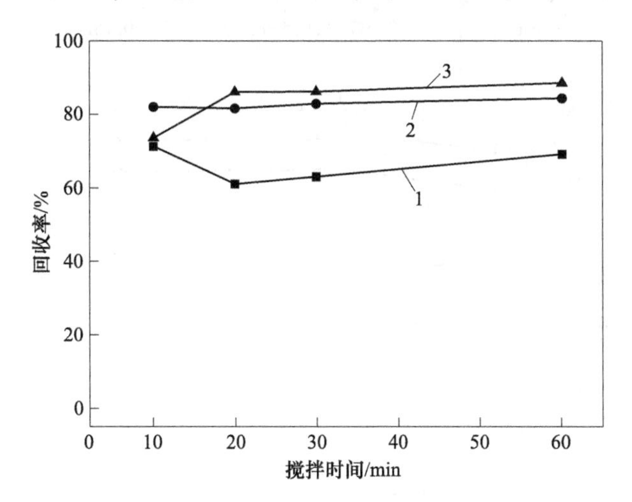

图 2.14 搅拌时间对黄铜矿浮选行为的影响

（pH=7；MIBC 用量：1×10^{-4}mol/L；丁基黄药用量：1×10^{-4}mol/L）

1—10μm 以下；2—0.037～0.075mm；3—0.075～0.15mm

图 2.15 所示为 pH=7，捕收剂用量为 1×10^{-4}mol/L 时，氧化天数变化对不同粒级黄铁矿浮选行为影响。由图 2.15 可知，随着氧化天数增加，各粒级黄铁矿回收率都逐渐下降，下降速率与粒级大小成反比。图 2.16 所示为 pH=7，捕收剂用量为 1×10^{-4}mol/L 时，矿浆搅拌时间变化对不同粒级黄铁矿浮选行为影响。

由图 2. 16 可知，搅拌时间对各粒级黄铁矿回收率的影响不大。图 2. 15 及图 2. 16 结果表明，自然氧化对各粒级黄铁矿的浮选回收率皆有一定影响，但细粒级的受影响更大。

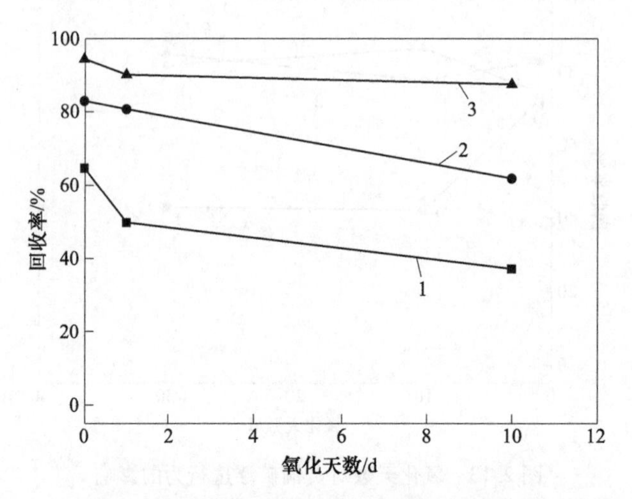

图 2. 15　氧化天数对黄铁矿浮选行为的影响

（pH=7；MIBC 用量：1×10^{-4}mol/L；丁基黄药用量：1×10^{-4}mol/L）

1—10μm 以下；2—0. 037～0. 075mm；3—0. 075～0. 15mm

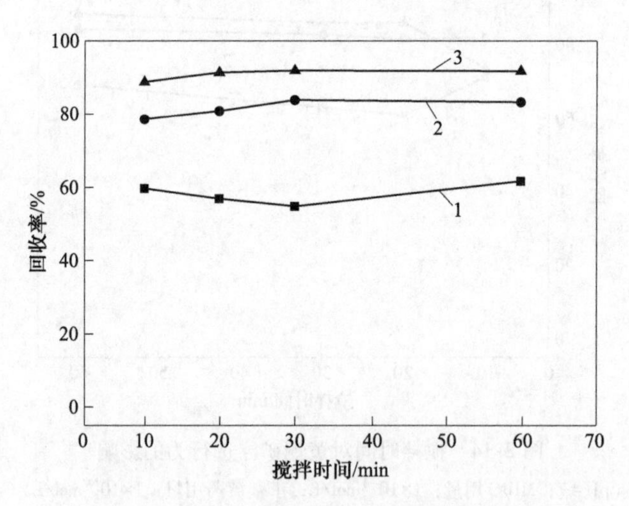

图 2. 16　搅拌时间对黄铁矿浮选行为的影响

（pH=7；MIBC 用量：1×10^{-4}mol/L；丁基黄药用量：1×10^{-4}mol/L）

1—10μm 以下；2—0. 037～0. 075mm；3—0. 075～0. 15mm

根据本节结果可知，自然氧化条件下，4 种硫化矿的浮选回收率受影响程度依次为：黄铁矿>黄铜矿>闪锌矿>方铅矿；各粒级硫化矿的浮选回收率受影响程度依次为：10μm 以下>(0.037~0.075)mm>(0.075~0.15)mm。

2.3 氧化剂氧化对硫化矿物浮选行为的影响

本小节主要考察氧化剂氧化条件对黄铜矿、方铅矿、闪锌矿和黄铁矿浮选行为的影响，试验使用的氧化剂为过氧化氢（H_2O_2）和高锰酸钾（$KMnO_4$），硫化矿粒级为 0.037~0.075mm。

图 2.17 所示为 pH=7，捕收剂用量为 1×10^{-4}mol/L 时，氧化剂 H_2O_2 用量对黄铜矿、方铅矿、闪锌矿和黄铁矿浮选行为影响。由图 2.17 可知，随着 H_2O_2 用量的增加，4 种硫化矿回收率都下降。图 2.18 所示为 H_2O_2 用量为 4×10^{-5}mol/L 和捕收剂用量为 1×10^{-4}mol/L 时，矿浆 pH 值变化对 4 种单矿物浮选行为影响。由图 2.18 可知，随着 pH 值的增加，4 种硫化矿回收率都下降。图 2.17 及图 2.18 结果表明：氧化剂 H_2O_2 及矿浆 pH 值变化对 4 种硫化矿的回收率影响较大，受影响程度为：方铅矿>闪锌矿>黄铁矿>黄铜矿。

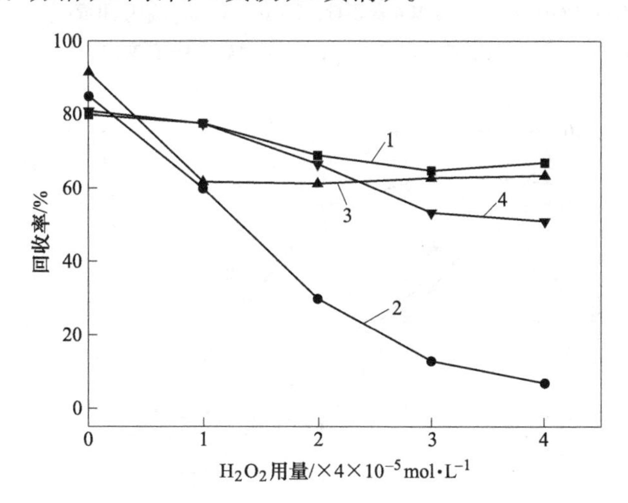

图 2.17 H_2O_2 用量对 4 种硫化矿物浮选的影响

（MIBC 用量：1×10^{-4}mol/L；丁基黄药用量：1×10^{-4}mol/L；pH=7）

1—黄铜矿；2—方铅矿；3—闪锌矿；4—黄铁矿

图 2.19 所示为矿浆 pH=7，捕收剂用量为 1×10^{-4}mol/L 时，氧化剂 $KMnO_4$ 用量对黄铜矿、方铅矿、闪锌矿和黄铁矿浮选行为的影响。由图 2.19 可知，随着 $KMnO_4$ 用量的增加，4 种单矿物回收率逐渐下降。图 2.20 所示为 $KMnO_4$ 用量为 1.63×10^{-3}mol/L 和捕收剂用量为 1×10^{-4}mol/L 时，矿浆 pH 值变化对 4 种单矿物浮选行为的影响。由图 2.20 可知，随着 pH 值的增加，4 种单矿物回收率逐渐下降。图 2.19 及图 2.20 结果表明：氧化剂 $KMnO_4$ 及矿浆 pH 值变化对 4 种硫化矿的回收率的影响较大，受影响程度依次为：闪锌矿=黄铜矿=黄铁矿>方铅矿。

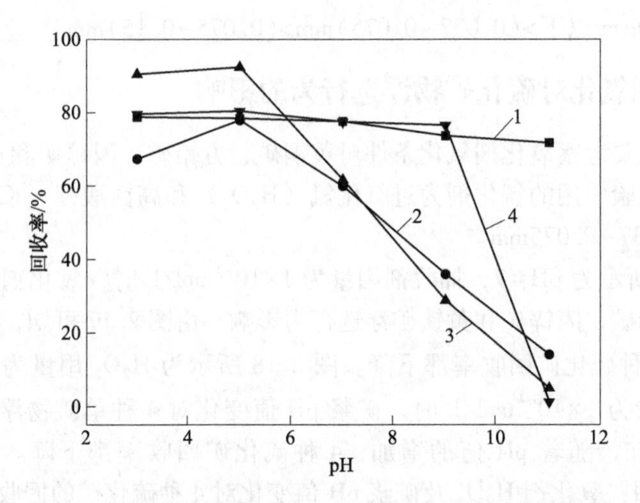

图 2.18　不同 pH 值下 H_2O_2 对 4 种硫化矿物浮选的影响

（MIBC 用量：1×10^{-4}mol/L；丁基黄药用量：1×10^{-4}mol/L；H_2O_2 用量：4×10^{-5}mol/L）

1—黄铜矿；2—方铅矿；3—闪锌矿；4—黄铁矿

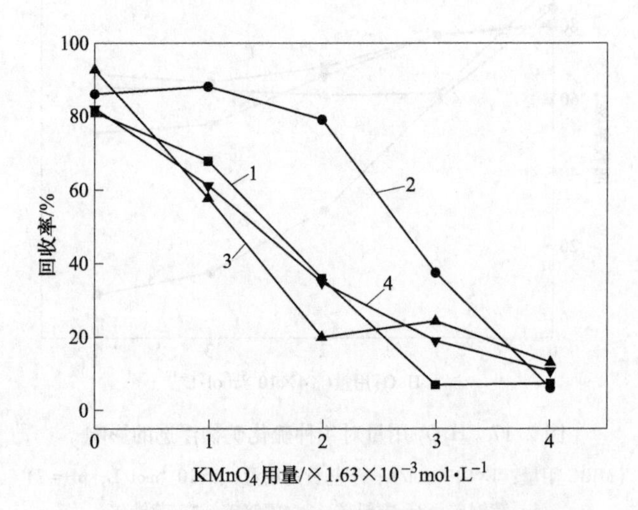

图 2.19　$KMnO_4$ 用量对 4 种硫化矿物浮选的影响

（MIBC 用量：1×10^{-4}mol/L；丁基黄药用量：1×10^{-4}mol/L；pH = 7）

1—黄铜矿；2—方铅矿；3—闪锌矿；4—黄铁矿

根据本节结果可知，氧化剂氧化条件下，4 种硫化矿的浮选回收率受影响较大，H_2O_2 作氧化剂时，硫化矿回收率受影响程度依次为：方铅矿>黄铁矿>闪锌矿>黄铜矿；$KMnO_4$ 作氧化剂时，硫化矿回收率受影响程度为：闪锌矿 = 黄铜矿 = 黄铁矿>方铅矿。

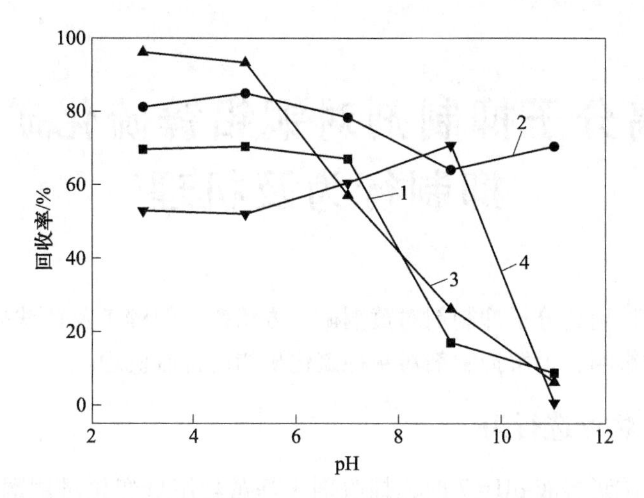

图 2.20 不同 pH 值下 $KMnO_4$ 对 4 种硫化矿物浮选的影响

（MIBC 用量：1×10^{-4}mol/L；丁基黄药用量：1×10^{-4}mol/L；$KMnO_4$ 用量：1.63×10^{-3}mol/L）

1—黄铜矿；2—方铅矿；3—闪锌矿；4—黄铁矿

3 高分子抑制剂对铜铅锌硫化矿物的抑制行为及机理

本章主要讨论高分子抑制剂对黄铜矿、方铅矿、闪锌矿及黄铁矿等4种单矿物浮选行为的影响，了解抑制剂对4种硫化矿物的抑制机理。

3.1 硫化矿物浮选行为

图3.1为矿浆溶液pH=7时，捕收剂丁基黄药用量变化对黄铜矿、方铅矿、闪锌矿及黄铁矿单矿物回收率影响。由图3.1可知，在矿浆pH=7时，随着丁基黄药浓度的增加，黄铜矿、方铅矿、闪锌矿及黄铁矿浮选回收率不断上升，当丁基黄药浓度大于1×10^{-4} mol/L时，4种硫化矿回收率趋于稳定且基本相同。图3.2为丁基黄药用量为1×10^{-4}mol/L的条件下，pH值变化对4种单矿物浮选的影响。由图3.2可知，黄铜矿、方铅矿、闪锌矿在实验所研究pH值范围内，可浮性相近，且回收率较高；当矿浆pH值为2~9时，黄铁矿可浮性较好，与其他3种硫化矿基本相同，当pH值大于9时，黄铁矿回收率急剧下降，pH值达到11时，黄铁矿基本不可浮。结果表明：丁基黄药对4种矿物的捕收能力均较好，不

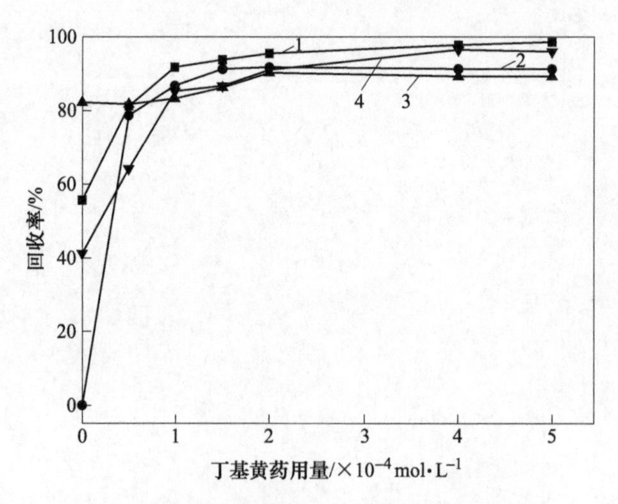

图3.1　捕收剂用量对4种硫化矿物浮选的影响

（pH=7；MIBC用量：1×10^{-4}mol/L）

1—黄铜矿；2—方铅矿；3—闪锌矿；4—黄铁矿

具有选择性；不添加抑制剂，只通过添加捕收剂及改变矿浆 pH 值难以实现 4 种矿物的浮选分离。

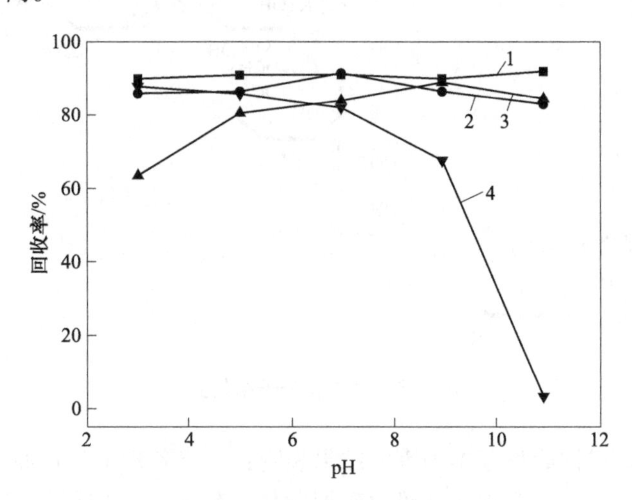

图 3.2 pH 值对 4 种硫化矿物浮选的影响

（PBX 用量：1×10^{-4}mol/L；MIBC 用量：1×10^{-4}mol/L）

1—黄铜矿；2—方铅矿；3—闪锌矿；4—黄铁矿

3.2 高分子抑制剂对硫化矿物浮选的影响

3.1 节浮选试验结果表明，黄铜矿、方铅矿、闪锌矿及黄铁矿单矿物在丁基黄药存在条件下可浮性均很好，且无法通过改变 pH 值和捕收剂用量来实现四者的浮选分离，因此要找到选择性较好的抑制剂，通过抑制某些硫化矿以实现四者的浮选分离。本节进一步探讨高分子有机抑制剂对 4 种硫化矿浮选分离行为的影响，以确定能够分离 4 种硫化矿的抑制剂以及相应的最佳的 pH 值和抑制剂用量。

3.2.1 黄原胶对硫化矿物浮选的影响

黄原胶（见图 3.3），水相为亲水性黏稠胶体，溶液中性。黄原胶性能受支链中丙酮酸基团含量影响，水溶液中构象多样，在工业中用作稳定剂和辅助剂等。因其极强的亲水性，使用时须搅拌充分。

图 3.4 所示为矿浆 pH 值为 7 时，黄原胶用量变化对黄铜矿、方铅矿、闪锌矿及黄铁矿浮选影响。由图 3.4 可知，随着黄原胶用量的增加，黄铜矿、方铅矿、黄铁矿回收率缓慢下降，但 3 种矿物可浮性仍较好，回收率较高；而闪锌矿回收率急速下降，在黄原胶用量为 50mg/L 时，闪锌矿可浮性基本趋于零。图 3.5 所示为黄原胶用量为 100mg/L 时，pH 值变化对 4 种单矿物浮选影响。由图 3.5 可知，随着溶液 pH 值增加，黄铜矿、方铅矿、黄铁矿回收率逐渐升高至

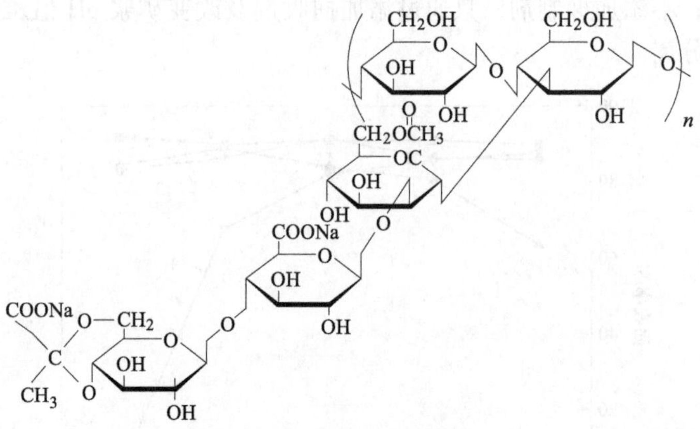

图 3.3 黄原胶分子结构式

较高值；而闪锌矿回收率基本为零。结果表明：一定条件下，黄原胶对闪锌矿具有选择性抑制作用，对其他 3 种硫化矿抑制作用较弱，且抑制作用受 pH 值影响较大。

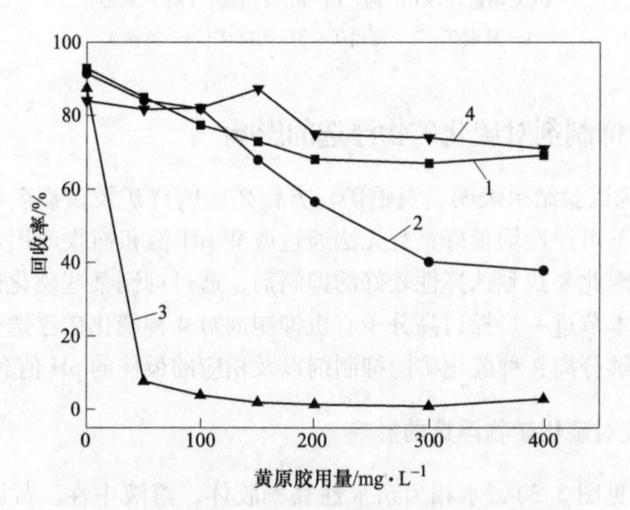

图 3.4 黄原胶用量对 4 种硫化矿物浮选的影响

（PBX 用量：1×10^{-4}mol/L；MIBC 用量：1×10^{-4}mol/L；pH = 7）

1—黄铜矿；2—方铅矿；3—闪锌矿；4—黄铁矿

3.2.2 刺槐豆胶对硫化矿物浮选的影响

刺槐豆胶又名槐豆胶，是由刺槐植物种子的胚乳部分提取而成的高分子有机化合物，其水溶液透明度良好，黏度大。可用于食品、纺织、炸药等领域，在有色金属选矿领域研究较少。刺槐豆胶分子结构式如图 3.6 所示。

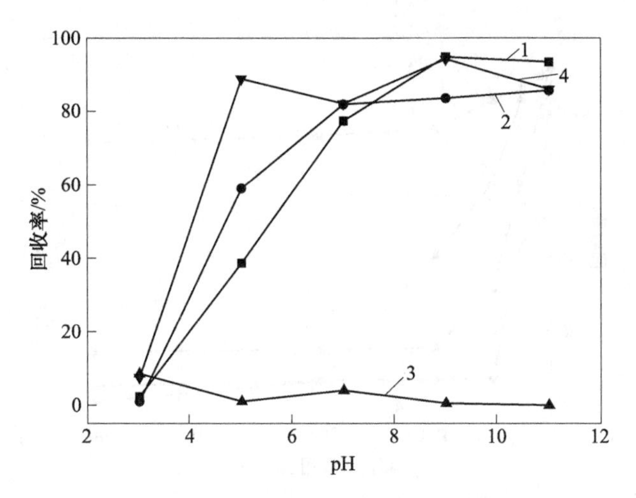

图 3.5 不同 pH 值下黄原胶对 4 种硫化矿物浮选的影响

（PBX 用量：1×10^{-4}mol/L；MIBC 用量：1×10^{-4}mol/L；黄原胶用量：100mg/L）

1—黄铜矿；2—方铅矿；3—闪锌矿；4—黄铁矿

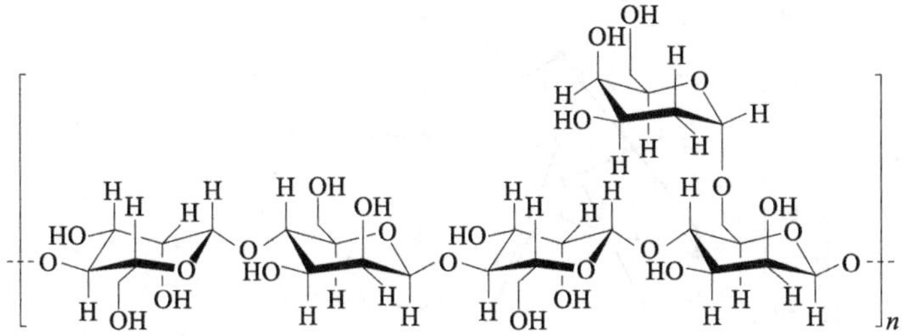

图 3.6 刺槐豆胶分子结构式

图 3.7 所示为矿浆 pH 值为 7 时，刺槐豆胶用量变化对黄铜矿、方铅矿、闪锌矿及黄铁矿浮选的影响。由图 3.7 可知，随着刺槐豆胶用量的增加，黄铜矿回收率基本不变且较高；其他 3 种矿回收率急剧下降，下降速率依次为：黄铁矿>方铅矿>闪锌矿。图 3.8 所示为刺槐豆胶用量为 100mg/L 时，矿浆 pH 值变化对 4 种单矿物浮选影响。由图 3.8 可知，在实验所做溶液 pH 值范围内，随着 pH 值的增加，黄铜矿与黄铁矿回收率先升高再急剧下降；闪锌矿回收率缓慢减小；方铅矿回收率随 pH 值增大而迅速下降。结果表明：一定条件下，刺槐豆胶对黄铜矿不具有抑制作用，对其他 3 种硫化矿有抑制作用，且抑制作用受 pH 值影响较大。

3.2.3 木质素磺酸钠对硫化矿物浮选的影响

图 3.9 所示为矿浆 pH 值为 7 时，木质素磺酸钠用量变化对黄铜矿、方铅矿、闪锌矿及黄铁矿浮选影响。由图 3.9 可知，随着木质素磺酸钠用量的增加，4 种

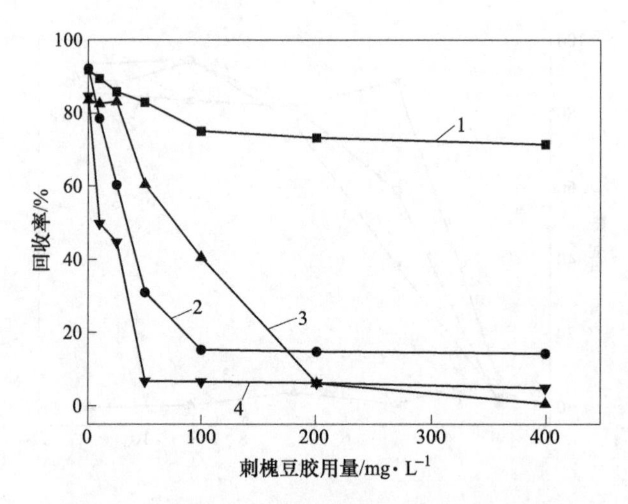

图 3.7 刺槐豆胶用量对 4 种硫化矿物浮选的影响

（PBX 用量：1×10^{-4}mol/L；MIBC 用量：1×10^{-4}mol/L；pH＝7）

1—黄铜矿；2—方铅矿；3—闪锌矿；4—黄铁矿

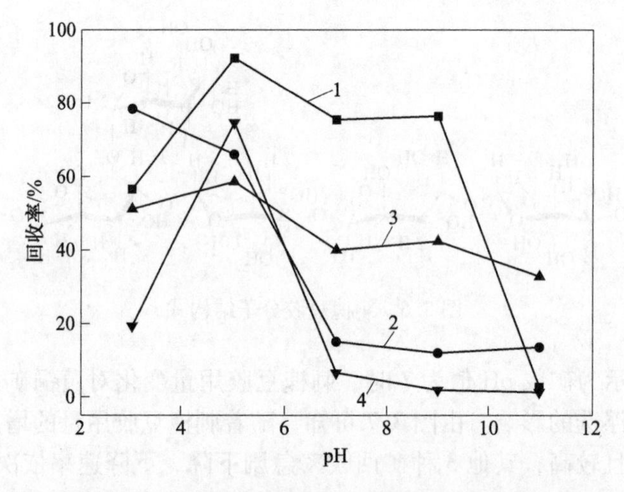

图 3.8 不同 pH 值下刺槐豆胶对 4 种硫化矿物浮选的影响

（PBX 用量：1×10^{-4}mol/L；MIBC 用量：1×10^{-4}mol/L；刺槐豆胶用量：100mg/L）

1—黄铜矿；2—方铅矿；3—闪锌矿；4—黄铁矿

硫化矿的回收率都逐渐下降，下降速率依次为：方铅矿>黄铁矿>闪锌矿>黄铜矿。图 3.10 所示为木质磺酸钠用量为 100mg/L 时，pH 值变化对 4 种单矿物浮选的影响。由图 3.10 可知，随着矿浆 pH 值增大，黄铜矿回收率逐渐增高，闪锌矿回收率逐渐下降，而方铅矿和黄铁矿的回收率基本为零。结果表明：一定条件下，木质素磺酸钠对 4 种单矿物有一定抑制作用，依次为：方铅矿>黄铁矿>闪锌矿>黄铜矿；且木质素磺酸钠对黄铜矿和闪锌矿作用受 pH 值影响较大，对方铅矿与黄铁矿抑制作用则不受 pH 值影响。

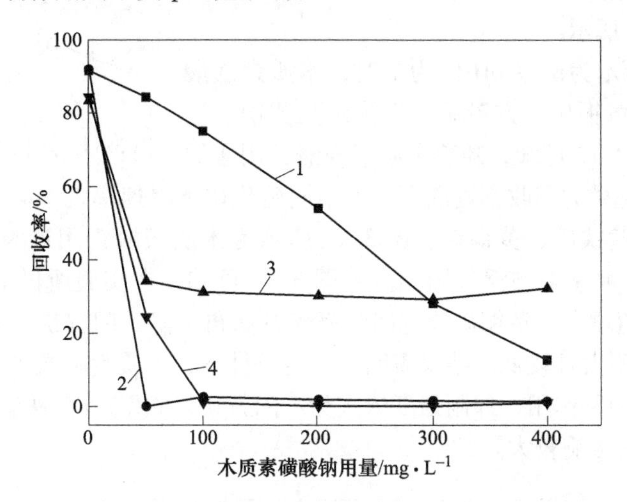

图 3.9 木质素磺酸钠用量对 4 种硫化矿物浮选影响

（PBX 用量：1×10^{-4}mol/L；MIBC 用量：1×10^{-4}mol/L；pH=7）

1—黄铜矿；2—方铅矿；3—闪锌矿；4—黄铁矿

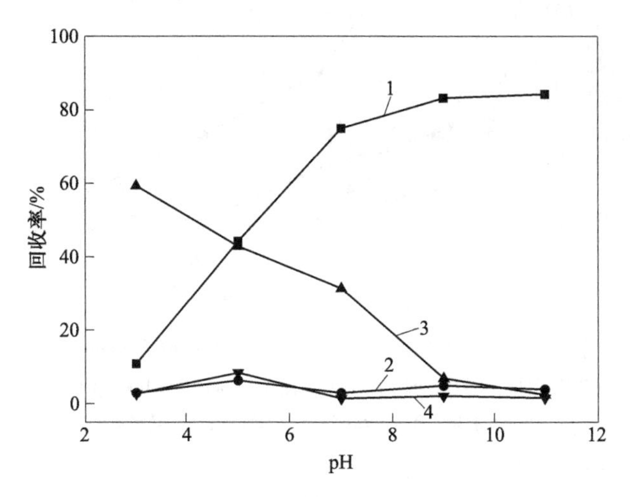

图 3.10 不同 pH 值下木质素磺酸钠对 4 种硫化矿物浮选影响

（PBX 用量：1×10^{-4}mol/L；MIBC 用量：1×10^{-4}mol/L；木质素磺酸钠用量：100mg/L）

1—黄铜矿；2—方铅矿；3—闪锌矿；4—黄铁矿

3.2.4 木质素磺酸钙对硫化矿物浮选的影响

木质素磺酸钙是一种多组分高分子聚合物阴离子表面活性剂，具有很强的分散性。因其独特的吸附起泡能力及表面化学性质，近年来较多的应用于矿物浮选研究中。其单体结构简式如图 3.11 所示。

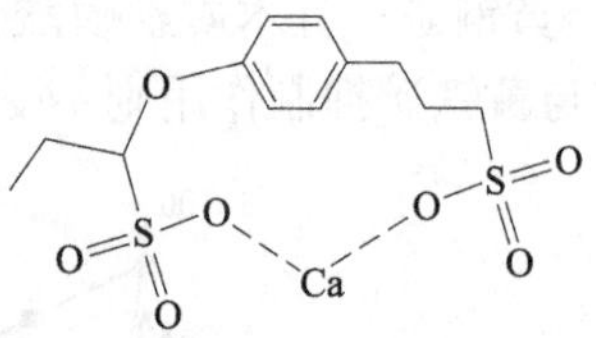

图 3.11　木质素磺酸钙单体

图 3.12 所示为矿浆 pH 值为 7 时，木质素磺酸钙用量变化对黄铜矿、方铅矿、闪锌矿及黄铁矿浮选影响。由图 3.12 可知，随着木质素磺酸钙用量的增加，4 种硫化矿的回收率逐渐下降，不同硫化矿下降速率也不同，依次为闪锌矿、方铅矿、黄铁矿、黄铜矿。图 3.13 所示为木质磺酸钙用量为 100mg/L 时，pH 值变化对 4 种单矿物浮选影响。由图 3.13 可知，在实验所做 pH 值范围内，随着矿浆 pH 值增大，黄铜矿浮选回收率先升高再下降，闪锌矿、方铅矿和黄铁矿回收率变化不大且较低。结果表明：一定条件下，木质素磺酸钙对 4 种硫化矿具有一定选择抑制作用，抑制强度依次为：闪锌矿>方铅矿>黄铁矿>黄铜矿，且黄铜矿受 pH 值影响较大。

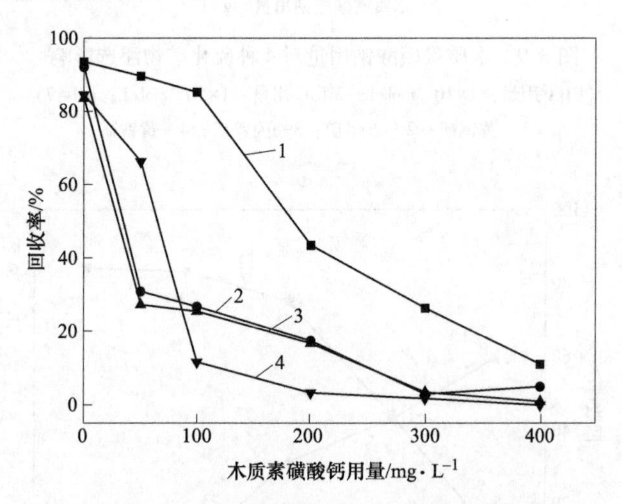

图 3.12　木质素磺酸钙用量对 4 种硫化矿物浮选的影响

（PBX 用量：1×10^{-4}mol/L；MIBC 用量：1×10^{-4}mol/L；pH＝7）

1—黄铜矿；2—方铅矿；3—闪锌矿；4—黄铁矿

3.2.5　羟乙基纤维素对硫化矿物浮选的影响

羟乙基纤维素（HEC）是一种白色粉末，无味，无毒，易溶于水。因具有表面活性、悬浮、黏合、分散等作用而被应用于许多领域，而目前未有文献报道其在浮选方面的应用。

图 3.14 所示为矿浆 pH 值为 7 时，羟乙基纤维素用量变化对黄铜矿、方铅矿、闪锌矿及黄铁矿浮选影响。由图 3.14 可知，随着羟乙基纤维素用量的增加，

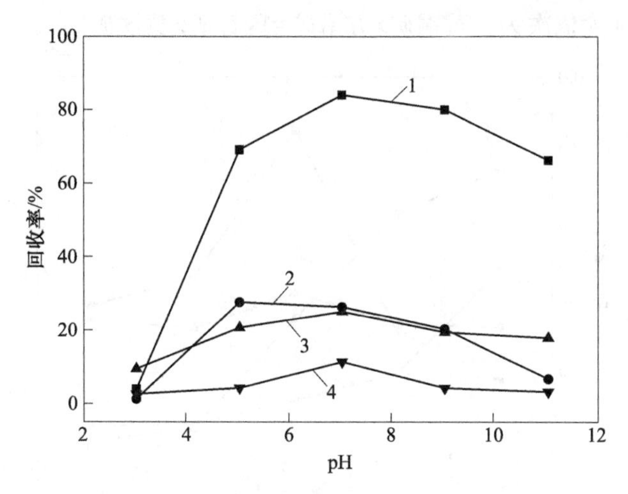

图 3.13 不同 pH 值下木质素磺酸钙对 4 种硫化矿物浮选的影响

（PBX 用量：1×10^{-4}mol/L；MIBC 用量：1×10^{-4}mol/L；木质素磺酸钙用量：100mg/L）

1—黄铜矿；2—方铅矿；3—闪锌矿；4—黄铁矿

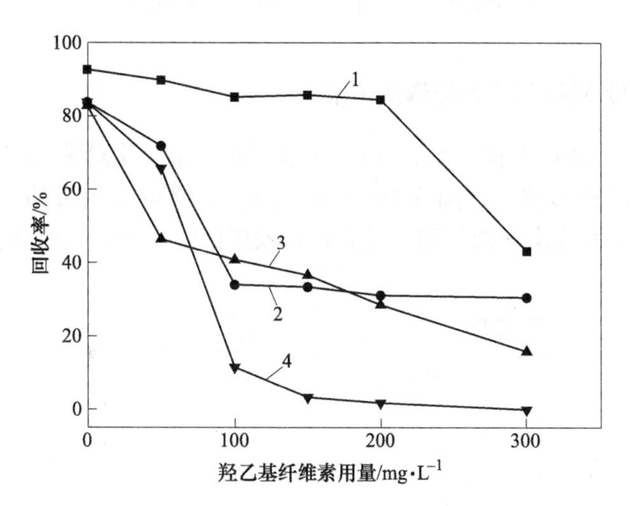

图 3.14 羟乙基纤维素用量对 4 种硫化矿物浮选的影响

（PBX 用量：1×10^{-4}mol/L；MIBC 用量：1×10^{-4}mol/L；pH=7）

1—黄铜矿；2—方铅矿；3—闪锌矿；4—黄铁矿

4 种硫化矿回收率皆逐渐减小，可浮性依次为：黄铁矿>闪锌矿=方铅矿>黄铜矿。图 3.15 所示为羟乙基纤维素用量为 100mg/L 时，pH 值变化对 4 种单矿物浮选影响。由图 3.15 可知，随着矿浆 pH 值增大，黄铜矿回收率先上升再下降；方铅矿回收率一直下降；闪锌矿受 pH 值影响较小；黄铁矿回收率也一直下降并趋于零。结果表明：一定条件下，羟乙基纤维素对上述 4 种单矿物具有一定选择抑制作用，抑制强度依次为：黄铜矿>方铅矿=闪锌矿>黄铁矿。

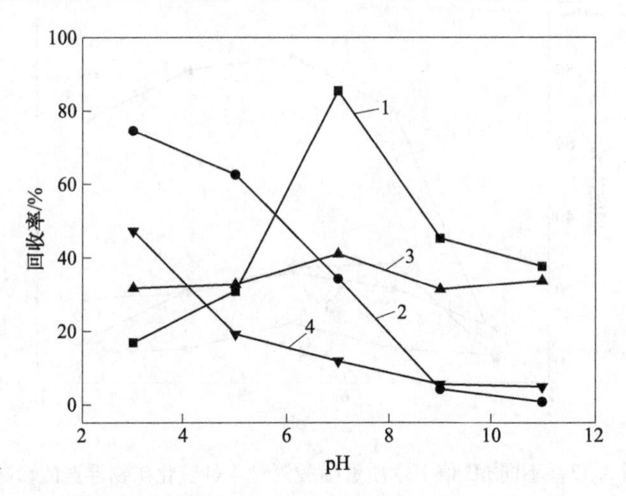

图 3.15 不同 pH 值下羟乙基纤维素对 4 种硫化矿物浮选的影响

（PBX 用量：1×10^{-4}mol/L；MIBC 用量：1×10^{-4}mol/L；羟乙基纤维素用量：100mg/L）

1—黄铜矿；2—方铅矿；3—闪锌矿；4—黄铁矿

3.2.6 黄薯树胶对硫化矿物浮选的影响

图 3.16 所示为矿浆 pH 值为 7 时，黄薯树胶用量变化对黄铜矿、方铅矿、闪锌矿及黄铁矿浮选影响。由图 3.16 可知，随着黄薯树胶用量的增加，黄铜矿、方铅矿及闪锌矿回收率略微下降且较高；黄铁矿回收率下降较快且较低。图 3.17

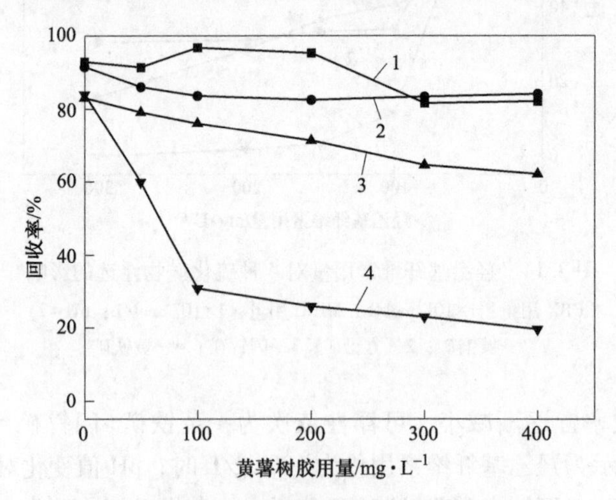

图 3.16 黄薯树胶用量对 4 种硫化矿浮选的影响

（PBX 用量：1×10^{-4}mol/L；MIBC 用量：1×10^{-4}mol/L；pH=7）

1—黄铜矿；2—方铅矿；3—闪锌矿；4—黄铁矿

所示为黄薯树胶用量为100mg/L时，pH值变化对4种硫化矿浮选影响。由图3.17可知，随着矿浆pH值增大，黄铜矿和方铅矿回收率先上升再下降；闪锌矿和黄铁矿回收率一直下降。结果表明：一定条件下，黄薯树胶只对黄铁矿有一定选择抑制作用，但不能完全抑制。

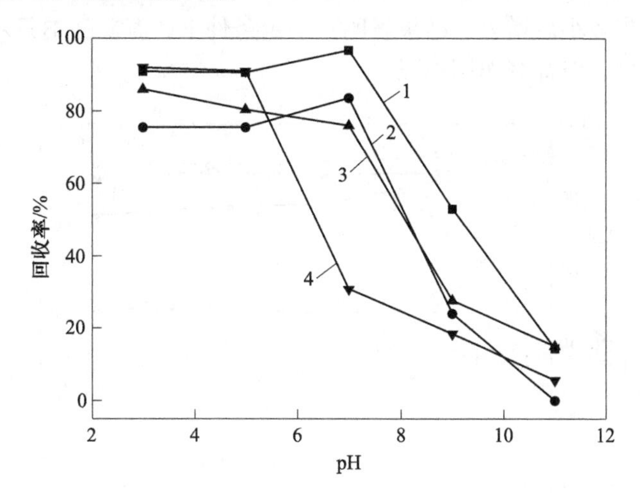

图3.17 不同pH值下黄薯树胶对4种硫化矿物浮选的影响

（PBX用量：1×10^{-4}mol/L；MIBC用量：1×10^{-4}mol/L；黄薯树胶用量：100mg/L）

1—黄铜矿；2—方铅矿；3—闪锌矿；4—黄铁矿

3.2.7 海藻酸钠对硫化矿物浮选的影响

海藻酸钠为多糖（分子式见图3.18），溶于水形成亲水胶体，性能稳定。因其具备羟基（—OH）和羧基（—COOH）等螯合基团及亲水基团使得矿物表面亲水，被用作方解石抑制剂。近年来海藻酸钠作为硫化矿浮选抑制剂文献报道较少。

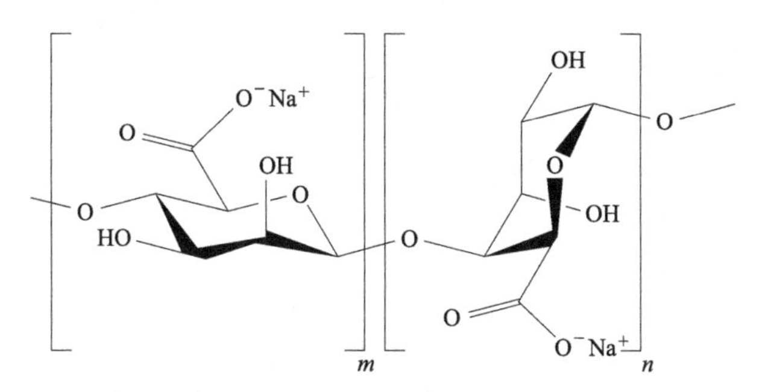

图3.18 海藻酸钠单体

图3.19所示为矿浆pH值为7时，海藻酸钠用量变化对黄铜矿、方铅矿、闪

锌矿及黄铁矿浮选影响。由图 3.19 可知，随着海藻酸钠用量的增加，黄铜矿、方铅矿及黄铁矿回收率基本不变且较高；闪锌矿回收率逐渐下降且趋于 50%。图 3.20 所示为海藻酸钠用量为 100mg/L 时，pH 值变化对 4 种硫化矿浮选影响。由图 3.20 可知，随着矿浆 pH 值增大，黄铜矿、方铅矿和黄铁矿回收率基本不变；闪锌矿回收率先减小后增大。结果表明：一定条件下，海藻酸钠只对闪锌矿有一定选择抑制作用，但抑制作用不强。

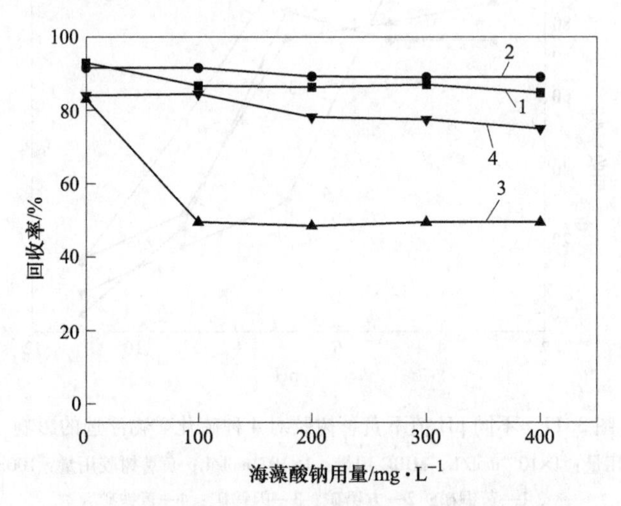

图 3.19 海藻酸钠用量对 4 种硫化矿物浮选的影响

（PBX 用量：1×10^{-4}mol/L；MIBC 用量：1×10^{-4}mol/L；pH=7）

1—黄铜矿；2—方铅矿；3—闪锌矿；4—黄铁矿

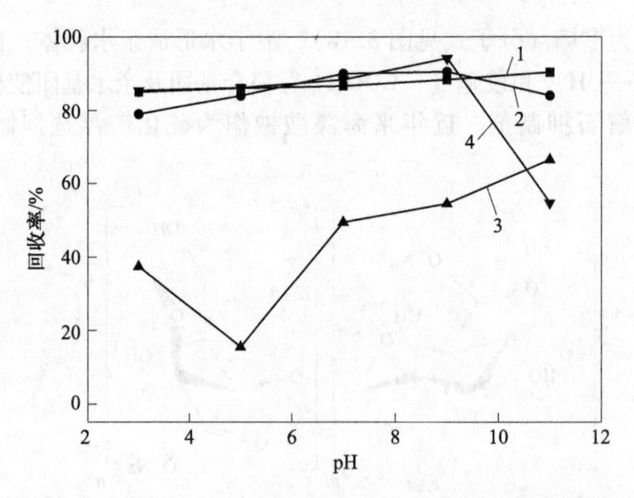

图 3.20 不同 pH 值下海藻酸钠对 4 种硫化矿物浮选的影响

（PBX 用量：1×10^{-4}mol/L；MIBC 用量：1×10^{-4}mol/L；海藻酸钠用量：100mg/L）

1—黄铜矿；2—方铅矿；3—闪锌矿；4—黄铁矿

3.2.8　羧甲基淀粉钠对硫化矿物浮选的影响

图 3.21 所示为矿浆 pH 值为 7 时，羧甲基淀粉钠用量变化对黄铜矿、方铅矿、闪锌矿及黄铁矿浮选影响。由图 3.21 可知，随着羧甲基淀粉钠用量的增加，黄铜矿和黄铁矿回收率维持在较高水平且相近；闪锌矿及方铅矿回收率逐渐下降。图 3.22 所示为羧甲基淀粉钠用量为 100mg/L 时，pH 值变化对 4 种硫化矿浮选的影

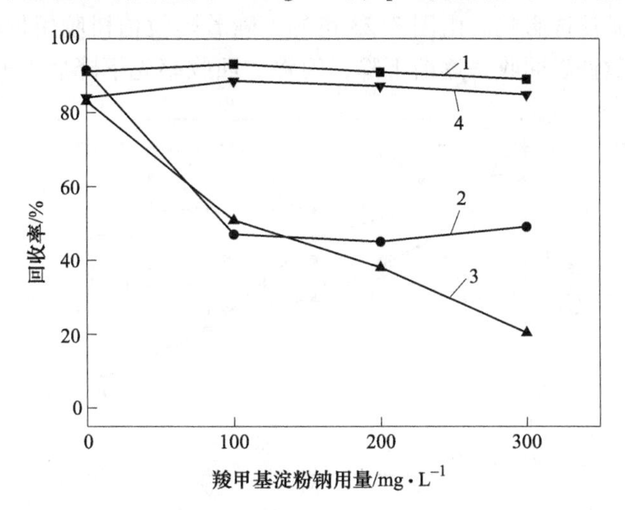

图 3.21　羧甲基淀粉钠用量对 4 种硫化矿物浮选的影响
（PBX 用量：1×10^{-4}mol/L；MIBC 用量：1×10^{-4}mol/L；pH=7）
1—黄铜矿；2—方铅矿；3—闪锌矿；4—黄铁矿

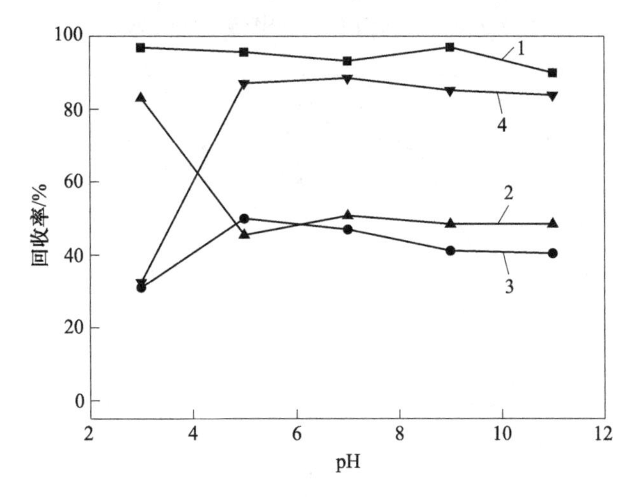

图 3.22　不同 pH 值下羧甲基淀粉钠对 4 种硫化矿物浮选的影响
（PBX 用量：1×10^{-4}mol/L；MIBC 用量：1×10^{-4}mol/L；羧甲基淀粉钠用量：100mg/L）
1—黄铜矿；2—方铅矿；3—闪锌矿；4—黄铁矿

响。由图 3.22 可知，随着矿浆 pH 值增大，黄铜矿回收率基本不变；方铅矿和黄铁矿的回收率先上升后不变；闪锌矿回收率先减小后不变。结果表明：一定条件下，羧甲基淀粉钠对闪锌矿及方铅矿有一定选择性抑制作用，但抑制作用不强。

3.2.9　阿拉伯树胶对硫化矿物浮选的影响

图 3.23 所示为矿浆 pH 值为 7 时，阿拉伯树胶用量变化对黄铜矿、方铅矿、闪锌矿及黄铁矿浮选影响。由图 3.23 可知，随着阿拉伯树胶用量的增加，黄铜矿、方铅矿和黄铁矿回收率逐渐下降，闪锌矿回收率先下降后上升。图 3.24 所

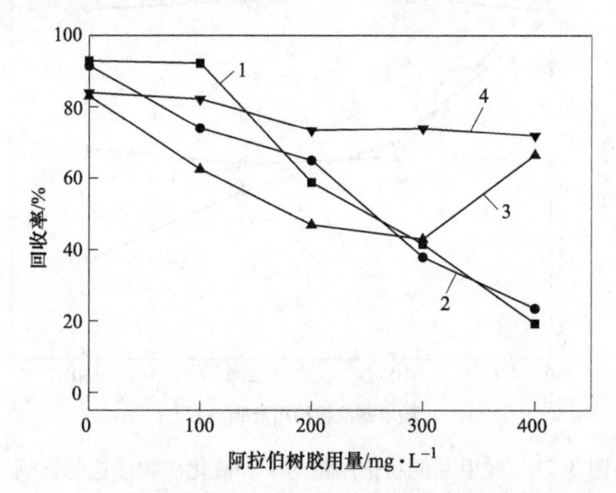

图 3.23　阿拉伯树胶用量对 4 种硫化矿物浮选的影响

(PBX 用量：1×10^{-4}mol/L；MIBC 用量：1×10^{-4}mol/L；pH = 7)

1—黄铜矿；2—方铅矿；3—闪锌矿；4—黄铁矿

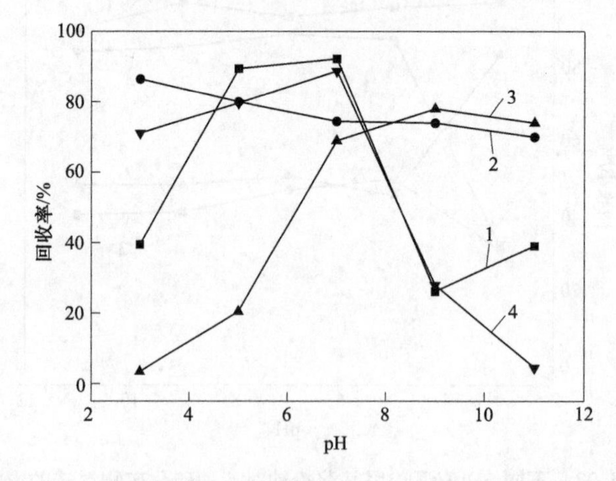

图 3.24　不同 pH 值下阿拉伯树胶对 4 种硫化矿物浮选的影响

(PBX 用量：1×10^{-4}mol/L；MIBC 用量：1×10^{-4}mol/L；阿拉伯树胶用量：100mg/L)

1—黄铜矿；2—方铅矿；3—闪锌矿；4—黄铁矿

示为阿拉伯树胶用量为 100mg/L 时，pH 值变化对 4 种硫化矿浮选影响。由图 3.24 可知，随着矿浆 pH 值增大，黄铜矿、方铅矿和黄铁矿的回收率呈下降趋势；而闪锌矿回收率逐渐增大。结果表明：一定条件下，阿拉伯树胶对 4 种硫化矿皆有一定抑制作用，但无选择性。

3.2.10 羧化壳聚糖对硫化矿物浮选的影响

图 3.25 所示为矿浆溶液 pH=7 时，羧化壳聚糖用量变化对黄铜矿、方铅矿、闪锌矿及黄铁矿浮选行为影响。由图 3.25 可知，随着羧化壳聚糖用量的增加，4 种单矿物回收率维持在较高水平且相近。图 3.26 所示为羧化壳聚糖用量为 100mg/L 时，pH 值变化对 4 种单矿物浮选影响。由图 3.26 可知，随着矿浆 pH 值增大，黄铜矿、方铅矿及闪锌矿回收率上升并趋于稳定；黄铁矿回收率先上升再迅速下降。结果表明：一定条件下，羧化壳聚糖对上述 4 种硫化矿抑制作用皆不强。

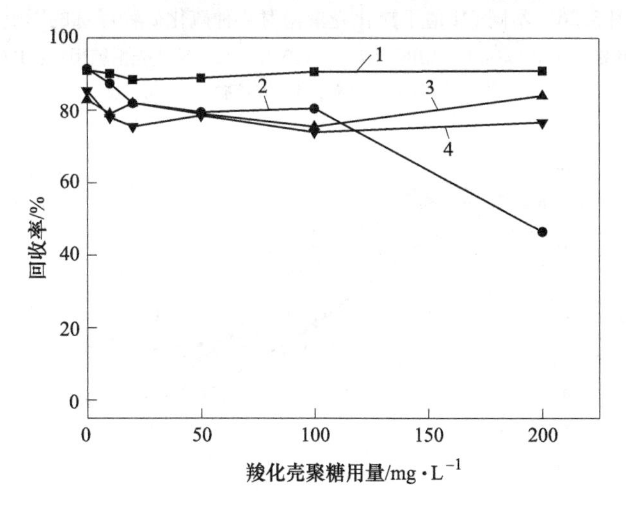

图 3.25 羧化壳聚糖用量对 4 种硫化矿物浮选的影响

（PBX 用量：1×10^{-4}mol/L；MIBC 用量：1×10^{-4}mol/L；pH=7）

1—黄铜矿；2—方铅矿；3—闪锌矿；4—黄铁矿

3.2.11 甲基纤维素对硫化矿物浮选的影响

图 3.27 所示为矿浆溶液 pH=7 时，甲基纤维素用量变化对黄铜矿、方铅矿、闪锌矿及黄铁矿浮选行为影响。由图 3.27 可知，随着甲基纤维素用量的增加，4 种单矿物回收率逐渐下降且相近。图 3.28 所示为甲基纤维素用量为 100mg/L 时，pH 值变化对 4 种单矿物浮选影响。由图 3.28 可知，随着矿浆 pH 值增大，4 种单矿物回收率基本无变化。结果表明：一定条件下，甲基纤维素对上述 4 种硫化矿存在抑制作用，但无选择性。

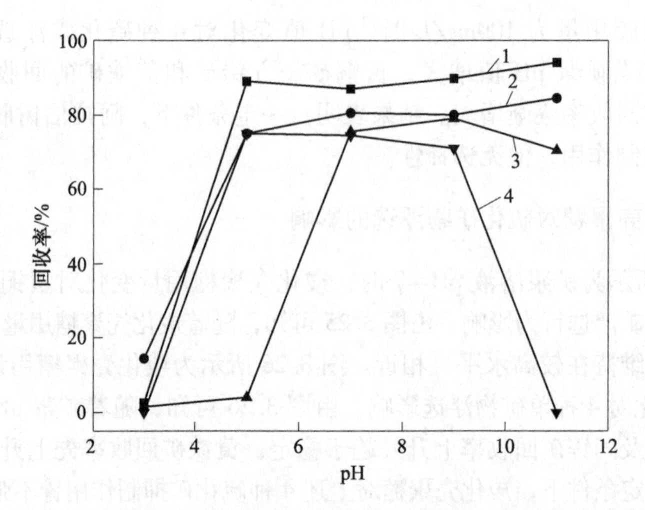

图 3.26　不同 pH 值下羧化壳聚糖对 4 种硫化矿物浮选的影响

（PBX 用量：1×10^{-4}mol/L；MIBC 用量：1×10^{-4}mol/L；羧化壳聚糖用量：100mg/L）

1—黄铜矿；2—方铅矿；3—闪锌矿；4—黄铁矿

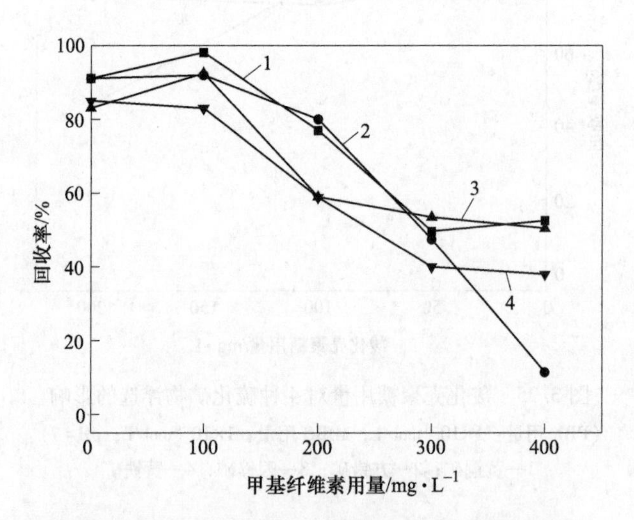

图 3.27　甲基纤维素用量对 4 种硫化矿物浮选的影响

（PBX 用量：1×10^{-4}mol/L；MIBC 用量：1×10^{-4}mol/L；pH = 7）

1—黄铜矿；2—方铅矿；3—闪锌矿；4—黄铁矿

3.2.12　壳聚糖对硫化矿物浮选的影响

图 3.29 所示为矿浆溶液 pH = 7 时，壳聚糖用量变化对黄铜矿、方铅矿、闪锌矿及黄铁矿浮选行为影响。由图 3.29 可知，随着壳聚糖用量的增加，4 种单矿物回收率迅速下降并趋于零。图 3.30 所示为壳聚糖用量为 100mg/L 时，pH 值变

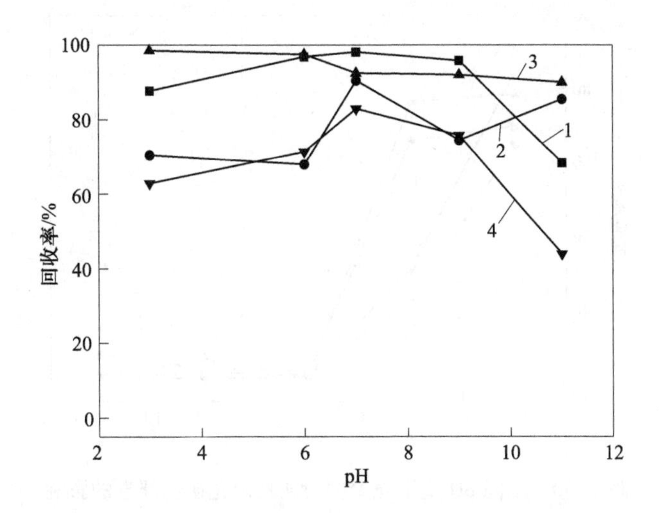

图 3.28 不同 pH 值下甲基纤维素对 4 种硫化矿物浮选的影响
（PBX 用量：1×10^{-4}mol/L；MIBC 用量：1×10^{-4}mol/L；甲基纤维素用量：100mg/L）
1—黄铜矿；2—方铅矿；3—闪锌矿；4—黄铁矿

化对 4 种单矿物浮选影响。由图 3.30 可知，随着矿浆 pH 值增大，4 种单矿物回收率基本无变化。结果表明：一定条件下，壳聚糖对上述 4 种硫化矿抑制作用极强，但无选择性。

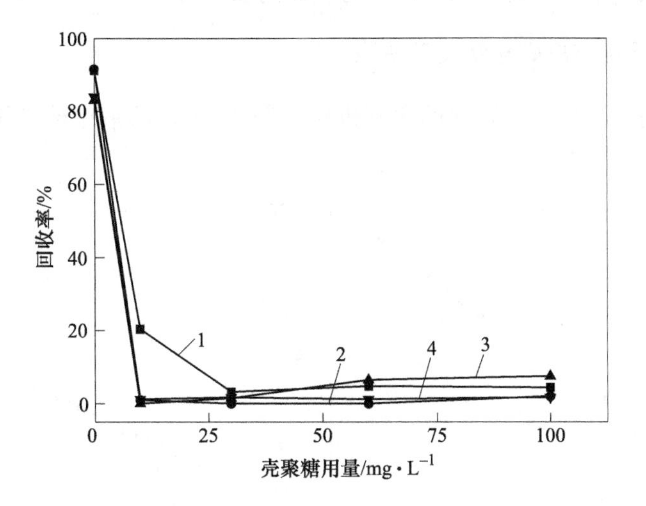

图 3.29 壳聚糖用量对 4 种硫化矿物浮选的影响
（PBX 用量：1×10^{-4}mol/L；MIBC 用量：1×10^{-4}mol/L；pH=7）
1—黄铜矿；2—方铅矿；3—闪锌矿；4—黄铁矿

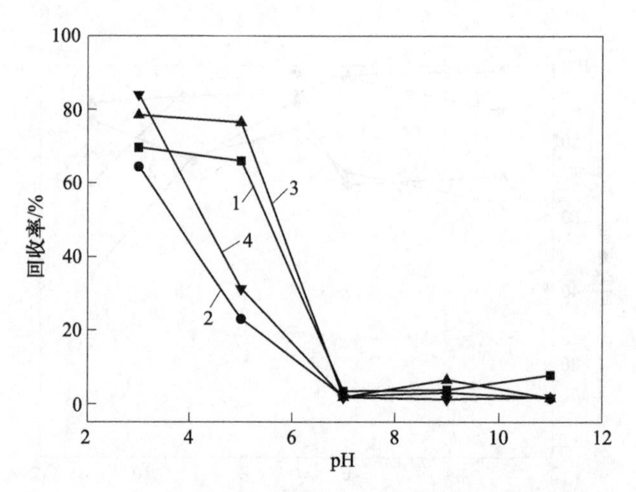

图 3.30 不同 pH 值下壳聚糖对 4 种硫化矿物浮选的影响

(PBX 用量：1×10^{-4}mol/L；MIBC 用量：1×10^{-4}mol/L；壳聚糖用量：100mg/L)

1—黄铜矿；2—方铅矿；3—闪锌矿；4—黄铁矿

3.3 高分子抑制剂在铜铅锌硫化矿物表面的吸附行为

浮选药剂要改变矿物的浮选行为，其关键要在矿物表面发生吸附，为了考察抑制剂在硫化矿表面的吸附行为，使用总有机碳法测定了黄原胶、刺槐豆胶、黄薯树胶、海藻酸钠 4 种药剂在硫化矿物表面的吸附行为。

3.3.1 药剂浓度与总碳含量关系曲线

试验所用的高分子抑制剂都含有机碳，图 3.31 是溶液中药剂浓度与溶液中有机碳浓度关系曲线。

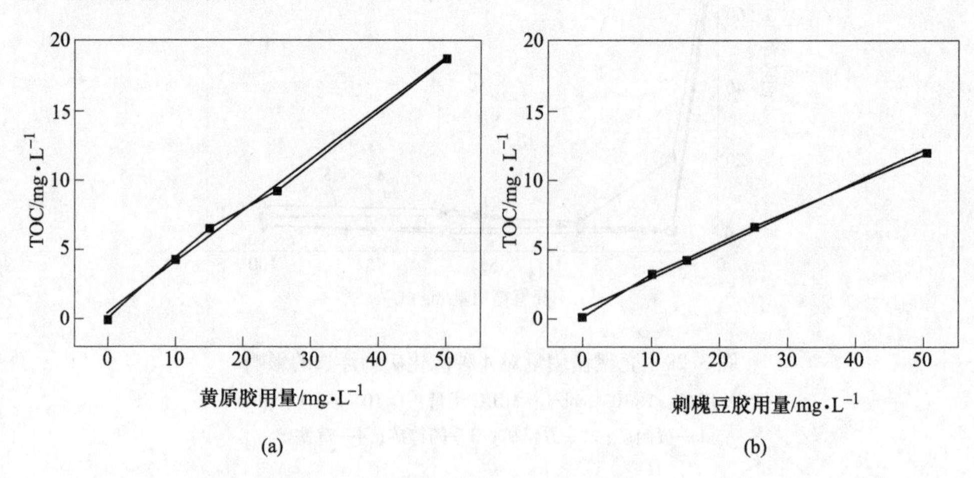

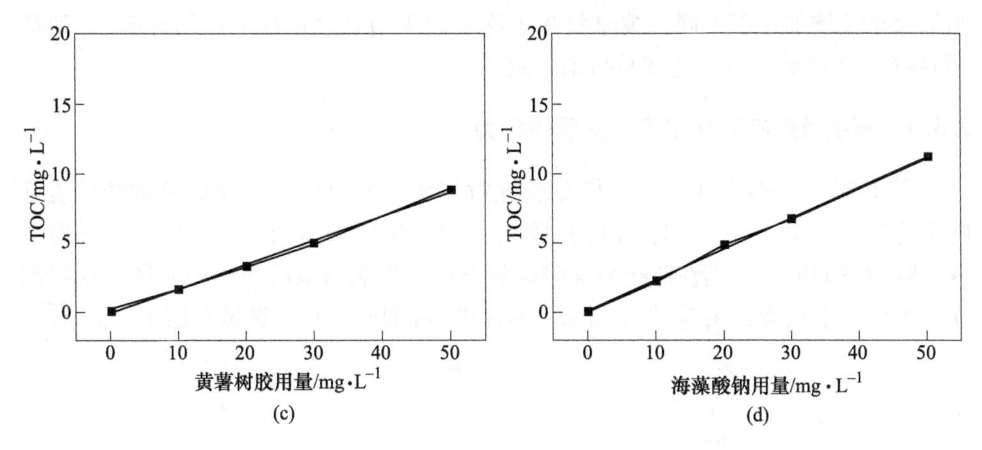

图 3.31 4 种高分子抑制剂药剂浓度与 TOC 的关系曲线

(a) 黄原胶；(b) 刺槐豆胶；(c) 黄薯树胶；(d) 海藻酸钠

通过拟合标准曲线可知，黄原胶、刺槐豆胶、黄薯树胶、海藻酸钠 4 种药剂的拟合方差分别为 0.99552、0.99122、0.99649、0.99829，可知药剂溶液中 TOC 浓度和药剂浓度呈线性关系，并通过拟合得出拟合曲线 ab 值，可由此算出不同浓度下矿物对药剂的吸附量。

3.3.2 黄原胶在硫化矿表面的吸附行为

研究了 pH 值为 7 条件下黄原胶在黄铜矿、方铅矿、闪锌矿及黄铁矿表面的吸附行为。由图 3.32 可知，黄原胶在 4 种硫化矿表面均发生了吸附，随着黄原胶用量的增加，其在硫化矿表面的吸附量逐渐增加，但不同硫化矿表面黄原胶吸

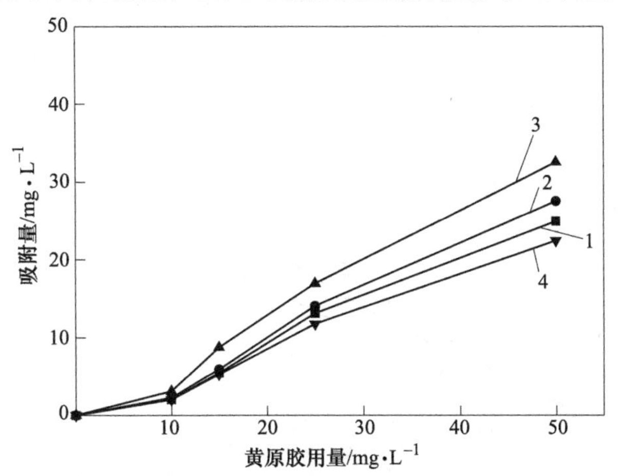

图 3.32 黄原胶在 4 种硫化矿物表面的吸附量

1—黄铜矿；2—方铅矿；3—闪锌矿；4—黄铁矿

附量大小及增加速率不同，黄原胶在矿物表面吸附强度依次为：闪锌矿>方铅矿>黄铜矿>黄铁矿，与浮选试验结果一致。

3.3.3 刺槐豆胶在硫化矿表面的吸附行为

图 3.33 为 pH=7 条件下刺槐豆胶在黄铜矿、方铅矿、闪锌矿及黄铁矿表面吸附行为。由图 3.33 可知，刺槐豆胶在 4 种硫化矿表面均发生了吸附，随着刺槐豆胶用量的增加，其在矿物表面吸附量增加；但刺槐豆胶在不同矿物表面吸附强度不同，依次为：黄铁矿>方铅矿>闪锌矿>黄铜矿，与浮选试验结果一致。

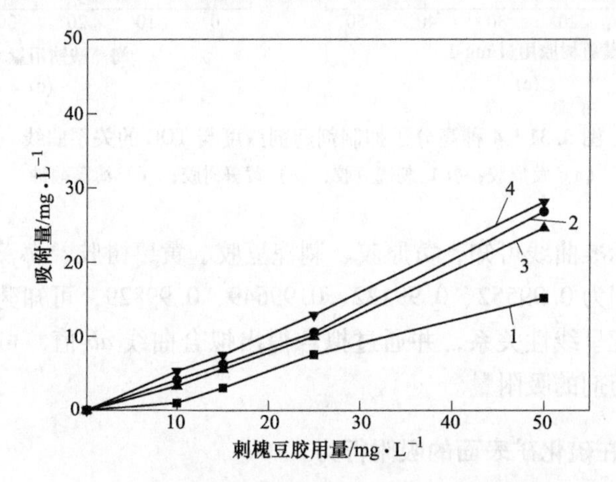

图 3.33 刺槐豆胶在 4 种硫化矿物表面的吸附量
1—黄铜矿；2—方铅矿；3—闪锌矿；4—黄铁矿

图 3.34 为 pH=7 条件下刺槐豆胶在氧化剂 H_2O_2 氧化后黄铜矿、方铅矿、闪

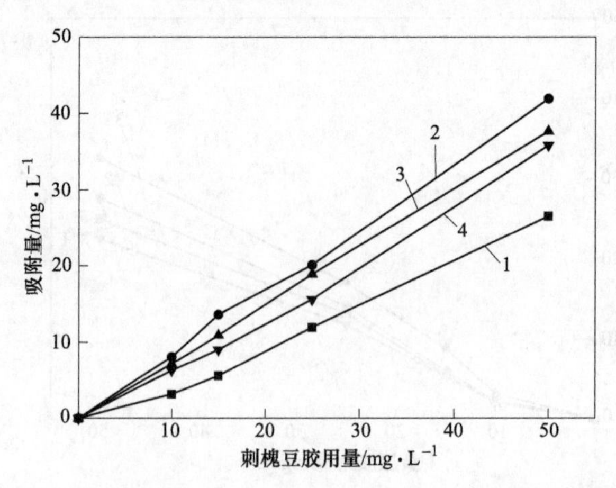

图 3.34 刺槐豆胶在 H_2O_2 氧化 4 种硫化矿物表面的吸附量
1—黄铜矿；2—方铅矿；3—闪锌矿；4—黄铁矿

锌矿及黄铁矿表面的吸附行为。由图 3.34 可知，刺槐豆胶在氧化后的 4 种硫化矿表面均发生了吸附，随着刺槐豆胶用量的增加，其在氧化后硫化矿物表面吸附量增加，但刺槐豆胶在不同矿物表面吸附强度不同，依次为：方铅矿>闪锌矿>黄铁矿>黄铜矿，与浮选试验结果一致；对比图 3.33 结果可知，刺槐豆胶在 H_2O_2 氧化后的 4 种硫化矿表面吸附量明显大于未氧化的矿物表面吸附量；使用氧化剂 H_2O_2 后刺槐豆胶在 4 种硫化矿表面吸附强度顺序也发生变化，在方铅矿和闪锌矿表面吸附量比黄铁矿多。

图 3.35 为 pH=7 条件下刺槐豆胶在氧化剂 $KMnO_4$ 氧化后黄铜矿、方铅矿、闪锌矿及黄铁矿表面的吸附行为。由图 3.35 可知，刺槐豆胶在氧化后的 4 种硫化矿表面均发生了吸附，随着刺槐豆胶用量的增加，其在氧化硫化矿物表面吸附量增加，但刺槐豆胶在不同矿物表面吸附强度不同，依次为：黄铁矿>闪锌矿>黄铜矿>方铅矿，与浮选试验结果一致；对比图 3.33 结果可知，刺槐豆胶在 $KMnO_4$ 氧化后的 4 种硫化矿表面吸附量明显大于未氧化的矿物表面吸附量；使用氧化剂 $KMnO_4$ 后刺槐豆胶在 4 种硫化矿吸附强度顺序也发生变化，在黄铜矿和闪锌矿表面吸附量比方铅矿表面多。

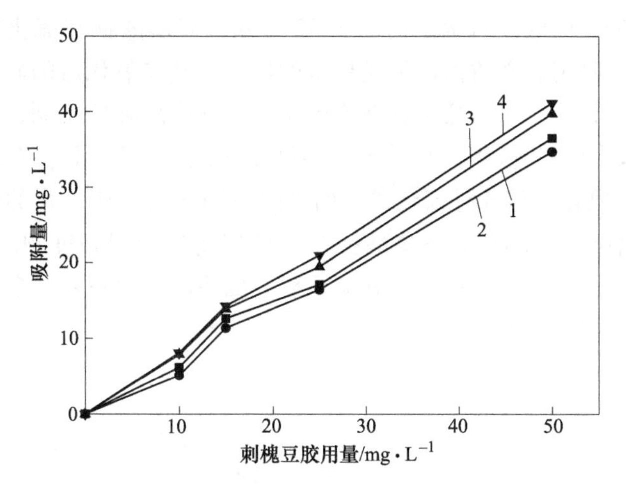

图 3.35　刺槐豆胶在 $KMnO_4$ 氧化 4 种硫化矿物表面的吸附量

1—黄铜矿；2—方铅矿；3—闪锌矿；4—黄铁矿

3.3.4　海藻酸钠在硫化矿表面的吸附行为

图 3.36 所示为 pH=7 条件下海藻酸钠在黄铜矿、方铅矿、闪锌矿及黄铁矿表面吸附行为。由图 3.36 可知，海藻酸钠在 4 种硫化矿表面均发生了吸附，随着海藻酸钠用量的增加，其在矿物表面吸附量增加；但海藻酸钠在不同矿物表面吸附强度不同，依次为：闪锌矿>黄铁矿>黄铜矿>方铅矿，与浮选试验结果一致。

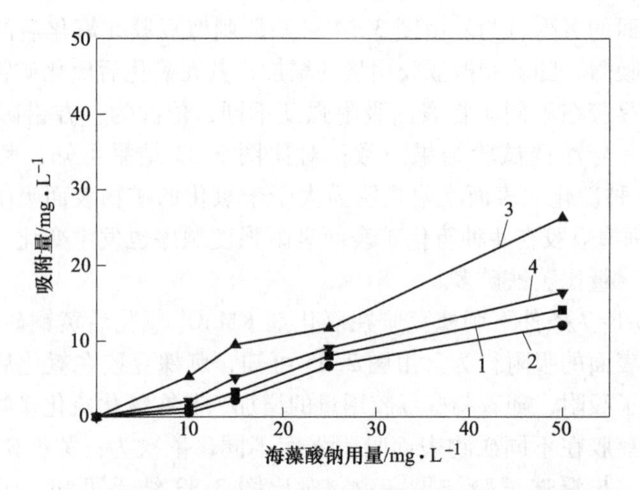

图 3.36 海藻酸钠在 4 种硫化矿物表面的吸附量
1—黄铜矿；2—方铅矿；3—闪锌矿；4—黄铁矿

图 3.37 为 pH=7 条件下海藻酸钠在氧化剂 H_2O_2 氧化后黄铜矿、方铅矿、闪锌矿及黄铁矿表面的吸附行为。由图 3.37 可知，海藻酸钠在氧化后的 4 种硫化矿表面均发生了吸附，随着海藻酸钠用量的增加，其在氧化后的矿物表面吸附量与自身用量成正相关，但海藻酸钠在不同矿物表面吸附强度不同，依次为：闪锌矿>方铅矿>黄铜矿>黄铁矿，与浮选试验结果一致；对比图 3.36 结果可知，海藻酸钠在 H_2O_2 氧化后的 4 种硫化矿表面吸附量明显大于未氧化的硫化矿物表面吸附量；使用氧化剂 H_2O_2 后海藻酸钠在 4 种硫化矿吸附强度顺序也发生变化，在方铅矿表面吸附量比黄铜矿多，在黄铜矿表面吸附量比黄铁矿多。

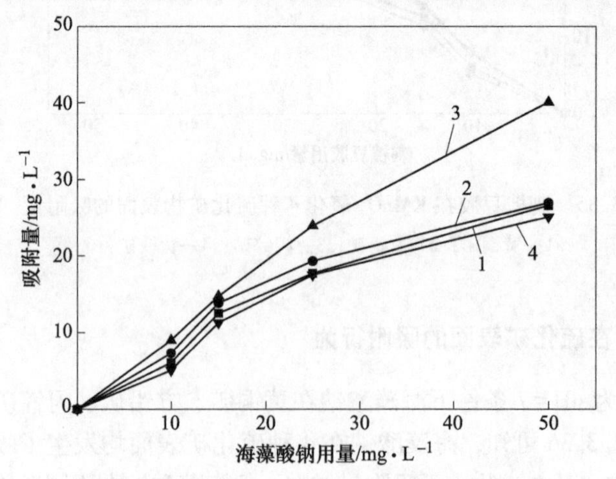

图 3.37 海藻酸钠在 H_2O_2 氧化 4 种硫化矿物表面的吸附量
1—黄铜矿；2—方铅矿；3—闪锌矿；4—黄铁矿

图 3.38 为 pH=7 条件下海藻酸钠在氧化剂 $KMnO_4$ 氧化后黄铜矿、方铅矿、闪锌矿及黄铁矿表面的吸附行为。由图 3.38 可知，海藻酸钠在 4 种氧化硫化矿表面均发生了吸附，随着海藻酸钠用量的增加，其在矿物表面吸附量增加，但海藻酸钠在不同矿物表面吸附强度不同，依次为：闪锌矿>黄铜矿>黄铁矿>方铅矿，与浮选试验结果一致；对比图 3.36 结果可知，海藻酸钠在 $KMnO_4$ 氧化后的 4 种硫化矿表面吸附量明显大于未氧化的硫化矿物表面吸附量；使用氧化剂 $KMnO_4$ 后海藻酸钠在 4 种硫化矿吸附强度顺序也发生变化，在黄铜矿表面吸附量比黄铁矿多。

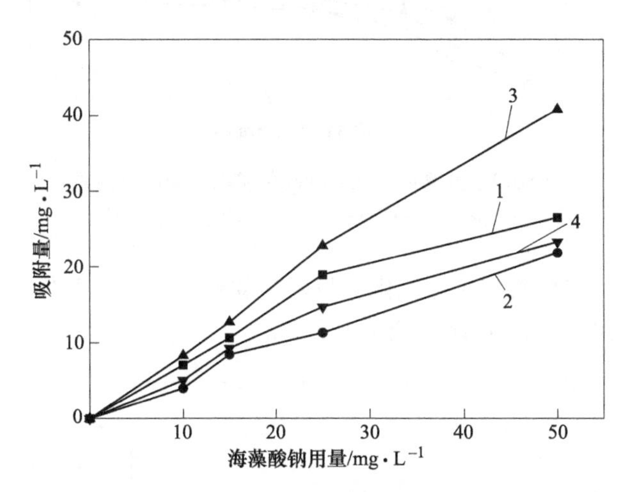

图 3.38　海藻酸钠在 $KMnO_4$ 氧化 4 种硫化矿物表面的吸附量

1—黄铜矿；2—方铅矿；3—闪锌矿；4—黄铁矿

3.3.5　黄薯树胶在硫化矿表面的吸附行为

图 3.39 所示为 pH=7 条件下黄薯树胶在黄铜矿、方铅矿、闪锌矿及黄铁矿表面的吸附行为。由图 3.39 可知，黄薯树胶在 4 种硫化矿表面均发生了吸附，随着黄薯树胶用量增加，其在矿物表面吸附量增加；但黄薯树胶在不同矿物表面吸附强度不同，依次为：黄铁矿>闪锌矿>方铅矿>黄铜矿，与浮选试验结果一致。

图 3.40 所示为 pH=7 条件下黄薯树胶在氧化剂 H_2O_2 氧化后黄铜矿、方铅矿、闪锌矿及黄铁矿表面的吸附行为。由图 3.40 可知，黄薯树胶在氧化后的 4 种硫化矿表面均发生了吸附，随着黄薯树胶用量的增加，其在氧化后的矿物表面吸附量增加，但黄薯树胶在不同矿物表面吸附强度不同，依次为：闪锌矿>方铅矿>黄铜矿>黄铁矿，与浮选试验结果一致；对比图 3.39 结果可知，黄薯树胶在 H_2O_2 氧化后的 4 种硫化矿表面吸附量明显大于未氧化的矿物表面吸附量；使用

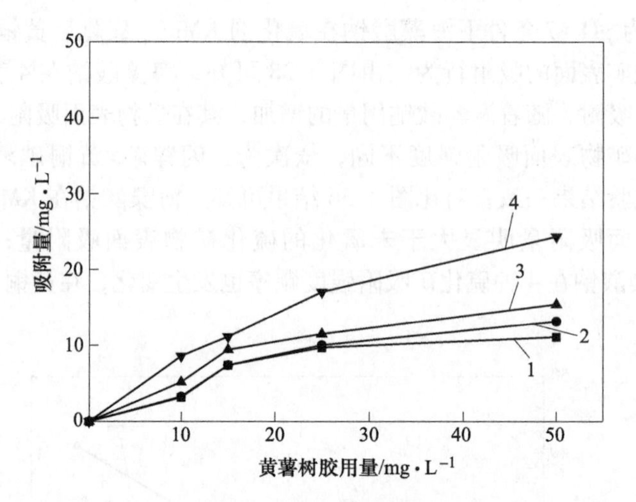

图 3.39 黄薯树胶在 4 种硫化矿物表面的吸附量

1—黄铜矿；2—方铅矿；3—闪锌矿；4—黄铁矿

氧化剂 H_2O_2 后黄薯树胶在 4 种硫化矿吸附强度顺序发生了变化，在闪锌矿、方铅矿、黄铜矿表面的吸附量比黄铁矿表面多。

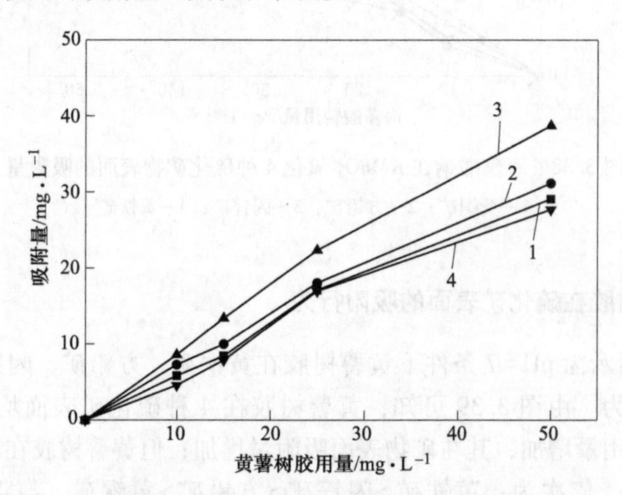

图 3.40 黄薯树胶在 H_2O_2 氧化 4 种硫化矿物表面的吸附量

1—黄铜矿；2—方铅矿；3—闪锌矿；4—黄铁矿

图 3.41 所示为 pH=7 条件下黄薯树胶在氧化剂 $KMnO_4$ 氧化后黄铜矿、方铅矿、闪锌矿及黄铁矿表面的吸附行为。由图 3.41 可知，黄薯树胶在氧化后的 4 种硫化矿表面均发生了吸附，随着黄薯树胶用量的增加，其在矿物表面吸附量增加，但黄薯树胶在不同氧化矿物表面吸附强度不同，依次为：闪锌矿>方铅矿>黄铜矿>黄铁矿，与浮选试验结果一致；对比图 3.39 结果可知，黄薯树胶在

$KMnO_4$ 氧化后的4种硫化矿表面吸附量明显大于未氧化的矿物表面吸附量；使用氧化剂 $KMnO_4$ 后黄薯树胶在4种硫化矿表面吸附强度顺序也发生变化，在闪锌矿、方铅矿、黄铜矿表面的吸附量比黄铁矿表面多。

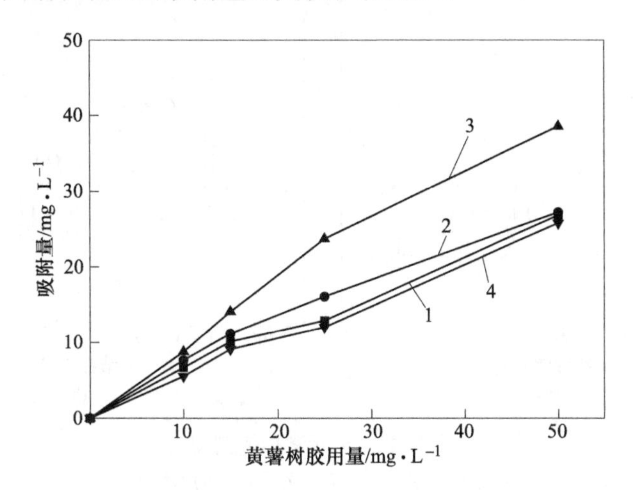

图3.41 黄薯树胶在 $KMnO_4$ 氧化4种硫化矿物表面的吸附量

1—黄铜矿；2—方铅矿；3—闪锌矿；4—黄铁矿

综上所述，黄原胶、刺槐豆胶、海藻酸钠、黄薯树胶在黄铜矿、方铅矿、闪锌矿、黄铁矿表面都发生吸附；加入氧化剂 H_2O_2 或 $KMnO_4$ 后，上述4种高分子抑制剂在氧化后的硫化矿表面的吸附量增强；4种高分子抑制剂在 H_2O_2 及 $KMnO_4$ 氧化前后闪锌矿表面吸附量都较多；4种高分子抑制剂在氧化剂作用前后硫化矿表面的吸附强弱顺序与浮选试验结果一致。

3.4 高分子抑制剂与铜铅锌硫化矿物表面的作用机理

通过浮选试验可知，高分子抑制剂黄原胶、刺槐豆胶、海藻酸钠对闪锌矿抑制效果较好；吸附量试验结果表明，这3种抑制剂在闪锌矿表面的吸附量高于在其他硫化矿表面的吸附量。为了进一步探讨抑制剂对闪锌矿抑制机理及硫化矿表面氧化增强高分子抑制剂抑制效果的原因，进行了X射线光电子能谱分析，通过检测药剂作用前后硫化矿表面元素或官能团的改变以确定高分子抑制剂在氧化剂氧化前后矿物表面的吸附机理。

3.4.1 黄原胶与闪锌矿表面作用机理

如图3.42所示为黄原胶作用前后的闪锌矿全元素扫描谱图，由图3.42可知，纯闪锌矿中有锌、氧、碳、硫等元素，出现的C元素峰有可能是矿物表面有机物污染造成的；加入黄原胶后，闪锌矿表面仍然存在锌、氧、碳、硫等元素；

由 XPS 元素含量分析结果（见表 3.1）可知，黄原胶作用后闪锌矿中的 C、O 元素含量大量提升，这是含有 C、O 元素的黄原胶在闪锌矿表面吸附造成的。

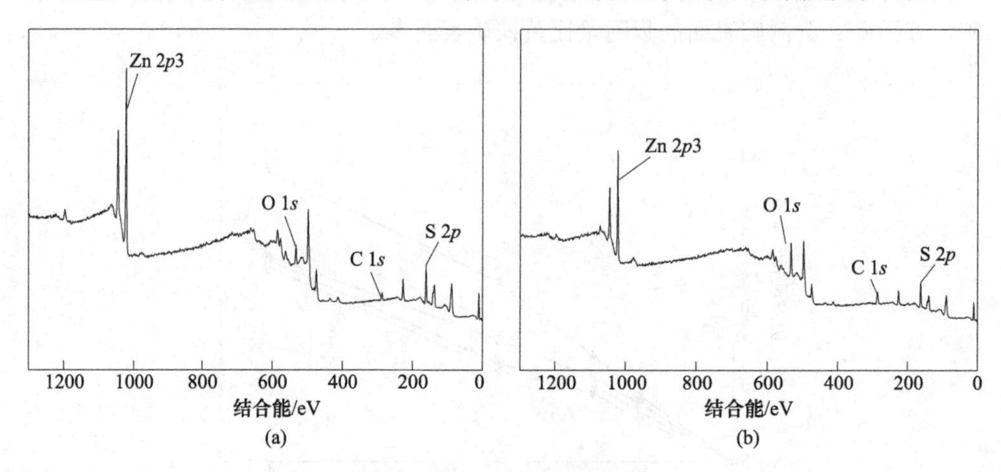

图 3.42 全元素扫描谱图

（a）闪锌矿；（b）黄原胶作用后的闪锌矿

表 3.1 矿物表面元素含量分析结果 （%）

矿物名称	元素含量（质量分数）			
	Zn	S	C	O
闪锌矿	36.46	32.95	14.40	14.99
闪锌矿+黄原胶	20.23	22.83	29.38	26.64

为了确定黄原胶在闪锌矿表面吸附的作用机理，对锌、氧、碳、硫等元素进行了窄区间扫描谱图分析。

图 3.43 所示为黄原胶作用前后闪锌矿 C1*s* 窄区间扫描谱图，由图 3.43（a）可知，纯闪锌矿 C1*s* 窄区间扫描谱图出现的峰处于结合能 284.80eV、286.31eV 和 288.65eV 等处，都是碳污染峰，但 284.80eV、286.31eV 处峰为未氧化矿物表面的碳污染峰，288.65eV 处峰为氧化后矿物表面的碳污染峰；由图 3.43（b）可知，当黄原胶作用后，闪锌矿 C1*s* 窄区间扫描谱图出现的新峰处于结合能 287.62eV 处，表明闪锌矿表面有部分 C 元素以—COO—官能团形式存在，另一个新峰处于结合能 285.52eV 处，表明闪锌矿表面有部分 C 元素以—COR—官能团形式存在，这两个官能团是来自于黄原胶，说明黄原胶在表面发生吸附。

图 3.44 所示为黄原胶作用前后闪锌矿的 O1*s* 窄区间扫描谱图。由图 3.44（a）可知，纯闪锌矿 O1*s* 窄区间扫描谱图出现的峰处于 530.76eV 处，为 OH^- 的特征吸收峰，这是搅拌过程中闪锌矿氧化后产物与水反应作用的结果，而结合能 532.10eV 处为吸收的水分子的特征吸收峰；由图 3.44（b）可知，当黄

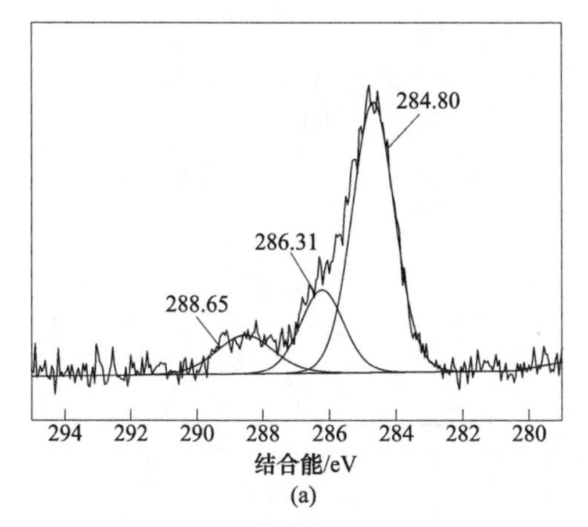

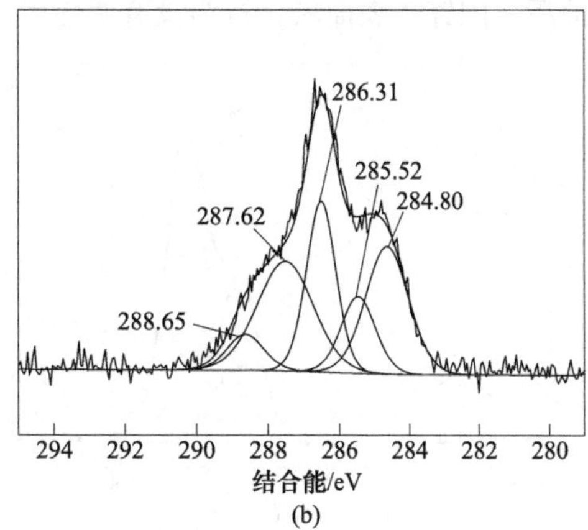

图 3.43 C1*s* 窄区间扫描谱图

（a）闪锌矿；（b）黄原胶作用后的闪锌矿

原胶作用后，闪锌矿 O1*s* 窄区间扫描谱图出现的新峰处于结合能 533.13eV 和 532.8eV 等处，这可能是闪锌矿表面有部分 O 元素以—COO—、—COR—官能团形式存在，该官能团是来自于黄原胶，证明黄原胶在表面发生吸附。

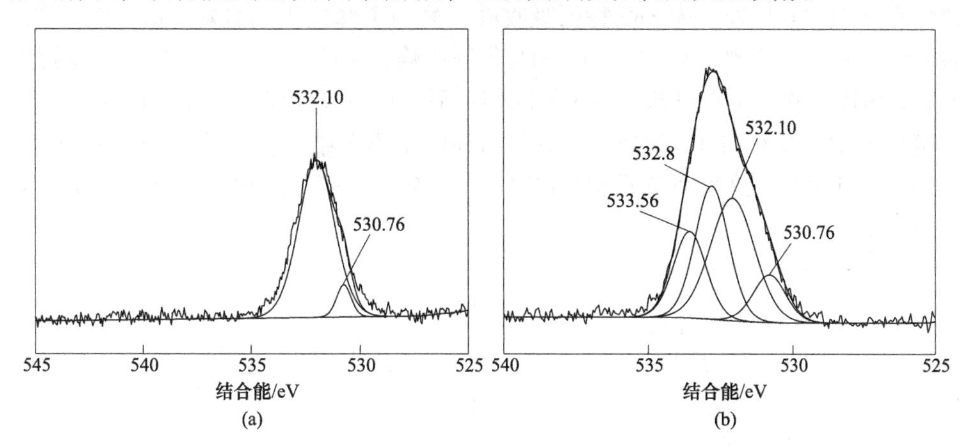

图 3.44 O1*s* 窄区间扫描谱图

（a）闪锌矿；（b）黄原胶作用后的闪锌矿

图 3.45 所示为黄原胶作用前后闪锌矿 $S2p_{3/2}$ 窄区间扫描谱图，由图 3.45（a）可知，纯闪锌矿 $S2p_{3/2}$ 窄区间扫描谱图出现的峰处于结合能 161.51eV 和 162.7eV，分别为 S^{2-} 和 S_2^{2-} 的特征吸收峰，说明闪锌矿主要以 ZnS 形式存在，也存在部分氧化现象，这是与空气中氧气发生反应所致；由图 3.45（b）可知，当黄原胶作用后，闪锌矿 $S2p_{3/2}$ 窄区间扫描谱图出现的峰处于结合能 161.49eV 和 162.71eV，也为 S^{2-} 和 S_2^{2-} 的特征吸收峰，且相对含量没变，这表明黄原胶作用

前后，闪锌矿表面氧化行为没有变化。

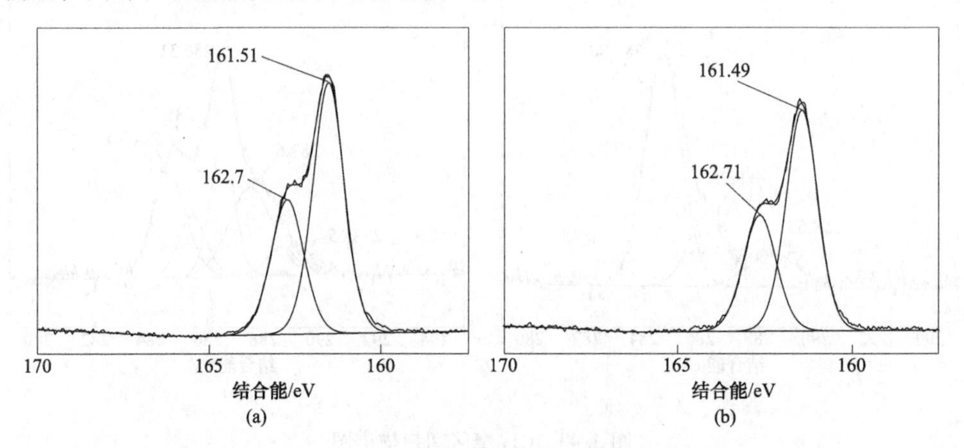

图 3.45 $S2p_{3/2}$窄区间扫描谱图

（a）闪锌矿；（b）黄原胶作用后的闪锌矿

图 3.46 所示为黄原胶作用前后闪锌矿 $Zn2p_{3/2}$ 窄区间扫描谱图，由图 3.46（a）可知，黄原胶作用前，纯闪锌矿 $Zn2p_{3/2}$窄区间扫描谱图出现的峰处于结合能 1021.11eV 处，为 ZnS 特征吸收峰，另一个峰处于结合能 1022.76eV 处，为氧化后闪锌矿产物 ZnOH 或 ZnO 的特征吸收峰，说明搅拌过程中存在轻微氧化现象；由图 3.46（b）可知，当黄原胶作用后，闪锌矿 $Zn2p_{3/2}$轨道的 Zn 离子结合能为 1021.11eV 与 1022.15eV，1022.15eV 处 Zn^{2+}结合能发生-0.61eV 位移，且相对含量没变，这表明黄原胶存在时，闪锌矿表面氧化产物中的锌离子发生了化学变化。

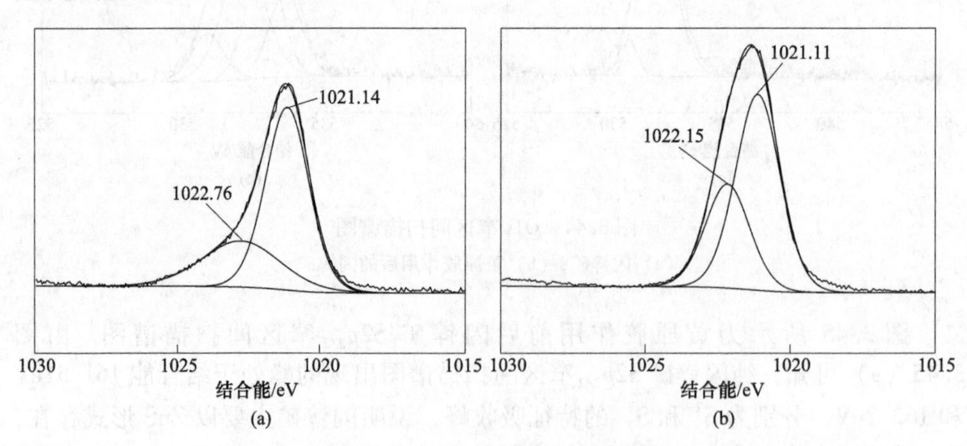

图 3.46 $Zn2p_{3/2}$窄区间扫描谱图

（a）闪锌矿；（b）黄原胶作用后的闪锌矿

作为一种阴离子高分子有机物，黄原胶单体具有如图 3.3 所示的分子结构，而黄原胶聚合物具有大量的极性官能团—OH、—COOH，易与铜、铅、锌等离子形成复合配位，产生螯合物，而闪锌矿表面氧化产生的 Zn^{2+} 结合能发生的偏移同样验证了闪锌矿表面氧化产物中的锌离子发生了化学反应。这表明黄原胶通过自身的—OH、—COOH 与闪锌矿表面氧化产物中的锌离子螯合，并吸附于闪锌矿表面而产生抑制作用，这种吸附方式是化学吸附。

3.4.2 刺槐豆胶与闪锌矿表面作用机理

图 3.47 所示为刺槐豆胶作用前后闪锌矿的全元素扫描谱图，由图 3.47 可知，纯闪锌矿中有锌、氧、碳、硫等元素，出现的 C 元素峰有可能是矿物表面污染的有机物造成的；加入刺槐豆胶后，闪锌矿表面仍然存在锌、氧、碳、硫等元素；由 XPS 元素含量分析结果（见表 3.2）可知，刺槐豆胶作用后闪锌矿中的 C、O 元素含量大量提升，这是含有 C、O 元素的黄原胶在闪锌矿表面吸附造成的。

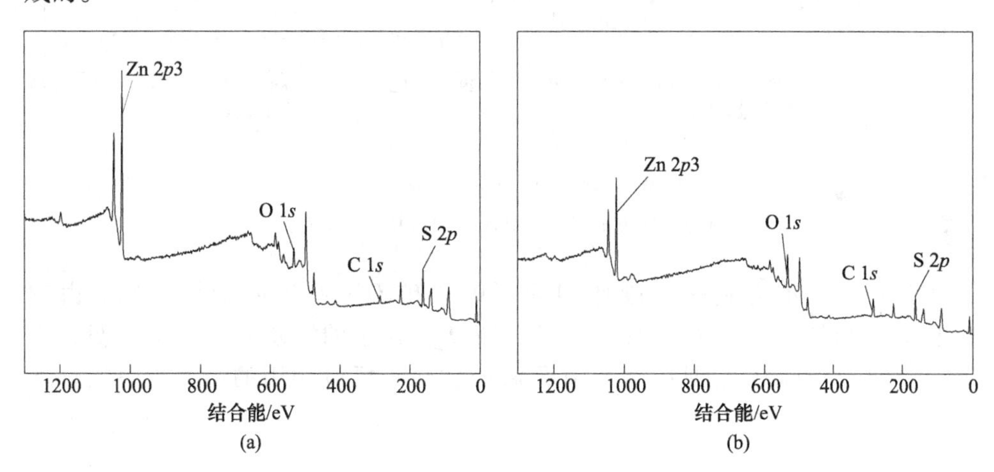

图 3.47 全元素扫描谱图

（a）闪锌矿；（b）与刺槐豆胶作用后的闪锌矿

表 3.2 XPS 元素含量分析结果 （%）

矿物名称	元素含量（质量元素）			
	Zn	S	C	O
闪锌矿	36.46	32.95	14.40	14.99
闪锌矿+刺槐豆胶	20.45	19.37	36.80	23.38

为了确定刺槐豆胶在闪锌矿表面吸附的作用机理，对锌、氧、碳、硫等元素进行了窄区间扫描谱图分析。

图 3.48 所示为刺槐豆胶作用前后闪锌矿的 C1*s* 窄区间扫描谱图。由图 3.48（a）可知，纯闪锌矿 C1*s* 窄区间扫描谱图出现的峰处于结合能 284.80eV、286.31eV 和 288.65eV 等处，都是碳污染峰，但 284.80eV、286.31eV 处峰为未氧化矿物表面的碳污染峰，288.65eV 处峰为氧化后硫化矿物表面的碳污染峰；由图 3.48（b）可知，当刺槐豆胶作用后，闪锌矿 C1*s* 窄区间扫描谱图出现的新峰处于结合能 285.52eV 处，表明闪锌矿表面有部分 C 元素以来自刺槐豆胶的—COR—官能团形式存在，说明刺槐豆胶在闪锌矿表面发生吸附。

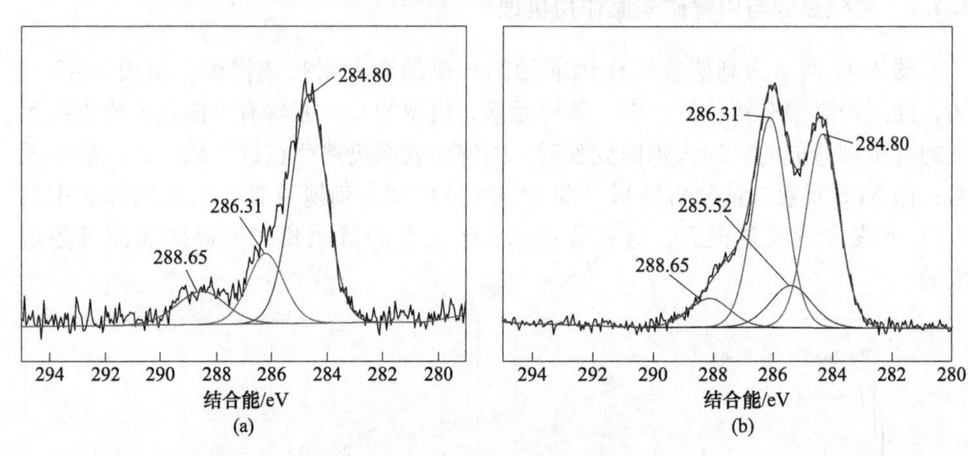

图 3.48 C1*s* 窄区间扫描谱图

（a）闪锌矿；（b）与刺槐豆胶作用后的闪锌矿

图 3.49 所示为刺槐豆胶作用前后闪锌矿 O1*s* 窄区间扫描谱图。由图 3.49（a）可知，纯闪锌矿 O1*s* 窄区间扫描谱图出现的峰处于 530.76eV 处，为 OH^- 的特征吸收峰，这是闪锌矿氧化后产物与水反应作用的结果，而结合能

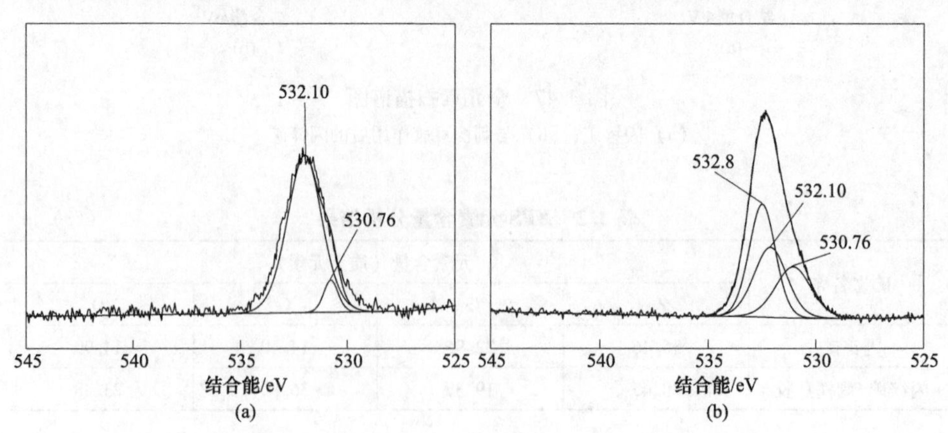

图 3.49 O1*s* 窄区间扫描谱图

（a）闪锌矿；（b）与刺槐豆胶作用后的闪锌矿

532.10eV 处为吸收的水分子的特征吸收峰；由图 3.49（b）可知，刺槐豆胶作用后，闪锌矿 O1*s* 窄区间扫描谱图出现的新峰处于结合能 532.8eV 处，这可能是闪锌矿表面有部分 O 元素以—COR—官能团形式存在，该官能团来自刺槐豆胶，证明刺槐豆胶在表面发生吸附。

图 3.50 所示为刺槐豆胶作用前后闪锌矿的 $S2p_{3/2}$ 窄区间扫描谱图。由图 3.50（a）可知，纯闪锌矿 $S2p_{3/2}$ 窄区间扫描谱图出现的峰处于结合能 161.51eV 和 162.7eV 处，分别为 S^{2-} 和 S_2^{2-} 的特征吸收峰，闪锌矿主要以 ZnS 形式存在，也存在部分氧化现象，这是与空气中氧气发生反应所致；由图 3.50（b）可知，刺槐豆胶作用后，闪锌矿 $S2p_{3/2}$ 窄区间扫描谱图出现的峰处于结合能 161.41eV 和 162.52eV，为 S^{2-} 和 S_2^{2-} 特征吸收峰，且相对含量没变，这表明刺槐豆胶作用前后，闪锌矿表面氧化行为一致。

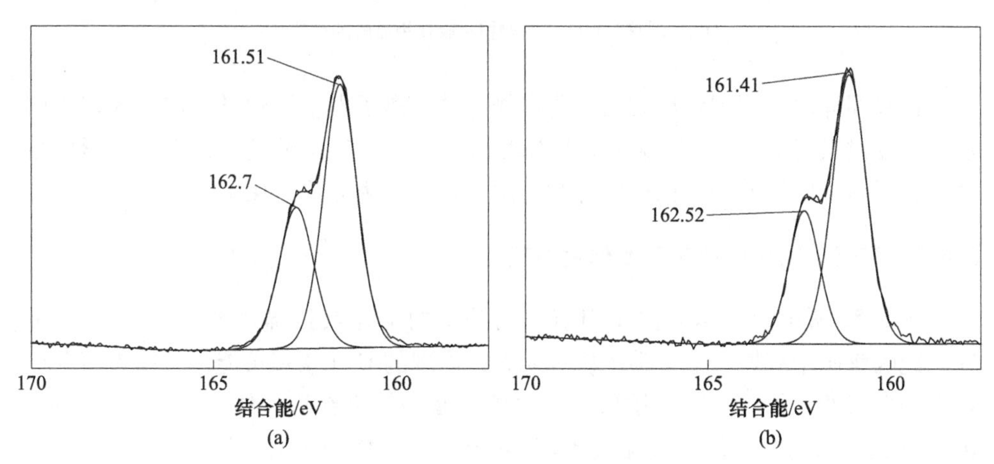

图 3.50 $S2p_{3/2}$ 窄区间扫描谱图

（a）闪锌矿；（b）与刺槐豆胶作用后的闪锌矿

图 3.51 所示为刺槐豆胶作用前后闪锌矿的 $Zn2p_{3/2}$ 窄区间扫描谱图。由图 3.51（a）可知，纯闪锌矿 $Zn2p_{3/2}$ 窄区间扫描谱图出现的峰处于结合能 1021.14eV 处，为 ZnS 特征吸收峰，另一处峰结合能为 1022.76eV，为氧化后闪锌矿产物 ZnOH 或 ZnO 的特征吸收峰，说明闪锌矿存在轻微氧化现象；由图 3.51（b）可知，当刺槐豆胶作用后，闪锌矿 $Zn2p_{3/2}$ 轨道的 Zn^{2+} 结合能为 1021.32eV 和 1021.08eV，1021.32eV 处 Zn^{2+} 峰偏移了 1.44eV，但是相对含量没变，表明刺槐豆胶存在时，闪锌矿表面氧化产生的锌离子发生了化学变化。

作为一种非离子型高分子有机物，刺槐豆胶单体具有如图 3.6 所示的分子结构，而刺槐豆胶聚合物具有大量的亲水官能团—OH，被证明易与硫化矿表面金属质点之间发生化学反应，形成络合物，而闪锌矿表面氧化产生的 Zn^{2+} 结合能发

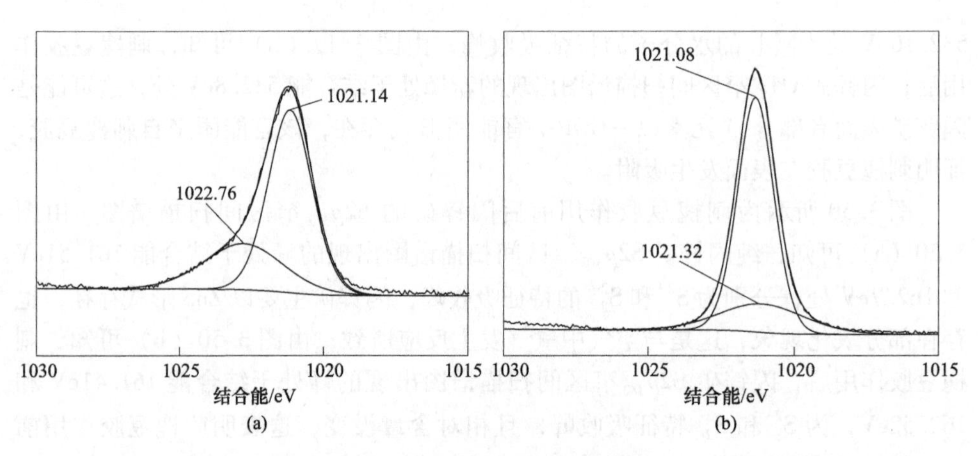

图 3.51 $Zn2p_{3/2}$窄区间扫描谱图

（a）闪锌矿；（b）与刺槐豆胶作用后的闪锌矿

生的偏移同样验证了闪锌矿表面氧化产物中的锌离子发生了化学反应。这表明刺槐豆胶通过自身的—OH 与闪锌矿表面氧化产物中的锌离子发生化学反应形成络合物，吸附于闪锌矿表面而产生抑制作用，这种吸附方式是化学吸附。

3.4.3 海藻酸钠与闪锌矿表面作用机理

图 3.52 所示为海藻酸钠作用前后闪锌矿的全元素扫描谱图。由图 3.52 可知，纯闪锌矿中有锌、氧、碳、硫等元素，出现的 C 元素峰可能是矿物表面有机物污染造成的，加入海藻酸钠后，闪锌矿表面仍然存在锌、氧、碳、硫等元素；由 XPS 元素含量分析结果（见表 3.3）可知，海藻酸钠作用后闪锌矿的 C、O 元素含量大量提升，这是含有 C、O 元素的海藻酸钠在闪锌矿表面吸附造成的。

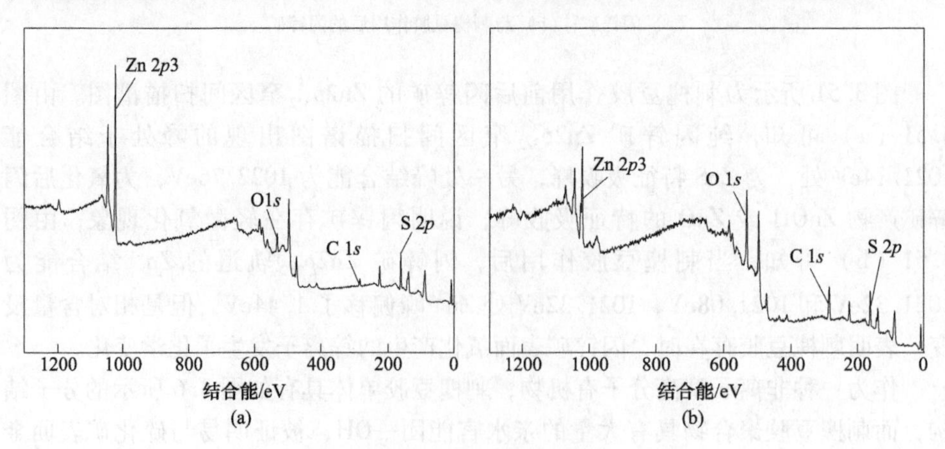

图 3.52 全元素扫描谱图

（a）闪锌矿；（b）与海藻酸钠作用后的闪锌矿

表 3.3 XPS 元素含量分析结果 (%)

矿物名称	元素含量（质量分数）			
	Zn	S	C	O
闪锌矿	36.46	32.95	14.40	14.99
闪锌矿+海藻酸钠	14.92	15.70	39.08	30.30

为了确定海藻酸钠在闪锌矿表面吸附的作用机理，对锌、氧、碳、硫等元素进行了窄区间扫描谱图分析。

图 3.53 所示为海藻酸钠作用前后闪锌矿的 C1*s* 窄区间扫描谱图。由图 3.53（a）可知，纯闪锌矿 C1*s* 窄区间扫描谱图出现的峰处于结合能 284.80eV、286.31eV 和 288.65eV 处，都是碳污染峰，但 284.80eV、286.31eV 处峰为未氧化矿物表面的碳污染峰，288.65eV 处峰为氧化后硫化矿物表面的碳污染峰；由图 3.53（b）可知，当海藻酸钠作用后，闪锌矿 C1*s* 窄区间扫描谱图出现的新峰处于结合能 287.62eV 和 285.52eV 处，表明闪锌矿表面有部分 C 元素以—COR—及—COO—官能团形式存在，上述两个官能团都来自海藻酸钠，说明海藻酸钠在闪锌矿表面发生吸附。

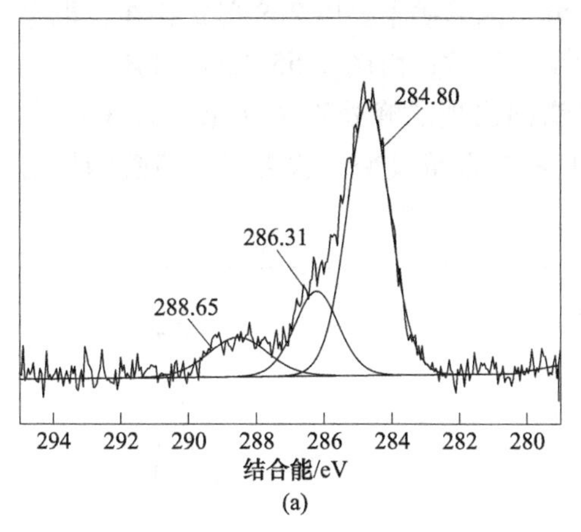

(a)

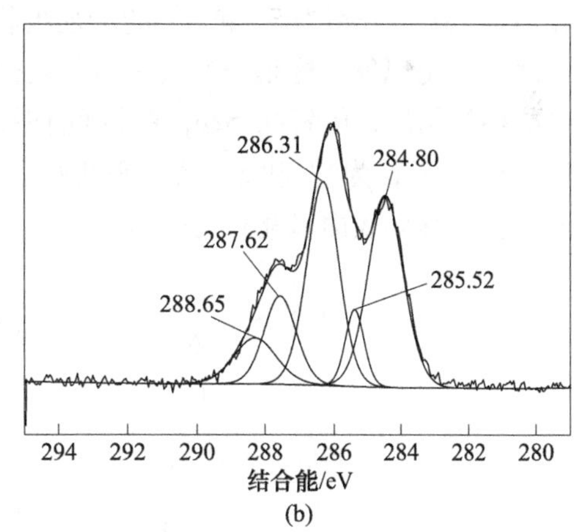

(b)

图 3.53 C1*s* 窄区间扫描谱图

（a）闪锌矿；（b）与海藻酸钠作用后的闪锌矿

图 3.54 所示为海藻酸钠作用前后闪锌矿 O1*s* 窄区间扫描谱图。由图 3.54（a）可知，纯闪锌矿 O1*s* 窄区间扫描谱图出现的峰处于 530.76eV 处，为 OH^- 的特征吸收峰，这是搅拌过程中闪锌矿氧化后产物与水反应作用的结果，而结合能 532.10eV 处为吸收的水分子的特征吸收峰；由图 3.54（b）可知，当海藻酸钠作用后，闪锌矿 O1*s* 窄区间扫描谱图出现的新峰处于结合能 532.8eV 和

535.13eV 处，这可能是由于闪锌矿表面有部分 O 元素来自海藻酸钠的—COR—及—COO—官能团，证明海藻酸钠在闪锌矿表面发生吸附。

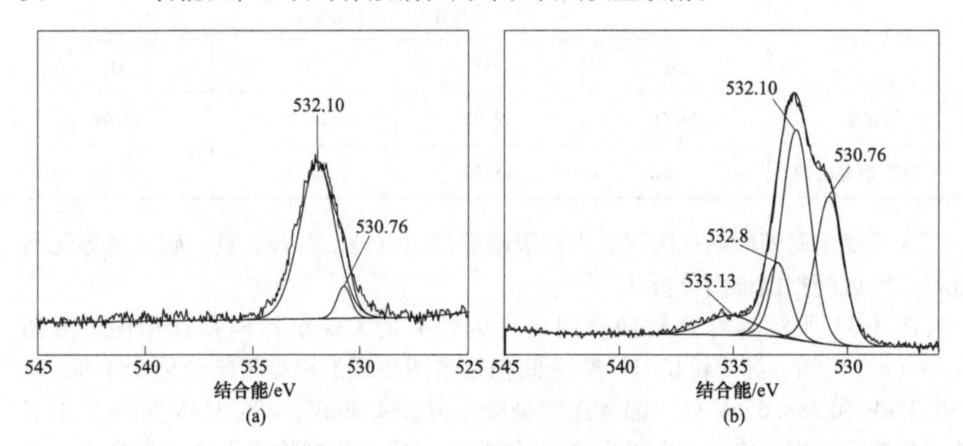

图 3.54　O1*s* 窄区间扫描谱图

（a）闪锌矿；（b）与海藻酸钠作用后的闪锌矿

图 3.55 所示为海藻酸钠作用前后闪锌矿的 $S2p_{3/2}$ 窄区间扫描谱图。由图 3.55（a）可知，纯闪锌矿 $S2p_{3/2}$ 窄区间扫描谱图出现的峰处于结合能 161.51eV 和 162.7eV，分别为 S^{2-} 和 S_2^{2-} 的特征吸收峰，闪锌矿主要以 ZnS 形式存在，也存在部分氧化现象，这是与空气中氧气发生反应所致；由图 3.55（b）可知，当海藻酸钠作用后，闪锌矿 $S2p_{3/2}$ 窄区间扫描谱图出现的峰处于结合能 161.46eV 和 162.53eV 处，为 S^{2-} 和 S_2^{2-} 特征吸收峰，且相对含量没变，这表明海藻酸钠作用前后，闪锌矿表面氧化行为一致。

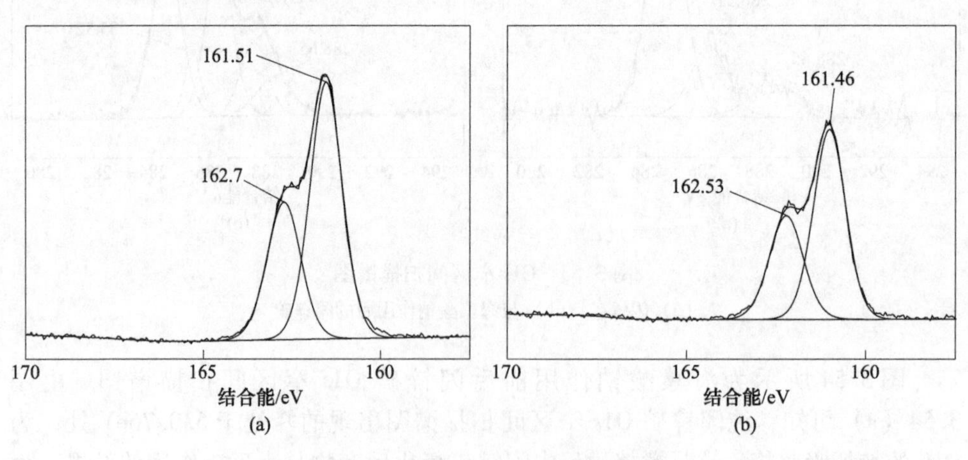

图 3.55　$S2p_{3/2}$ 窄区间扫描谱图

（a）闪锌矿；（b）与海藻酸钠作用后的闪锌矿

图 3.56 所示为海藻酸钠作用前后闪锌矿的 $Zn2p_{3/2}$ 窄区间扫描谱图。由图 3.56（a）可知，纯闪锌矿 $Zn2p_{3/2}$ 窄区间扫描谱图出现的峰处于结合能 1021.14eV 处，为 ZnS 特征吸收峰，另一处峰结合能为 1022.76eV，为氧化后闪锌矿产物 ZnOH 或 ZnO 的特征吸收峰，说明闪锌矿存在轻微氧化现象；由图 3.56（b）可知，当海藻酸钠作用后，闪锌矿 $Zn2p_{3/2}$ 轨道的 Zn^{2+} 结合能为 1021.09eV 和 1022.20eV，1022.20eV 处 Zn^{2+} 峰偏移了-0.56eV，但相对含量没变，这表明海藻酸钠存在条件下，闪锌矿表面氧化产生的锌离子发生了化学变化。

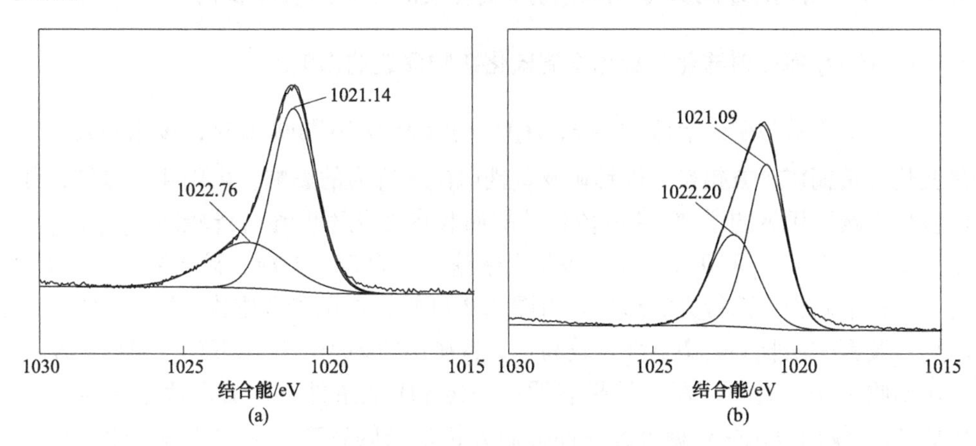

图 3.56　$Zn2p_{3/2}$ 窄区间扫描谱图

（a）闪锌矿；（b）与海藻酸钠作用后的闪锌矿

作为一种离子型高分子有机物，海藻酸钠单体具有如图 3.18 所示的结构，而海藻酸钠聚合物具有大量的极性官能团—OH、—COOH，被证明易与金属离子形成复合配位，产生螯合物。而闪锌矿表面氧化产生的 Zn^{2+} 结合能发生的偏移同样验证了闪锌矿表面氧化产物中的锌离子发生了化学反应，这表明海藻酸钠通过自身的—OH、—COOH 螯合闪锌矿表面氧化产物中的 Zn 离子，吸附于闪锌矿表面使闪锌矿亲水，这是闪锌矿受抑制的主要原因，这种吸附方式是化学吸附。

4 铜铅锌硫化矿表面氧化对高分子抑制剂抑制硫化矿物的影响

4.1 H_2O_2 氧化对高分子抑制剂抑制硫化矿物浮选的影响

4.1.1 H_2O_2 氧化对羧化壳聚糖抑制硫化矿物浮选的影响

图 4.1 所示为矿浆溶液 pH＝7，H_2O_2 用量为 4×10^{-5}mol/L 时，羧化壳聚糖用量变化对黄铜矿、方铅矿、闪锌矿及黄铁矿浮选行为的影响。由图 4.1 可知，随着羧化壳聚糖用量的增加，4 种硫化矿的回收率变化不明显且皆较高。图 4.2 所示为 H_2O_2 用量为 4×10^{-5}mol/L，羧化壳聚糖用量为 5mg/L 时，矿浆溶液 pH 值变化对 4 种单矿物浮选行为的影响。由图 4.2 可知，在试验范围内，随着 pH 值的增加，黄铜矿回收率略微下降且较高；黄铁矿回收率先不变再下降；闪锌矿及方铅矿回收率先上升再下降。结果表明：一定 pH 值条件下，加入适量的氧化剂 H_2O_2 后，使用羧化壳聚糖可选择性抑制方铅矿及闪锌矿；上述 4 种硫化矿可浮性受 pH 值影响。

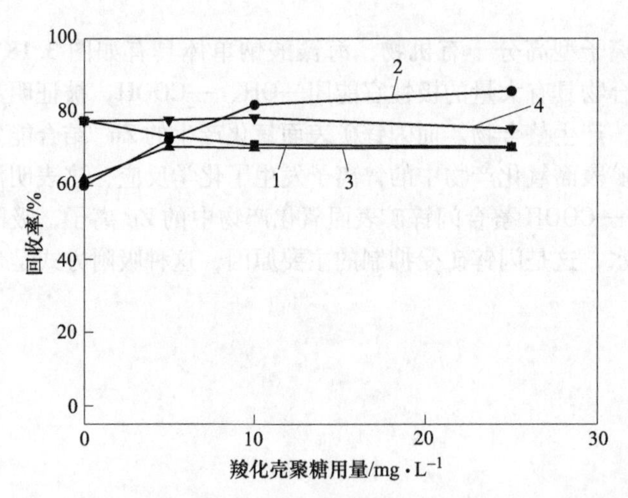

图 4.1 羧化壳聚糖用量对 H_2O_2 氧化 4 种硫化矿物浮选的影响

（PBX 用量：1×10^{-4} mol/L；MIBC 用量：1×10^{-4}mol/L；H_2O_2 用量：4×10^{-5}mol/L；pH＝7）

1—黄铜矿；2—方铅矿；3—闪锌矿；4—黄铁矿

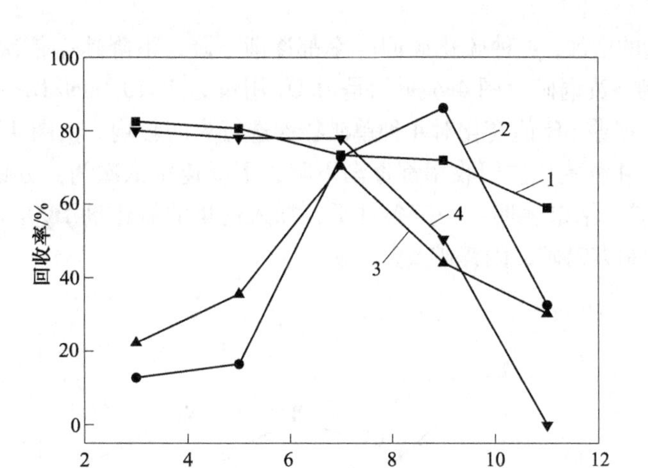

图 4.2 不同 pH 值下羧化壳聚糖对 H_2O_2 氧化 4 种硫化矿物浮选的影响

（PBX 用量：1×10^{-4}mol/L；MIBC 用量：1×10^{-4}mol/L；H_2O_2 用量：4×10^{-5}mol/L；羧化壳聚糖用量：5mg/L）

1—黄铜矿；2—方铅矿；3—闪锌矿；4—黄铁矿

4.1.2 H_2O_2 氧化对刺槐豆胶抑制硫化矿物浮选的影响

图 4.3 所示为矿浆溶液 pH=7，H_2O_2 用量为 4×10^{-5}mol/L 时，刺槐豆胶用量变化对黄铜矿、方铅矿、闪锌矿及黄铁矿浮选行为的影响。由图 4.3 可知，随着

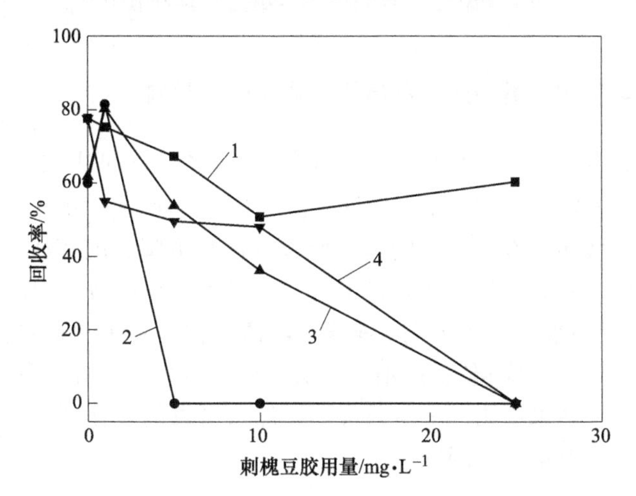

图 4.3 刺槐豆胶用量对 H_2O_2 氧化 4 种硫化矿物浮选的影响

（PBX 用量：1×10^{-4} mol/L；MIBC 用量：1×10^{-4}mol/L；H_2O_2 用量：4×10^{-5}mol/L；pH=7）

1—黄铜矿；2—方铅矿；3—闪锌矿；4—黄铁矿

刺槐豆胶用量的增加，4种硫化矿回收率都逐渐下降，下降速率依次为：方铅矿>闪锌矿>黄铁矿>黄铜矿。图4.4所示是 H_2O_2 用量为 4×10^{-5}mol/L，刺槐豆胶用量为5mg/L时，矿浆pH值变化对4种单矿物浮选行为的影响。由图4.4可知，随着pH值的增加，4种硫化矿回收率都逐渐下降，下降速率依次为：方铅矿>闪锌矿>黄铁矿>黄铜矿。结果表明：一定条件下，加入适量的氧化剂 H_2O_2 后，使用刺槐豆胶可完全抑制方铅矿、闪锌矿及黄铁矿。

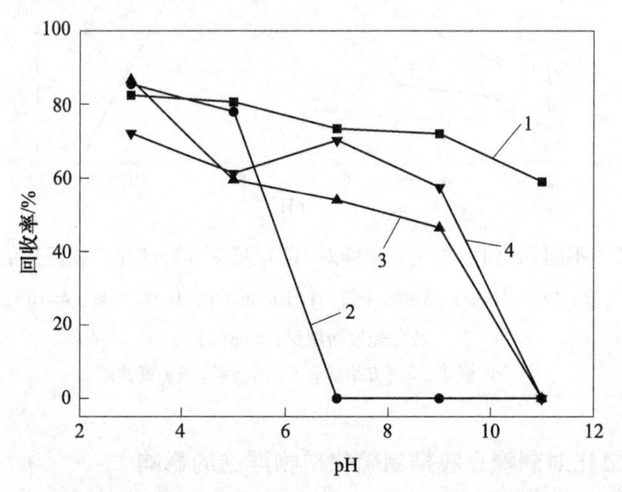

图4.4　不同pH值下刺槐豆胶对 H_2O_2 氧化4种硫化矿物浮选的影响

（PBX用量：1×10^{-4}mol/L；MIBC用量：1×10^{-4}mol/L；H_2O_2 用量：4×10^{-5}mol/L；刺槐豆胶用量：5mg/L）

1—黄铜矿；2—方铅矿；3—闪锌矿；4—黄铁矿

4.1.3　H_2O_2 氧化对黄薯树胶抑制硫化矿物浮选的影响

图4.5所示为矿浆溶液pH=7，H_2O_2 用量为 4×10^{-5}mol/L时，黄薯树胶用量变化对黄铜矿、方铅矿、闪锌矿及黄铁矿浮选行为的影响。由图4.5可知，随着黄薯树胶用量的增加，方铅矿和闪锌矿回收率逐渐下降，闪锌矿下降速率更快；黄铜矿与黄铁矿的回收率先下降后趋于稳定。图4.6所示为 H_2O_2 用量为 4×10^{-5}mol/L，黄薯树胶用量为8mg/L时，矿浆pH值变化对4种单矿物浮选行为的影响。由图4.6可知，随着pH值的增加，黄铜矿回收率无变化；其余3种单矿物回收率逐渐下降。结果表明：一定条件下，加入适量的氧化剂 H_2O_2 后，使用黄薯树胶可完全抑制方铅矿、闪锌矿。

4.1.4　H_2O_2 氧化对羟乙基纤维素抑制硫化矿物浮选的影响

图4.7所示为矿浆溶液pH=7，H_2O_2 用量为 4×10^{-5}mol/L时，羟乙基纤维素

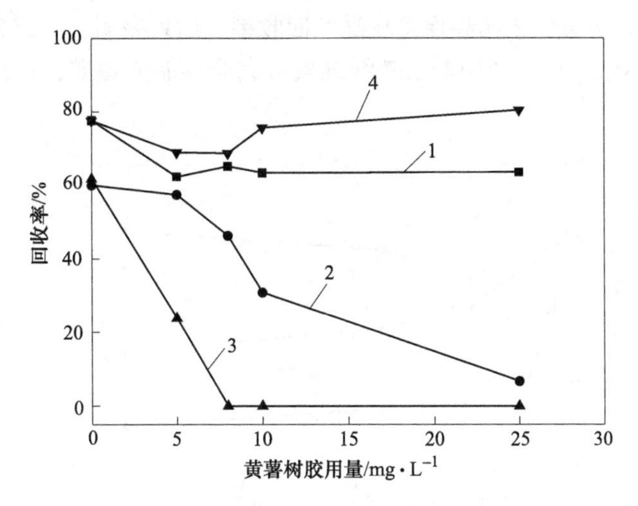

图 4.5 黄薯树胶用量对 H_2O_2 氧化 4 种硫化矿物浮选的影响

(PBX 用量：$1×10^{-4}$mol/L；MIBC 用量：$1×10^{-4}$mol/L；H_2O_2 用量：$4×10^{-5}$mol/L；pH=7)

1—黄铜矿；2—方铅矿；3—闪锌矿；4—黄铁矿

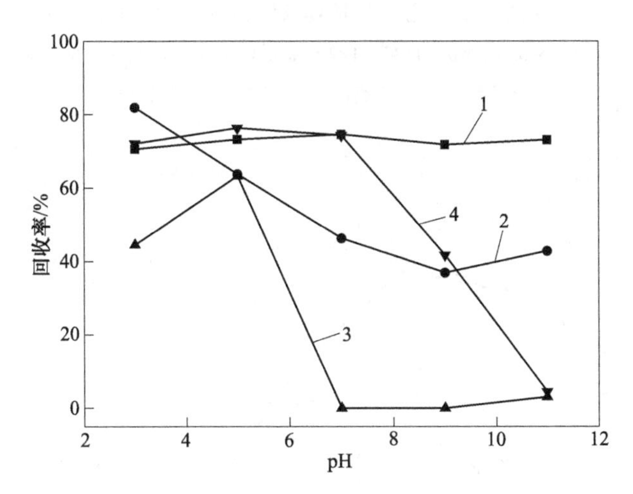

图 4.6 不同 pH 值下黄薯树胶对 H_2O_2 氧化 4 种硫化矿物浮选的影响

(PBX 用量：$1×10^{-4}$mol/L；MIBC 用量：$1×10^{-4}$mol/L；H_2O_2 用量：$4×10^{-5}$mol/L；黄薯树胶用量：8mg/L)

1—黄铜矿；2—方铅矿；3—闪锌矿；4—黄铁矿

用量变化对黄铜矿、方铅矿、闪锌矿及黄铁矿浮选行为的影响。由图 4.7 可知，随着羟乙基纤维素用量的增加，黄铜矿的回收率不变且较高；其余 3 种矿物回收率逐渐下降，下降速率依次为：方铅矿>闪锌矿>黄铁矿。图 4.8 所示为 H_2O_2 用量为 $4×10^{-5}$mol/L，羟乙基纤维素用量为 20mg/L 时，矿浆 pH 值变化对 4 种单矿物浮选行为的影响。由图 4.8 可知，随着 pH 值的增加，4 种矿物的回收率都是先上升再下降，但黄铜矿始终保持较高的回收率。结果表明：一定条件下，加入适量的氧化剂 H_2O_2 后，使用羟乙基纤维素可完全抑制方铅矿，部分抑制闪锌矿与黄铁矿。

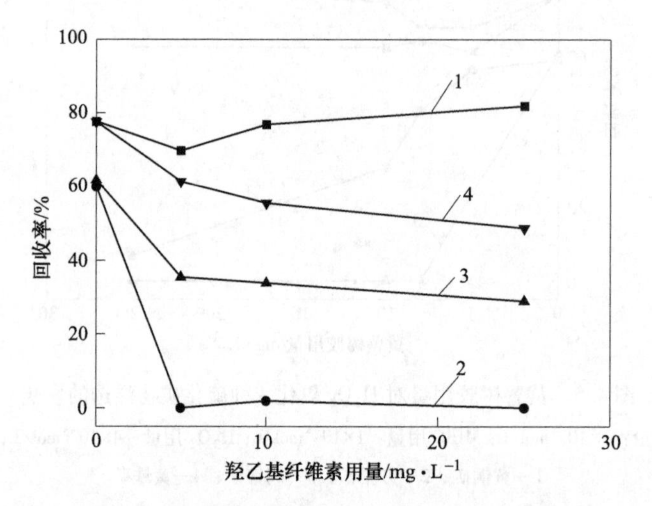

图 4.7 羟乙基纤维素用量对 H_2O_2 氧化 4 种硫化矿物浮选的影响

（PBX 用量：1×10^{-4}mol/L；MIBC 用量：1×10^{-4}mol/L；H_2O_2 用量：4×10^{-5}mol/L；pH=7）

1—黄铜矿；2—方铅矿；3—闪锌矿；4—黄铁矿

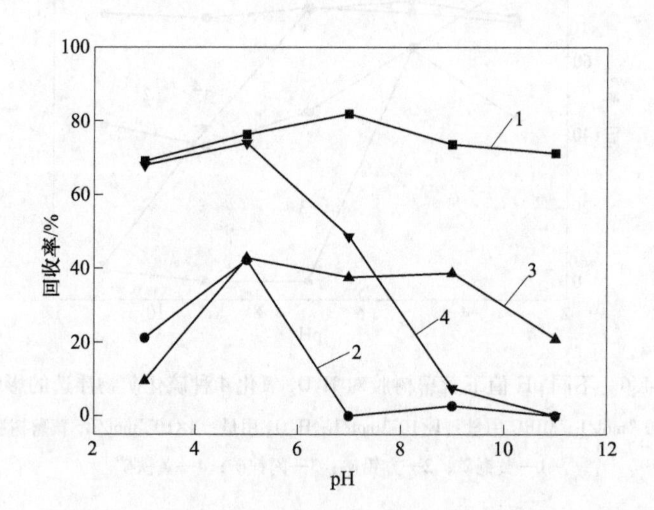

图 4.8 不同 pH 值下羟乙基纤维素对 H_2O_2 氧化 4 种硫化矿物浮选的影响

（PBX 用量：1×10^{-4}mol/L；MIBC 用量：1×10^{-4}mol/L；H_2O_2 用量：4×10^{-5}mol/L；羟乙基纤维素用量：20mg/L）

1—黄铜矿；2—方铅矿；3—闪锌矿；4—黄铁矿

4.1.5 H_2O_2 氧化对木质素磺酸钙抑制硫化矿物浮选的影响

图 4.9 所示为矿浆溶液 pH=7，H_2O_2 用量为 4×10^{-5}mol/L 时，木质素磺酸钙用量变化对黄铜矿、方铅矿、闪锌矿及黄铁矿浮选行为的影响。由图 4.9 可知，随着木质素磺酸钙用量的增加，黄铜矿的回收率变化较小且较高；其他 3 种矿回收率下降，下降速率依次为：方铅矿> 闪锌矿>黄铁矿。图 4.10 所示为 H_2O_2 用量

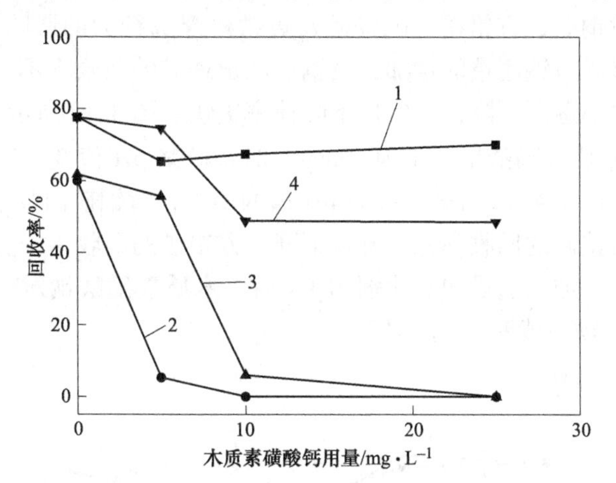

图 4.9 木质素磺酸钙用量对 H_2O_2 氧化 4 种硫化矿物浮选的影响

（PBX 用量：1×10^{-4}mol/L；MIBC 用量：1×10^{-4}mol/L；H_2O_2 用量：4×10^{-5}mol/L；pH=7）

1—黄铜矿；2—方铅矿；3—闪锌矿；4—黄铁矿

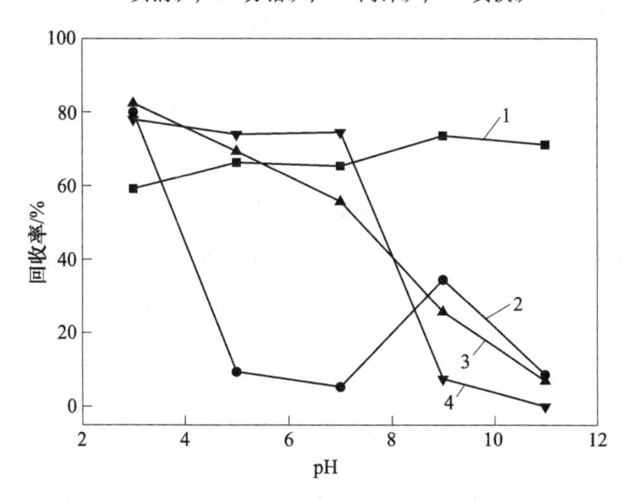

图 4.10 不同 pH 值下木质素磺酸钙对 H_2O_2 氧化 4 种硫化矿物浮选的影响

（PBX 用量：1×10^{-4}mol/L；MIBC 用量：1×10^{-4}mol/L；H_2O_2 用量：4×10^{-5}mol/L；

木质素磺酸钙用量：5mg/L）

1—黄铜矿；2—方铅矿；3—闪锌矿；4—黄铁矿

为 4×10^{-5}mol/L，木质素磺酸钙用量为 5mg/L 时，矿浆 pH 值变化对 4 种单矿物浮选行为的影响。由图 4. 10 可知，随着 pH 值的增加，黄铜矿回收率略微变化；其他 3 种矿物回收率呈下降趋势。

4.1.6　H_2O_2 氧化对木质素磺酸钠抑制硫化矿物浮选的影响

图 4.11 所示为矿浆溶液 pH = 7，H_2O_2 用量为 4×10^{-5}mol/L 时，木质素磺酸钠用量变化对黄铜矿、方铅矿、闪锌矿及黄铁矿浮选行为的影响。由图 4. 11 可知，随着木质素磺酸钠用量的增加，黄铜矿和黄铁矿的回收率不变且较高；闪锌矿及方铅矿回收率逐渐下降，方铅矿下降速率更快。图 4. 12 所示为 H_2O_2 用量为 4×10^{-5}mol/L，木质素磺酸钠用量为 10mg/L 时，矿浆 pH 值变化对 4 种单矿物浮选行为的影响。由图 4. 12 可知，随着 pH 值的增加，黄铜矿回收率略微上升且较高；闪锌矿与黄铁矿的回收率先上升再下降；方铅矿的回收率一直为零。结果表明：一定条件下，加入适量的氧化剂 H_2O_2 后，木质素磺酸钠对矿物抑制强度依次为方铅矿>闪锌矿>黄铁矿 = 黄铜矿。

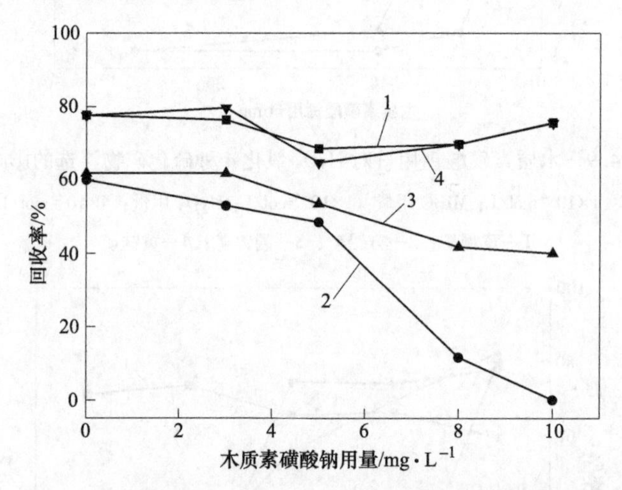

图 4. 11　木质素磺酸钠用量对 H_2O_2 氧化 4 种硫化矿物浮选的影响

（PBX 用量：1×10^{-4}mol/L；MIBC 用量：1×10^{-4}mol/L；H_2O_2 用量：4×10^{-5}mol/L；pH = 7）

1—黄铜矿；2—方铅矿；3—闪锌矿；4—黄铁矿

4.1.7　H_2O_2 氧化对阿拉伯树胶抑制硫化矿物浮选的影响

图 4. 13 所示为矿浆溶液 pH = 7，H_2O_2 用量为 4×10^{-5}mol/L 时，阿拉伯树胶用量变化对黄铜矿、方铅矿、闪锌矿及黄铁矿浮选行为的影响。由图 4. 13 可知，随着阿拉伯树胶用量的增加，黄铜矿和黄铁矿的回收率不变且较高；闪锌矿及方铅矿回收率略微下降，但闪锌矿下降速率更快。图 4. 14 所示为 H_2O_2 用量为

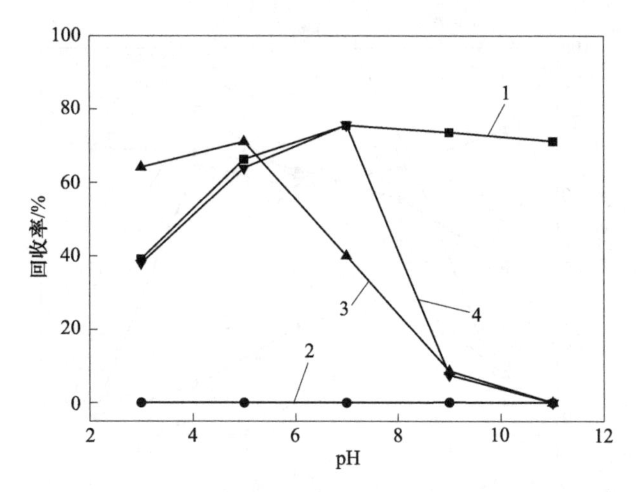

图4.12 不同pH值下木质素磺酸钠对H_2O_2氧化4种硫化矿物浮选的影响

（PBX用量：1×10^{-4}mol/L；MIBC用量：1×10^{-4}mol/L；H_2O_2用量：4×10^{-5}mol/L；木质素磺酸钠用量：10mg/L）

1—黄铜矿；2—方铅矿；3—闪锌矿；4—黄铁矿

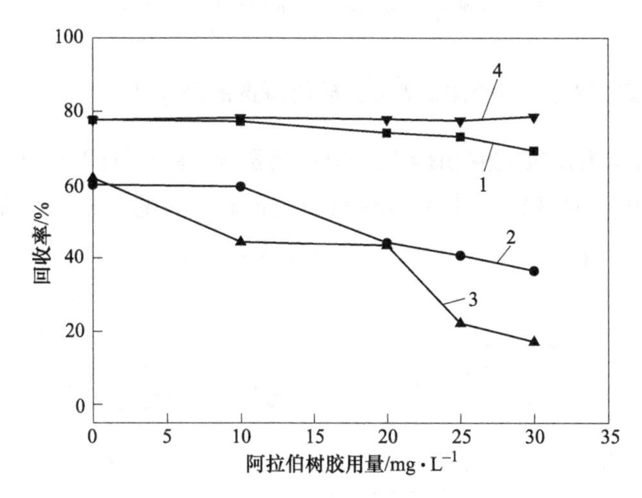

图4.13 阿拉伯树胶用量对H_2O_2氧化4种硫化矿物浮选的影响

（PBX用量：1×10^{-4}mol/L；MIBC用量：1×10^{-4}mol/L；H_2O_2用量：4×10^{-5}mol/L；pH=7）

1—黄铜矿；2—方铅矿；3—闪锌矿；4—黄铁矿

4×10^{-5}mol/L，阿拉伯树胶用量为10mg/L时，矿浆pH值变化对4种单矿物浮选行为的影响。由图4.14可知，随着pH值的增加，黄铜矿回收率略微上升；闪锌矿与方铅矿回收率逐渐下降；黄铁矿的回收率先上升再下降。结果表明：一定条件下，加入适量的氧化剂H_2O_2后，阿拉伯树胶对矿物抑制强度依次为闪锌矿>方铅矿>黄铁矿=黄铜矿。

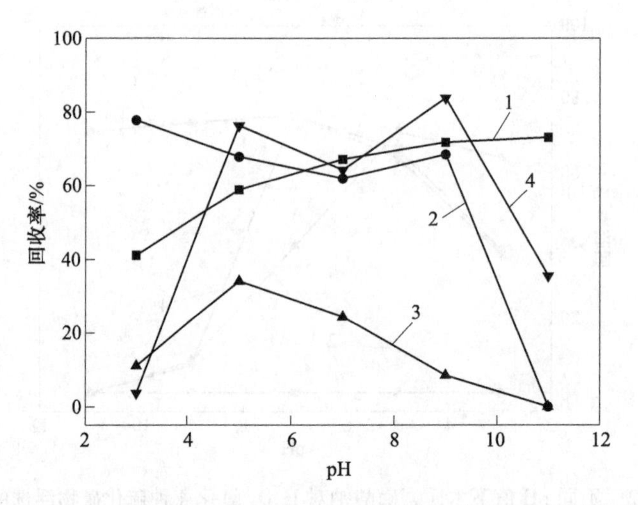

图 4.14　不同 pH 值下阿拉伯树胶对 H_2O_2 氧化 4 种硫化矿物浮选的影响

（PBX 用量：1×10^{-4}mol/L；MIBC 用量：1×10^{-4}mol/L；H_2O_2 用量：4×10^{-5}mol/L；阿拉伯树胶用量：10mg/L）

1—黄铜矿；2—方铅矿；3—闪锌矿；4—黄铁矿

4.1.8　H_2O_2 氧化对海藻酸钠抑制硫化矿物浮选的影响

图 4.15 所示为矿浆溶液 pH = 7，H_2O_2 用量为 4×10^{-5}mol/L 时，海藻酸钠用量变化对黄铜矿、方铅矿、闪锌矿及黄铁矿浮选行为的影响。由图 4.15 可知，

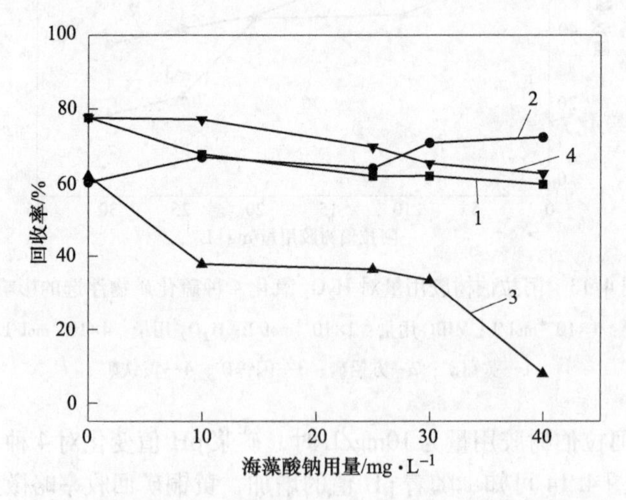

图 4.15　海藻酸钠用量对 H_2O_2 氧化 4 种硫化矿物浮选的影响

（PBX 用量：1×10^{-4}mol/L；MIBC 用量：1×10^{-4}mol/L；H_2O_2 用量：4×10^{-5}mol/L；pH = 7）

1—黄铜矿；2—方铅矿；3—闪锌矿；4—黄铁矿

随着海藻酸钠用量的增加，闪锌矿回收率逐渐下降，黄铜矿、方铅矿及黄铁矿回收率变化较小且相近。图 4.16 所示为 H_2O_2 用量为 $4×10^{-5}$mol/L，海藻酸钠用量为 25mg/L 时，矿浆 pH 值变化对 4 种单矿物浮选行为的影响。由图 4.16 可知，随着 pH 值的增加，黄铁矿和方铅矿的回收率降低，且黄铁矿的回收率降低幅度最大。闪锌矿的回收率先上升后下降，而黄铜矿的回收率略有提升。结果表明：一定条件下，加入适量的氧化剂 H_2O_2 后，使用海藻酸钠能完全抑制方铅矿与闪锌矿。

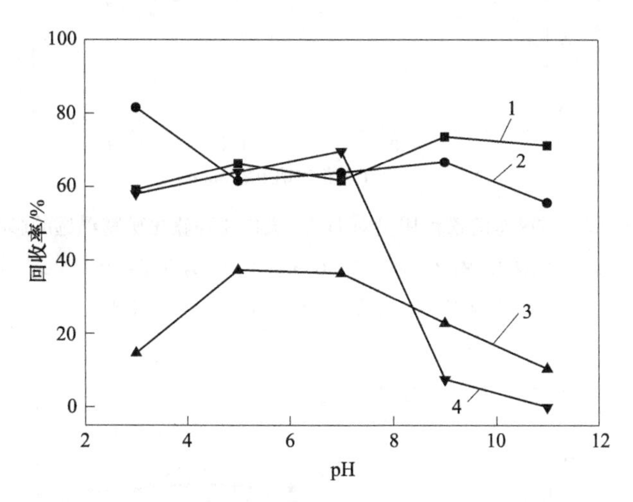

图 4.16 不同 pH 值下海藻酸钠对 H_2O_2 氧化 4 种硫化矿物浮选的影响

（PBX 用量：$1×10^{-4}$mol/L；MIBC 用量：$1×10^{-4}$mol/L；H_2O_2 用量：$4×10^{-5}$mol/L；海藻酸钠用量：25mg/L）

1—黄铜矿；2—方铅矿；3—闪锌矿；4—黄铁矿

4.1.9 H_2O_2 氧化对羧甲基淀粉钠抑制硫化矿物浮选的影响

图 4.17 所示为矿浆溶液 pH=7，H_2O_2 用量为 $4×10^{-5}$mol/L 时，羧甲基淀粉钠用量变化对黄铜矿、方铅矿、闪锌矿及黄铁矿浮选行为的影响。由图 4.17 可知，随着羧甲基淀粉钠用量的增加，4 种单矿物回收率变化较小且相近。图 4.18 所示为 H_2O_2 用量为 $4×10^{-5}$mol/L，羧甲基淀粉钠用量为 25mg/L 时，矿浆 pH 值变化对 4 种单矿物浮选行为的影响。由图 4.18 可知，随着 pH 值的增加，黄铜矿与方铅矿回收率逐渐上升；闪锌矿与黄铁矿回收率呈下降趋势。结果表明：一定条件下，加入适量的氧化剂 H_2O_2 后，羧甲基淀粉钠对上述 4 种硫化矿抑制作用较弱，且没有选择性。

4.1.10 H_2O_2 氧化对甲基纤维素抑制硫化矿物浮选的影响

图 4.19 所示为矿浆溶液 pH=7，H_2O_2 用量为 $4×10^{-5}$mol/L 时，甲基纤维素

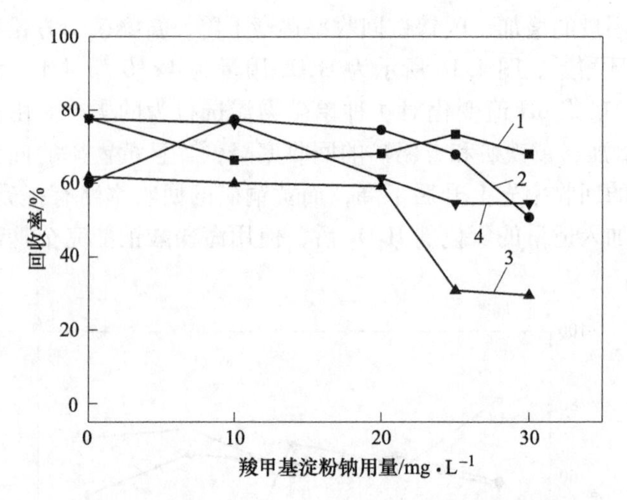

图 4.17　羧甲基淀粉钠用量对 H_2O_2 氧化 4 种硫化矿物浮选的影响

（PBX 用量：1×10^{-4}mol/L；MIBC 用量：1×10^{-4}mol/L；H_2O_2 用量：4×10^{-5}mol/L；pH=7）

1—黄铜矿；2—方铅矿；3—闪锌矿；4—黄铁矿

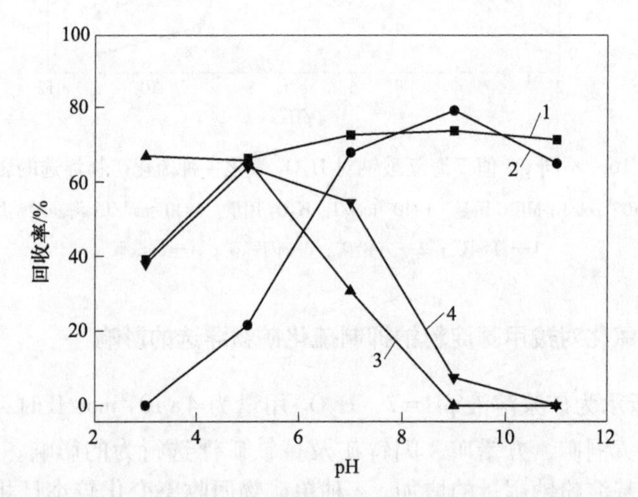

图 4.18　不同 pH 值下羧甲基淀粉钠对 H_2O_2 氧化 4 种硫化矿物浮选的影响

（PBX 用量：1×10^{-4}mol/L；MIBC 用量：1×10^{-4}mol/L；H_2O_2 用量：4×10^{-5}mol/L；

羧甲基淀粉钠用量：25mg/L）

1—黄铜矿；2—方铅矿；3—闪锌矿；4—黄铁矿

用量变化对黄铜矿、方铅矿、闪锌矿及黄铁矿浮选行为的影响。由图 4.19 可知，随着甲基纤维素用量的增加，4 种单矿物回收率变化皆较小。图 4.20 所示为 H_2O_2 用量为 4×10^{-5}mol/L，甲基纤维素用量为 25mg/L 时，矿浆 pH 值变化对 4 种单矿物浮选行为的影响。由图 4.20 可知，随着 pH 值的增加，4 种单矿物回收率基本无变化。结果表明：加入适量的氧化剂 H_2O_2 后，使用甲基纤维素不能抑制 4 种单矿物。

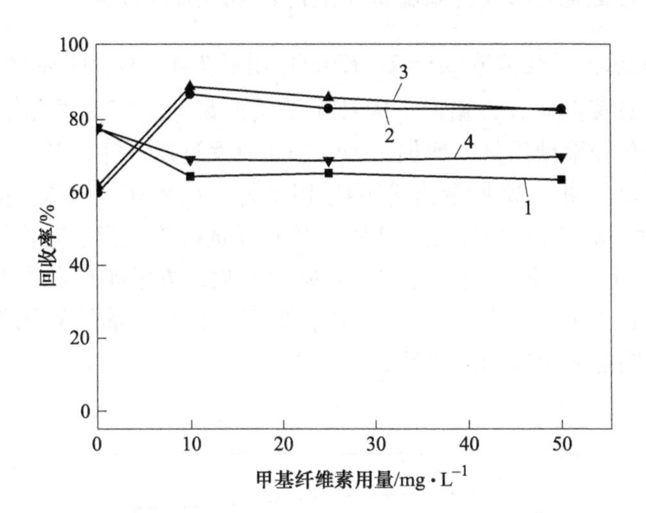

图 4.19 甲基纤维素用量对 H_2O_2 氧化 4 种硫化矿物浮选的影响

（PBX 用量：1×10^{-4}mol/L；MIBC 用量：1×10^{-4}mol/L；H_2O_2 用量：4×10^{-5}mol/L；pH=7）

1—黄铜矿；2—方铅矿；3—闪锌矿；4—黄铁矿

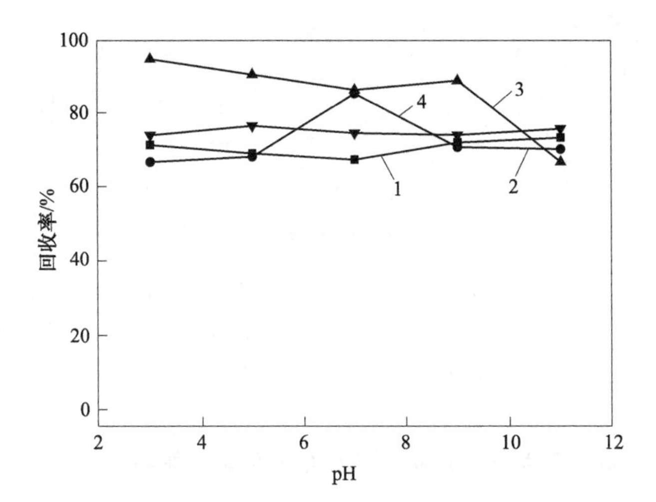

图 4.20 不同 pH 值下甲基纤维素对 H_2O_2 氧化 4 种硫化矿物浮选的影响

（PBX 用量：1×10^{-4}mol/L；MIBC 用量：1×10^{-4}mol/L；H_2O_2 用量：4×10^{-5}mol/L；甲基纤维素用量：25mg/L）

1—黄铜矿；2—方铅矿；3—闪锌矿；4—黄铁矿

4.2　$KMnO_4$ 氧化对高分子抑制剂抑制硫化矿物浮选的影响

4.2.1　$KMnO_4$ 氧化对羧化壳聚糖抑制硫化矿物浮选的影响

图 4.21 所示为矿浆溶液 pH=7，$KMnO_4$ 用量为 1.63×10^{-3}mol/L 时，羧化壳聚糖用量变化对黄铜矿、方铅矿、闪锌矿及黄铁矿浮选行为的影响。由图 4.21 可知，随着羧化壳聚糖用量的增加，闪锌矿回收率迅速下降，其余 3 种单矿物回收率变化不明显。图 4.22 所示为 $KMnO_4$ 用量为 1.63×10^{-3}mol/L，羧化壳聚糖用量为 5mg/L 时，矿浆 pH 值变化对 4 种单矿物浮选行为的影响。由图 4.22 可知，随着 pH 值的增加，黄铜矿及闪锌矿回收率无变化，方铅矿回收率升高，黄铁矿回收率先升高再下降。结果表明：一定条件下，加入适量的氧化剂 $KMnO_4$ 后，使用羧化壳聚糖能完全抑制闪锌矿。

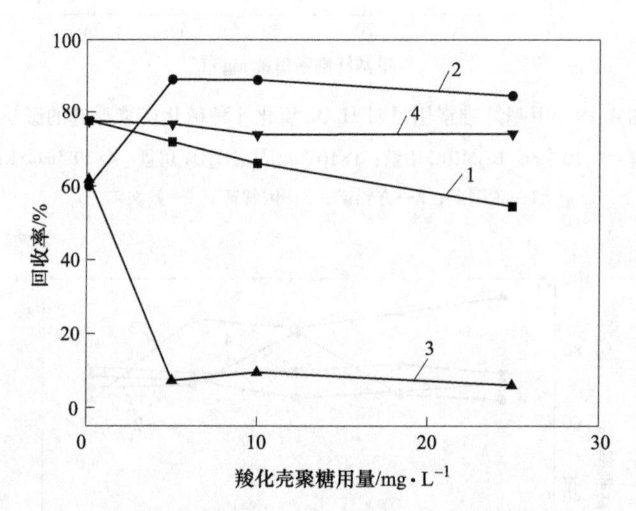

图 4.21　羧化壳聚糖用量对 $KMnO_4$ 氧化 4 种硫化矿物浮选的影响

（PBX 用量：1×10^{-4}mol/L；MIBC 用量：1×10^{-4}mol/L；$KMnO_4$ 用量：1.63×10^{-3}mol/L；pH=7）

1—黄铜矿；2—方铅矿；3—闪锌矿；4—黄铁矿

4.2.2　$KMnO_4$ 氧化对刺槐豆胶抑制硫化矿物浮选的影响

图 4.23 所示为矿浆溶液 pH=7，$KMnO_4$ 用量为 1.63×10^{-3}mol/L 时，刺槐豆胶用量变化对黄铜矿、方铅矿、闪锌矿及黄铁矿浮选行为的影响。由图 4.23 可知，随着刺槐豆胶用量的增加，闪锌矿及黄铁矿回收率迅速下降且相近，黄铜矿和方铅矿回收率缓慢下降且相近。图 4.24 所示为 $KMnO_4$ 用量为 1.63×10^{-3}mol/L，刺槐豆胶用量为 5mg/L 时，矿浆 pH 值变化对 4 种单矿物浮选行为的影响。由图

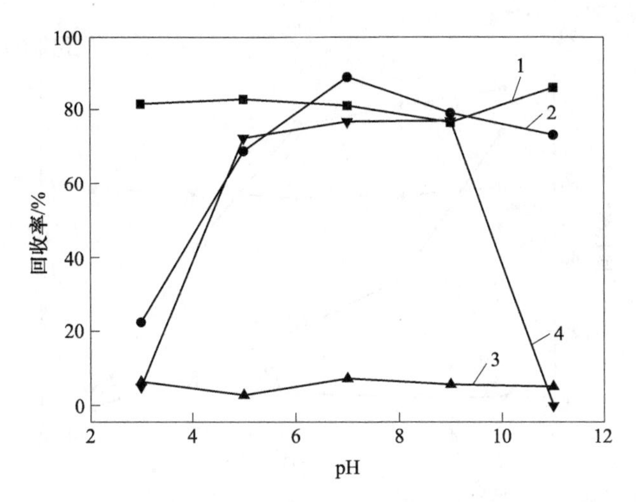

图 4.22 不同 pH 值下羧化壳聚糖对 $KMnO_4$ 氧化 4 种硫化矿物浮选的影响

（PBX 用量：1×10^{-4}mol/L；MIBC 用量：1×10^{-4}mol/L；$KMnO_4$ 用量：1.63×10^{-3}mol/L；

羧化壳聚糖用量：5mg/L）

1—黄铜矿；2—方铅矿；3—闪锌矿；4—黄铁矿

4.24 可知，随着 pH 值的增加，黄铜矿及黄铁矿回收率无变化，方铅矿及闪锌矿回收率下降。结果表明：一定条件下，加入适量氧化剂 $KMnO_4$ 后，使用刺槐豆胶能完全抑制闪锌矿及方铅矿。

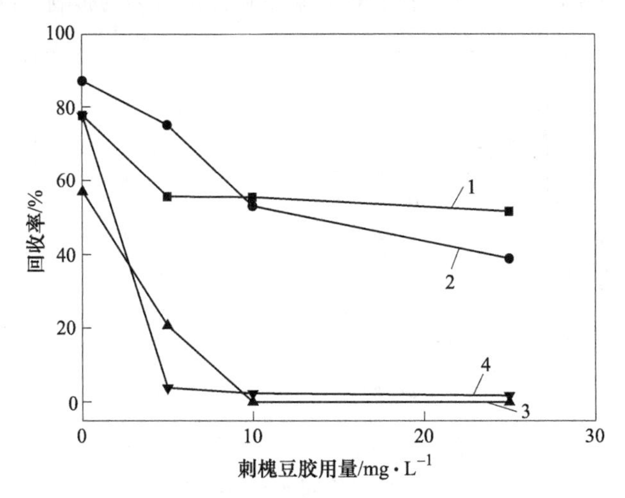

图 4.23 刺槐豆胶用量对 $KMnO_4$ 氧化 4 种硫化矿物浮选的影响

（PBX 用量：1×10^{-4}mol/L；MIBC 用量：1×10^{-4}mol/L；$KMnO_4$ 用量：1.63×10^{-3}mol/L；pH = 7）

1—黄铜矿；2—方铅矿；3—闪锌矿；4—黄铁矿

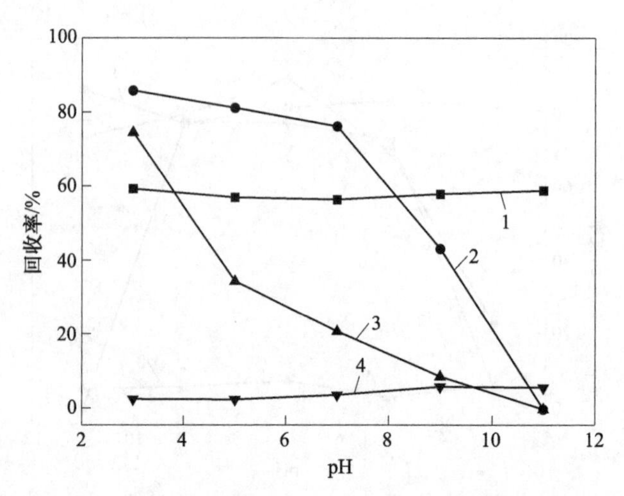

图 4.24 不同 pH 值下刺槐豆胶对 $KMnO_4$ 氧化 4 种硫化矿物浮选的影响

（PBX 用量：1×10^{-4}mol/L；MIBC 用量：1×10^{-4}mol/L；$KMnO_4$ 用量：1.63×10^{-3}mol/L；刺槐豆胶用量：5mg/L）

1—黄铜矿；2—方铅矿；3—闪锌矿；4—黄铁矿

4.2.3 $KMnO_4$ 氧化对黄薯树胶抑制硫化矿物浮选的影响

图 4.25 所示为矿浆溶液 pH=7，$KMnO_4$ 用量为 1.63×10^{-3}mol/L 时，黄薯树胶用量变化对黄铜矿、方铅矿、闪锌矿及黄铁矿浮选行为的影响。由图 4.25 可知，

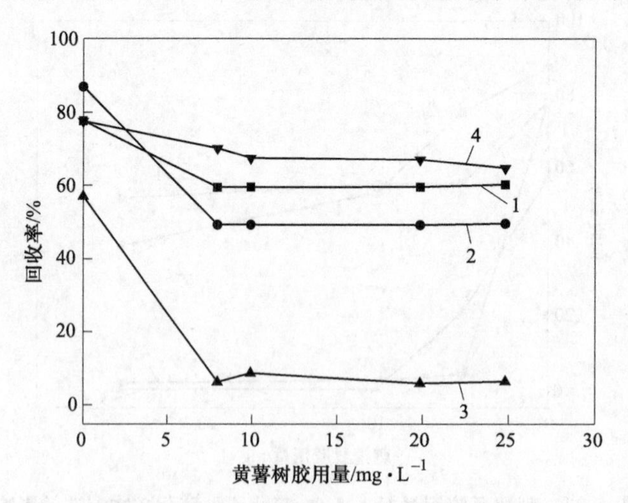

图 4.25 黄薯树胶用量对 $KMnO_4$ 氧化 4 种硫化矿物硫浮选的影响

（PBX 用量：1×10^{-4}mol/L；MIBC 用量：1×10^{-4}mol/L；$KMnO_4$ 用量：1.63×10^{-3} mol/L；pH=7）

1—黄铜矿；2—方铅矿；3—闪锌矿；4—黄铁矿

随着黄薯树胶用量的增加，闪锌矿回收率迅速下降，其余 3 种矿物回收率缓慢下降且相近。图 4.26 所示为 $KMnO_4$ 用量为 1.63×10^{-3}mol/L，黄薯树胶用量为 8mg/L 时，矿浆 pH 值变化对 4 种单矿物浮选行为的影响。由图 4.26 可知，随着 pH 值的增加，黄铜矿回收率变化较小，其余 3 种矿物回收率下降。结果表明：一定条件下，加入适量氧化剂 $KMnO_4$ 后，使用黄薯树胶能完全抑制闪锌矿。

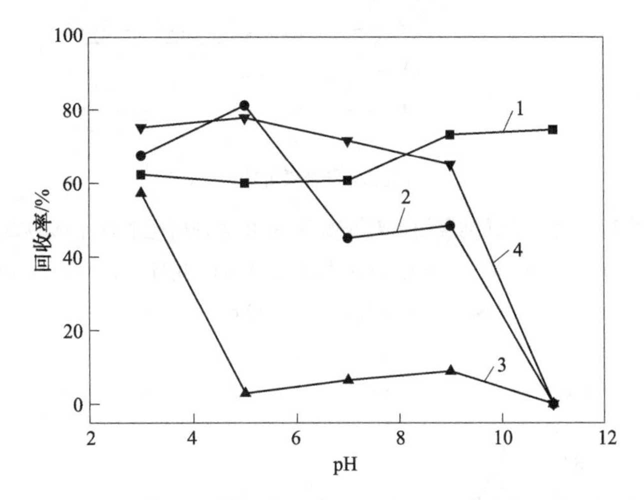

图 4.26 不同 pH 值下黄薯树胶对 $KMnO_4$ 氧化 4 种硫化矿物浮选的影响

（PBX 用量：1×10^{-4}mol/L；MIBC 用量：1×10^{-4}mol/L；$KMnO_4$ 用量：1.63×10^{-3}mol/L；黄薯树胶用量：8mg/L）

1—黄铜矿；2—方铅矿；3—闪锌矿；4—黄铁矿

4.2.4 $KMnO_4$ 氧化对羟乙基纤维素抑制硫化矿物浮选的影响

图 4.27 所示为矿浆溶液 pH=7，$KMnO_4$ 用量为 1.63×10^{-3}mol/L 时，黄薯树胶用量变化对黄铜矿、方铅矿、闪锌矿及黄铁矿浮选行为的影响。由图 4.27 可知，随着黄薯树胶用量的增加，4 种矿物回收率快速下降且相近。图 4.28 所示为 $KMnO_4$ 用量为 1.63×10^{-3}mol/L，黄薯树胶用量为 20mg/L 时，矿浆 pH 值变化对 4 种单矿物浮选行为的影响。由图 4.28 可知，随着 pH 值的增加，4 种单矿物回收率皆下降。结果表明：一定条件下，加入适量氧化剂 $KMnO_4$ 后，使用黄薯树胶能完全抑制上述 4 种单矿物。

4.2.5 $KMnO_4$ 氧化对木质素磺酸钙抑制硫化矿物浮选的影响

图 4.29 所示为矿浆溶液 pH=7，$KMnO_4$ 用量为 1.63×10^{-3}mol/L 时，木质磺

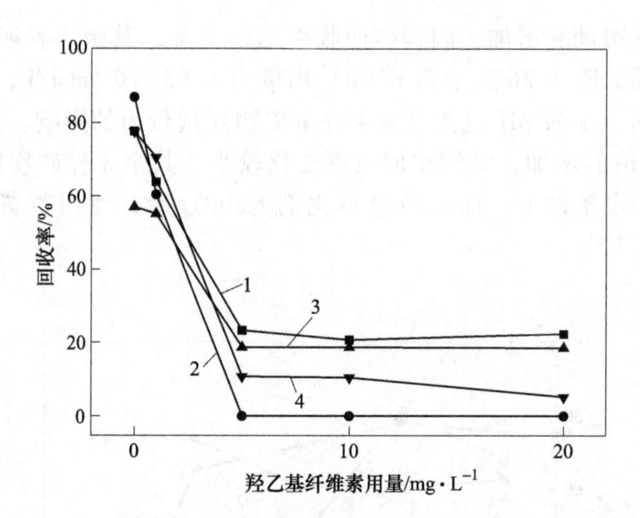

图 4.27　羟乙基纤维素用量对 $KMnO_4$ 氧化 4 种硫化矿物浮选的影响

（PBX 用量：1×10^{-4}mol/L；MIBC 用量：1×10^{-4}mol/L；$KMnO_4$ 用量：1.63×10^{-3}mol/L；pH=7）

1—黄铜矿；2—方铅矿；3—闪锌矿；4—黄铁矿

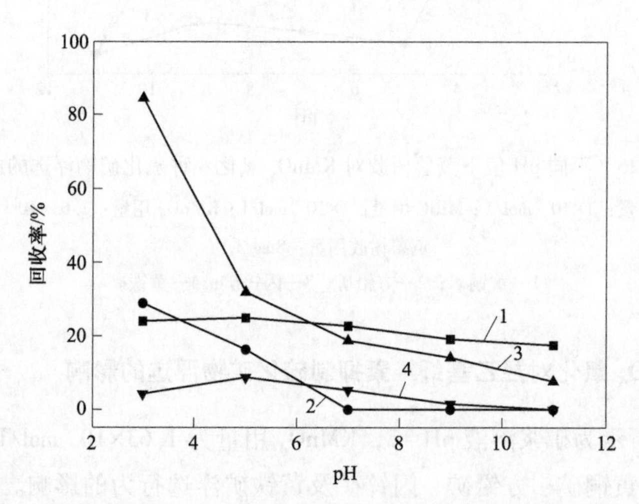

图 4.28　不同 pH 值下羟乙基纤维素对 $KMnO_4$ 氧化 4 种硫化矿物浮选的影响

（PBX 用量：1×10^{-4}mol/L；MIBC 用量：1×10^{-4}mol/L；$KMnO_4$ 用量：1.63×10^{-3}mol/L；羟乙基纤维素用量：20mg/L）

1—黄铜矿；2—方铅矿；3—闪锌矿；4—黄铁矿

酸钙用量变化对黄铜矿、方铅矿、闪锌矿及黄铁矿浮选行为的影响。由图 4.29 可知，随着木质磺酸钙用量的增加，方铅矿及闪锌矿回收率快速下降且相近，黄铜矿及黄铁矿回收率缓慢下降且相近。图 4.30 所示为 $KMnO_4$ 用量为 1.63×10^{-3} mol/L，木质磺酸钙用量为 5mg/L 时，矿浆 pH 值变化对 4 种单矿物浮选行为的影响。由图4.30可知，随着pH值的增加，黄铜矿回收率无变化，其余3种单矿物回收率皆下降。结果表明：一定条件下，加入适量氧化剂 $KMnO_4$ 后，木质素磺酸钙对矿物抑制强度依次为方铅矿=闪锌矿>黄铁矿=黄铜矿。

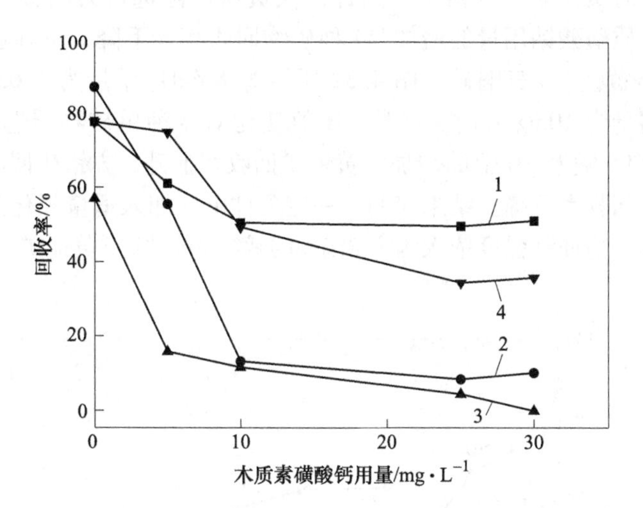

图4.29 木质素磺酸钙用量对 $KMnO_4$ 氧化4种硫化矿物浮选的影响

（PBX用量：1×10^{-4}mol/L；MIBC用量：1×10^{-4}mol/L；$KMnO_4$ 用量：1.63×10^{-3}mol/L；pH=7）

1—黄铜矿；2—方铅矿；3—闪锌矿；4—黄铁矿

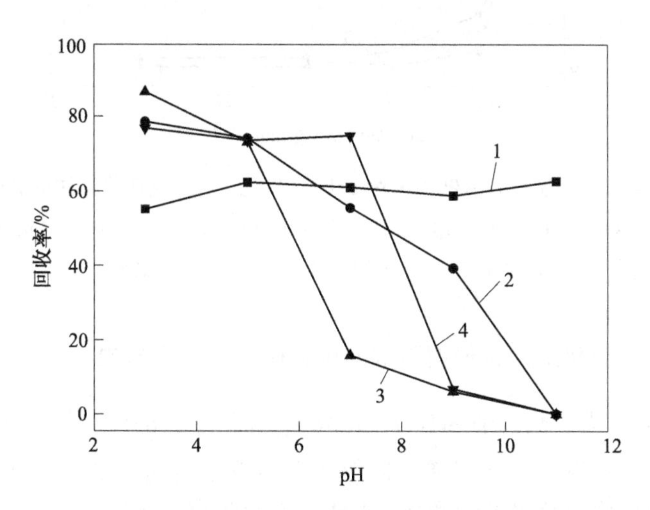

图4.30 不同pH值下木质素磺酸钙对 $KMnO_4$ 氧化4种硫化矿物浮选的影响

（PBX用量：1×10^{-4}mol/L；MIBC用量：1×10^{-4}mol/L；

$KMnO_4$ 用量：1.63×10^{-3}mol/L；木质素磺酸钙用量：5mg/L）

1—黄铜矿；2—方铅矿；3—闪锌矿；4—黄铁矿

4.2.6 $KMnO_4$ 氧化对木质素磺酸钠抑制硫化矿物浮选的影响

图 4.31 所示为矿浆溶液 pH=7，$KMnO_4$ 用量为 1.63×10^{-3}mol/L 时，木质磺酸钠用量变化对黄铜矿、方铅矿、闪锌矿及黄铁矿浮选行为的影响。由图 4.31 可知，随着木质磺酸钠用量的增加，4 种矿物回收率皆下降，下降速率依次为方铅矿>闪锌矿>黄铁矿>黄铜矿。图 4.32 所示为 $KMnO_4$ 用量为 1.63×10^{-3}mol/L，木质磺酸钠用量为 10mg/L 时，矿浆 pH 值变化对 4 种单矿物浮选行为的影响。由图 4.32 可知，随着 pH 值的增加，黄铜矿回收率上升，方铅矿回收率不变，闪锌矿及黄铁矿回收率下降。结果表明：一定条件下，加入适量氧化剂 $KMnO_4$ 后，木质磺酸钠对矿物抑制强度依次为方铅矿>闪锌矿>黄铁矿>黄铜矿。

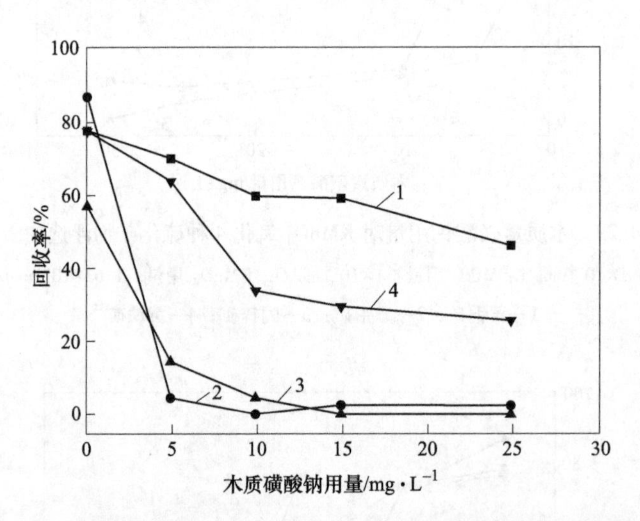

图 4.31 木质素磺酸钠用量对 $KMnO_4$ 氧化 4 种硫化矿物浮选的影响

（PBX 用量：1×10^{-4}mol/L；MIBC 用量：1×10^{-4}mol/L；$KMnO_4$ 用量：1.63×10^{-3}mol/L；pH=7）

1—黄铜矿；2—方铅矿；3—闪锌矿；4—黄铁矿

4.2.7 $KMnO_4$ 氧化对阿拉伯树胶抑制硫化矿物浮选的影响

图 4.33 所示为矿浆溶液 pH=7，$KMnO_4$ 用量为 1.63×10^{-3}mol/L 时，阿拉伯树胶用量变化对黄铜矿、方铅矿、闪锌矿及黄铁矿浮选行为的影响。由图 4.33 可知，随着阿拉伯树胶用量的增加，4 种矿物回收率皆下降，下降速率依次为闪锌矿>黄铁矿>黄铜矿>方铅矿。图 4.34 所示为 $KMnO_4$ 用量为 1.63×10^{-3}mol/L，阿拉伯树胶用量为 10mg/L 时，矿浆 pH 值变化对 4 种单矿物浮选行为的影响。由图 4.34 可知，随着 pH 值的增加，黄铜矿及闪锌矿回收率变化较小，方铅矿回

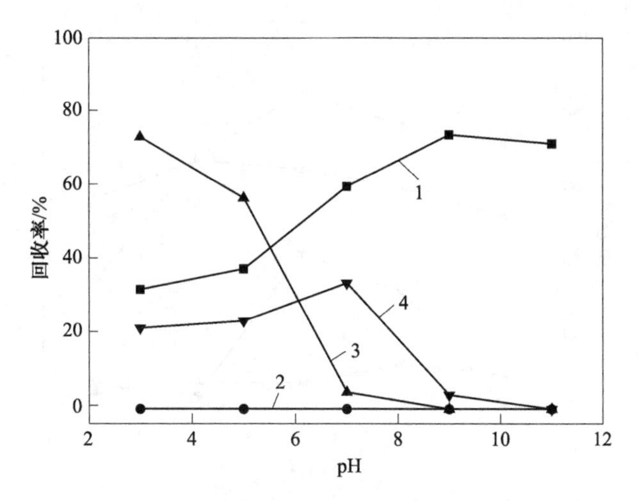

图 4.32 不同 pH 值下木质素磺酸钠对 $KMnO_4$ 氧化 4 种硫化矿物浮选的影响

（PBX 用量：1×10^{-4}mol/L；MIBC 用量：1×10^{-4}mol/L；$KMnO_4$ 用量：1.63×10^{-3}mol/L；

木质素磺酸钠用量：10mg/L）

1—黄铜矿；2—方铅矿；3—闪锌矿；4—黄铁矿

收率下降，黄铁矿回收率先上升再下降。结果表明：一定条件下，加入适量氧化剂 $KMnO_4$ 后，阿拉伯树胶对矿物抑制强度依次为闪锌矿>黄铁矿>方铅矿 = 黄铜矿。

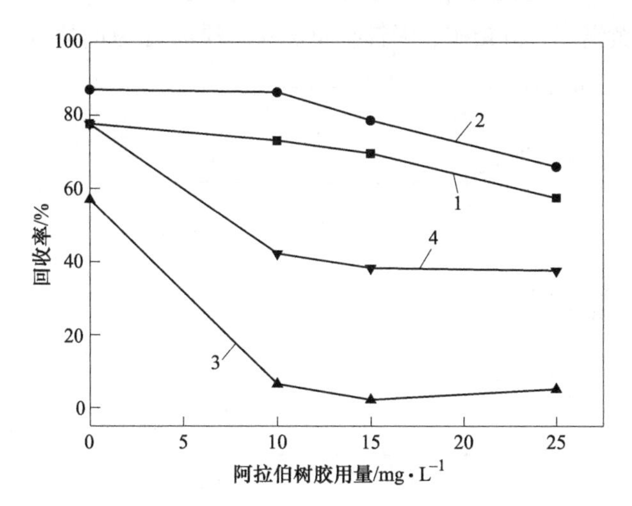

图 4.33 阿拉伯树胶用量对 $KMnO_4$ 氧化 4 种硫化矿物浮选的影响

（PBX 用量：1×10^{-4}mol/L；MIBC 用量：1×10^{-4}mol/L；$KMnO_4$ 用量：1.63×10^{-3}mol/L；pH = 7）

1—黄铜矿；2—方铅矿；3—闪锌矿；4—黄铁矿

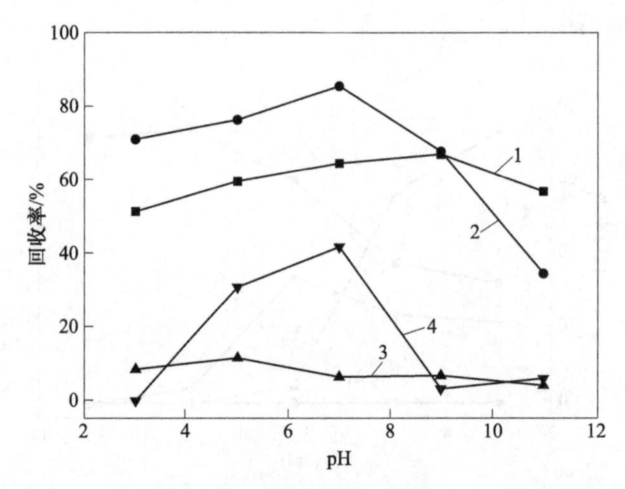

图 4.34 不同 pH 值下阿拉伯树胶对 $KMnO_4$ 氧化 4 种硫化矿物浮选的影响

（PBX 用量：1×10^{-4}mol/L；MIBC 用量：1×10^{-4}mol/L；$KMnO_4$ 用量：1.63×10^{-3}mol/L；阿拉伯树胶用量：10mg/L）

1—黄铜矿；2—方铅矿；3—闪锌矿；4—黄铁矿

4.2.8 $KMnO_4$ 氧化对海藻酸钠抑制硫化矿物浮选的影响

图 4.35 所示为矿浆溶液 pH=7，$KMnO_4$ 用量为 1.63×10^{-3}mol/L 时，海藻酸钠用量变化对黄铜矿、方铅矿、闪锌矿及黄铁矿浮选行为的影响。由图 4.35 可

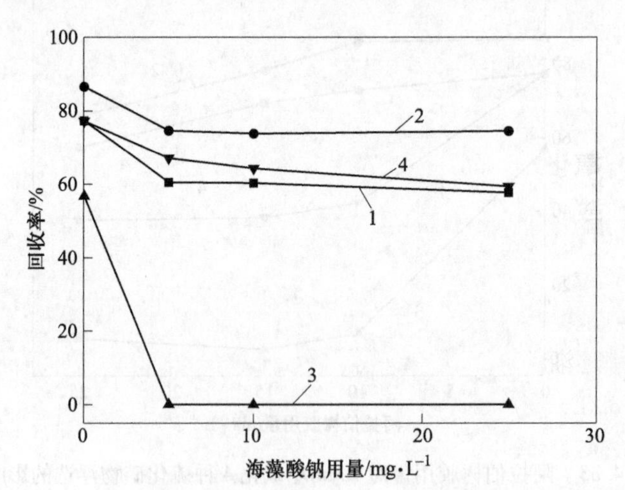

图 4.35 海藻酸钠用量对 $KMnO_4$ 氧化 4 种硫化矿物浮选的影响

（PBX 用量：1×10^{-4}mol/L；MIBC 用量：1×10^{-4}mol/L；$KMnO_4$ 用量：1.63×10^{-3}mol/L；pH=7）

1—黄铜矿；2—方铅矿；3—闪锌矿；4—黄铁矿

知，随着海藻酸钠用量的增加，闪锌矿回收率迅速下降，其他 3 种硫化矿回收率变化小且相近。图 4.36 所示为 $KMnO_4$ 用量为 1.63×10^{-3}mol/L，海藻酸钠用量为 25mg/L 时，矿浆 pH 值变化对 4 种单矿物浮选行为的影响。由图 4.36 可知，随着 pH 值的增加，黄铜矿及闪锌矿回收率变化较小，方铅矿及黄铁矿回收率下降。结果表明：一定条件下，加入适量氧化剂 $KMnO_4$ 后，使用海藻酸钠能完全抑制上述闪锌矿。

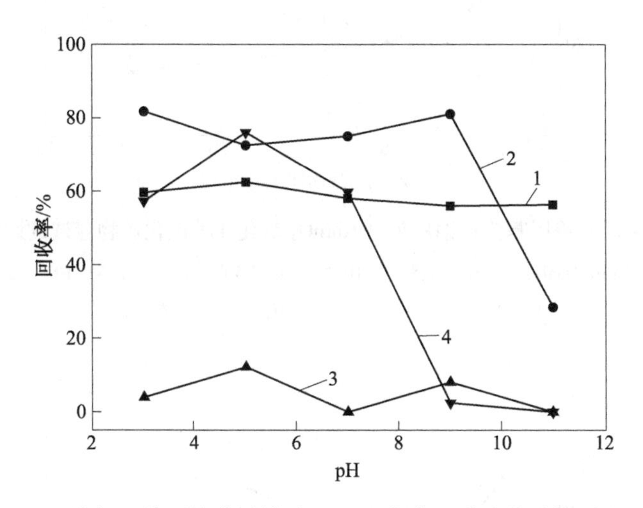

图 4.36 不同 pH 值下海藻酸钠对 $KMnO_4$ 氧化 4 种硫化矿物浮选的影响

（PBX 用量：1×10^{-4}mol/L；MIBC 用量：1×10^{-4}mol/L；$KMnO_4$ 用量：1.63×10^{-3}mol/L；海藻酸钠用量：25mg/L）

1—黄铜矿；2—方铅矿；3—闪锌矿；4—黄铁矿

4.2.9 $KMnO_4$ 氧化对羧甲基淀粉钠抑制硫化矿物浮选的影响

图 4.37 所示为矿浆溶液 pH=7，$KMnO_4$ 用量为 1.63×10^{-3}mol/L 时，羧甲基淀粉钠用量变化对黄铜矿、方铅矿、闪锌矿及黄铁矿浮选行为的影响。由图 4.37 可知，随着羧甲基淀粉钠用量的增加，黄铜矿及方铅矿回收率变化较小，闪锌矿及黄铁矿回收率逐渐下降，但闪锌矿下降速率更快。图 4.38 所示为 $KMnO_4$ 用量为 1.63×10^{-3}mol/L，羧甲基淀粉钠用量为 25mg/L 时，矿浆 pH 值变化对 4 种单矿物浮选行为的影响。由图 4.38 可知，随着 pH 值的增加，黄铜矿回收率变化较小，闪锌矿及黄铁矿回收率下降，方铅矿回收率先上升再下降。结果表明：一定条件下，加入适量氧化剂 $KMnO_4$ 后，使用羧甲基淀粉钠不能完全抑制上述 4 种单矿物。

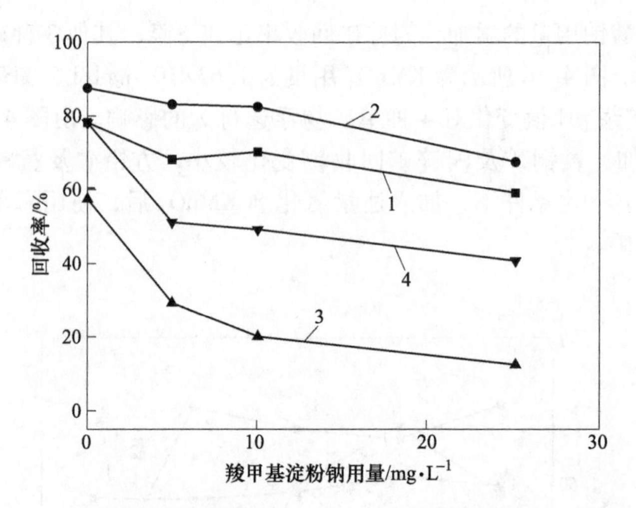

图 4.37 羧甲基淀粉钠用量对 $KMnO_4$ 氧化 4 种硫化矿物浮选的影响

（PBX 用量：1×10^{-4}mol/L；MIBC 用量：1×10^{-4}mol/L；$KMnO_4$ 用量：1.63×10^{-3}mol/L；pH=7）

1—黄铜矿；2—方铅矿；3—闪锌矿；4—黄铁矿

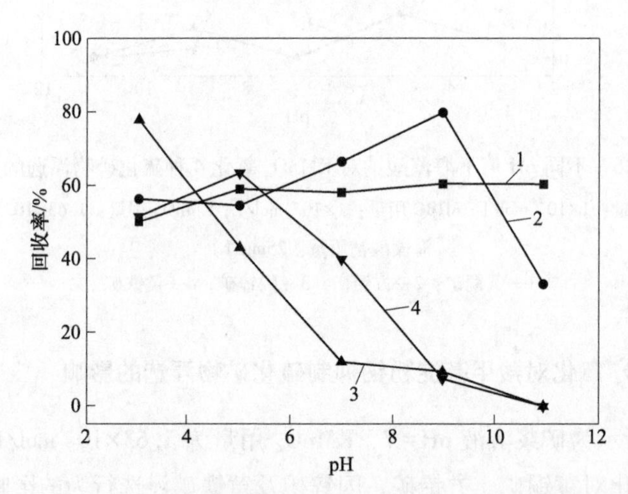

图 4.38 不同 pH 值下羧甲基淀粉钠对 $KMnO_4$ 氧化 4 种硫化矿物浮选的影响

（PBX 用量：1×10^{-4}mol/L；MIBC 用量：1×10^{-4}mol/L；$KMnO_4$ 用量：1.63×10^{-3}mol/L；

羧甲基淀粉钠用量：25mg/L）

1—黄铜矿；2—方铅矿；3—闪锌矿；4—黄铁矿

4.2.10 $KMnO_4$ 氧化对甲基纤维素抑制硫化矿物浮选的影响

图 4.39 所示为矿浆溶液 pH=7，$KMnO_4$ 用量为 1.63×10^{-3}mol/L 时，甲基纤维素用量变化对黄铜矿、方铅矿、闪锌矿及黄铁矿浮选行为的影响。由图 4.39

可知，随着甲基纤维素用量的增加，4种硫化矿回收率变化较小。图4.40所示为 $KMnO_4$ 用量为 1.63×10^{-3}mol/L，甲基纤维素用量为25mg/L时，矿浆pH值变化对4种单矿物浮选行为的影响。由图4.40可知，随着pH值的增加，闪锌矿回收率下降，其余3种矿物回收率变化较小。结果表明：一定条件下，加入适量氧化剂 $KMnO_4$ 后，使用甲基纤维素不能抑制上述4种单矿物。

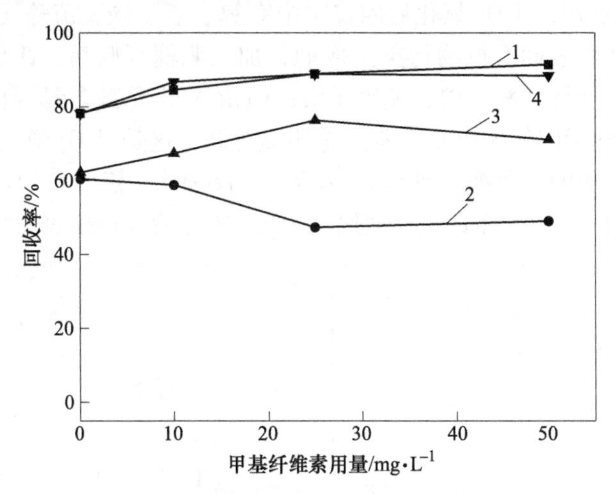

图4.39 甲基纤维素用量对 $KMnO_4$ 氧化4种硫化矿物浮选的影响

（PBX用量：1×10^{-4}mol/L；MIBC用量：1×10^{-4}mol/L；$KMnO_4$ 用量：1.63×10^{-3}mol/L；pH=7）

1—黄铜矿；2—方铅矿；3—闪锌矿；4—黄铁矿

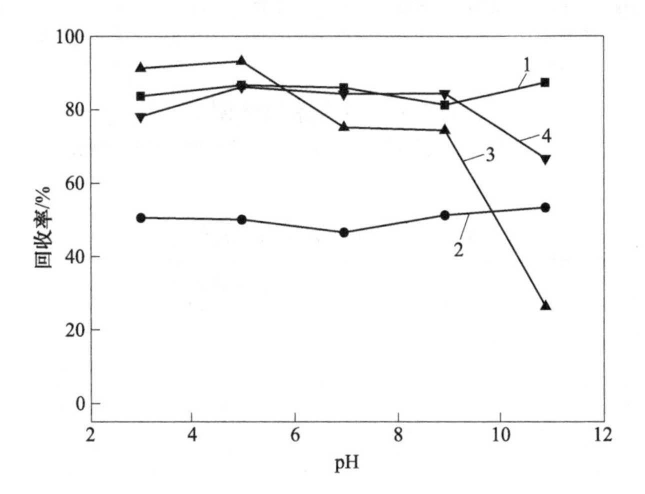

图4.40 不同pH值下甲基纤维素对 $KMnO_4$ 氧化4种硫化矿物浮选的影响

（PBX用量：1×10^{-4}mol/L；MIBC用量：1×10^{-4}mol/L；$KMnO_4$ 用量：1.63×10^{-3}mol/L；甲基纤维素用量：25mg/L）

1—黄铜矿；2—方铅矿；3—闪锌矿；4—黄铁矿

4.3 铜铅锌硫化矿物表面氧化强化高分子抑制剂作用的机理

4.3.1 铜铅锌硫化矿物表面氧化强化刺槐豆胶作用的机理

图 4.41 所示为刺槐豆胶与 H_2O_2 氧化后的闪锌矿作用前后的全元素扫描谱图，由图 4.41 可知，H_2O_2 氧化后闪锌矿中有锌、氧、碳、硫等元素，出现的 C 元素峰可能是矿物表面有机物污染造成的，加入刺槐豆胶后，H_2O_2 氧化后的闪锌矿表面仍然存在锌、氧、碳、硫等元素；但由 XPS 元素含量分析（见表 4.1）可知，H_2O_2 氧化后闪锌矿中 O 元素含量明显升高，这是 H_2O_2 氧化闪锌矿后表面生成含氧物质造成的；刺槐豆胶与 H_2O_2 氧化闪锌矿作用后，C、O 元素含量明显升高，这是含有 C、O 元素的刺槐豆胶在 H_2O_2 氧化后闪锌矿表面吸附造成的。

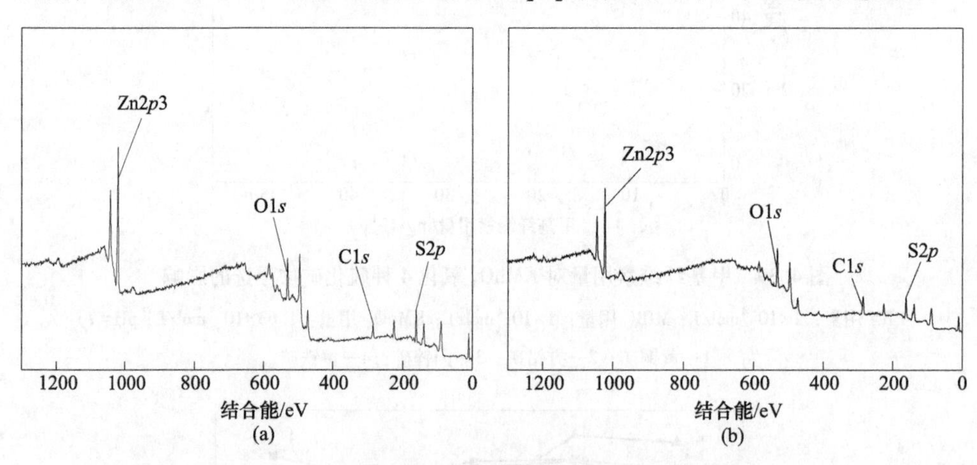

图 4.41 全元素扫描谱图

(a) H_2O_2 氧化后的闪锌矿；(b) H_2O_2 氧化后的闪锌矿+刺槐豆胶

表 4.1 XPS 元素含量分析结果 (%)

矿物名称	元素含量（质量分数）			
	Zn	S	C	O
闪锌矿	36.46	32.95	14.40	14.99
闪锌矿+ H_2O_2	29.56	25.09	21.71	23.64
闪锌矿+ H_2O_2+刺槐豆胶	14.92	15.70	39.08	30.30

为了确定刺槐豆胶在 H_2O_2 氧化闪锌矿表面吸附的作用机理，对锌、氧、碳、硫等元素进行了窄区间扫描谱图分析。

图 4.42 所示为刺槐豆胶与 H_2O_2 氧化闪锌矿作用前后的 C1*s* 窄区间扫描谱图。由图 4.42（a）可知，H_2O_2 氧化后闪锌矿 C1*s* 窄区间扫描谱图出现的峰处于

结合能 284.80eV、286.13eV 和 288.13eV 处，但 284.80eV、286.13eV 处峰为未氧化矿物表面的碳污染峰，288.13eV 处峰为氧化后硫化矿物表面的碳污染峰；由图 4.42（b）可知，当刺槐豆胶作用后，H_2O_2 氧化后闪锌矿 C1*s* 轨道出现了新峰处于结合能 285.52eV 处，表明闪锌矿表面有部分 C 元素以来自刺槐豆胶的—COR—官能团形式存在，证明刺槐豆胶在 H_2O_2 氧化后闪锌矿表面发生吸附。

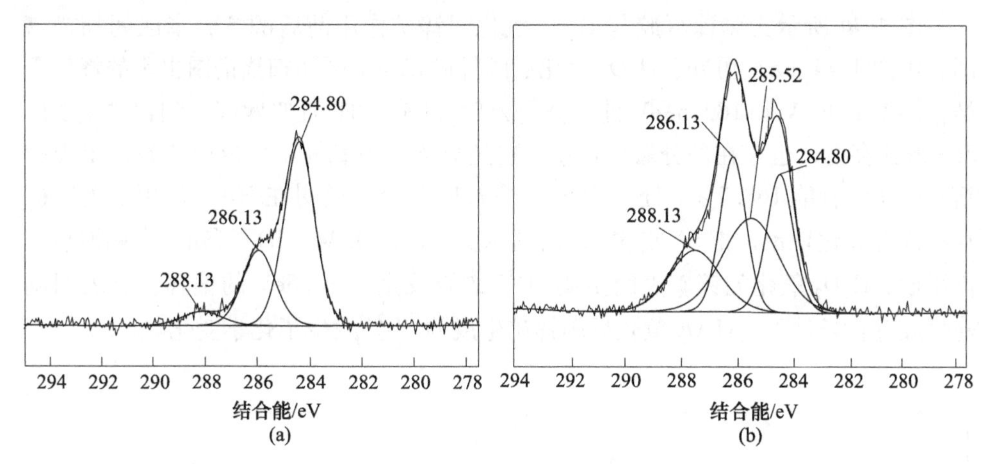

图 4.42 C1*s* 窄区间扫描谱图

（a）H_2O_2 氧化后的闪锌矿；（b）刺槐豆胶+H_2O_2 氧化后的闪锌矿

图 4.43 所示为刺槐豆胶与 H_2O_2 氧化闪锌矿作用前后 O1*s* 窄区间扫描谱图。由图 4.43（a）可知，H_2O_2 氧化后闪锌矿 O1*s* 窄区间扫描谱图出现的峰处于 530.76eV 处，为 OH^- 的特征吸收峰，这是搅拌过程中闪锌矿氧化后产物与水反

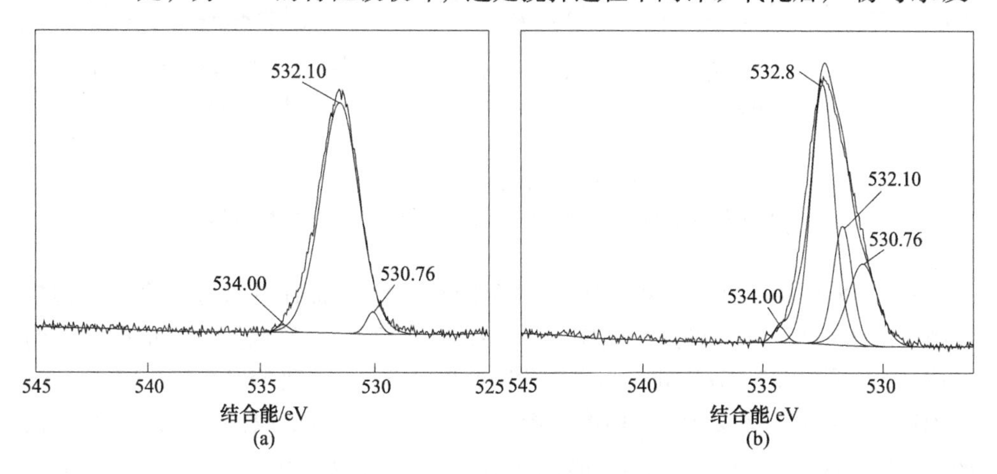

图 4.43 O1*s* 窄区间扫描谱图

（a）H_2O_2 氧化后的闪锌矿；（b）刺槐豆胶+H_2O_2 氧化后的闪锌矿

应作用的结果，而结合能 532.10eV 处为吸收的水分子的特征吸收峰，出现的新峰处于 534.00eV 处，为 SO_4^{2-} 特征吸收峰，说明存在氧化还原反应，这是闪锌矿被 H_2O_2 氧化后生成产物 SO_4^{2-}；由图 4.43（b）可知，当刺槐豆胶作用后，闪锌矿 O1*s* 窄区间扫描谱图出现的新峰处于结合能 532.8eV 处，为 H_2O_2 氧化后闪锌矿表面吸附的刺槐豆胶分子中—COR—官能团的 O 元素特征吸收峰。

图 4.44 所示为刺槐豆胶与 H_2O_2 氧化闪锌矿作用前后的 S2*p* 窄区间扫描谱图。由图 4.44（a）可知，H_2O_2 氧化后闪锌矿 S2*p* 窄区间扫描谱图出现的峰位于结合能 161.46eV 和 162.51eV 处，分别为 S^{2-} 和 S_2^{2-} 的特征吸收峰，闪锌矿主要以 ZnS 形式存在，也存在部分氧化现象，这是与空气中氧气发生反应所致，出现的新峰处于结合能 168.24eV 处，为 SO_4^{2-} 特征吸收峰，说明在 H_2O_2 作用下闪锌矿存在部分氧化现象，把 S^{2-} 或 S_2^{2-} 氧化成 SO_4^{2-}；由图 4.44（b）可知，当刺槐豆胶作用后，H_2O_2 氧化闪锌矿表面生成 SO_4^{2-} 的峰发生了−0.5eV 的偏移，这表明刺槐豆胶存在条件下，H_2O_2 氧化后闪锌矿生成的 SO_4^{2-} 发生了化学变化。

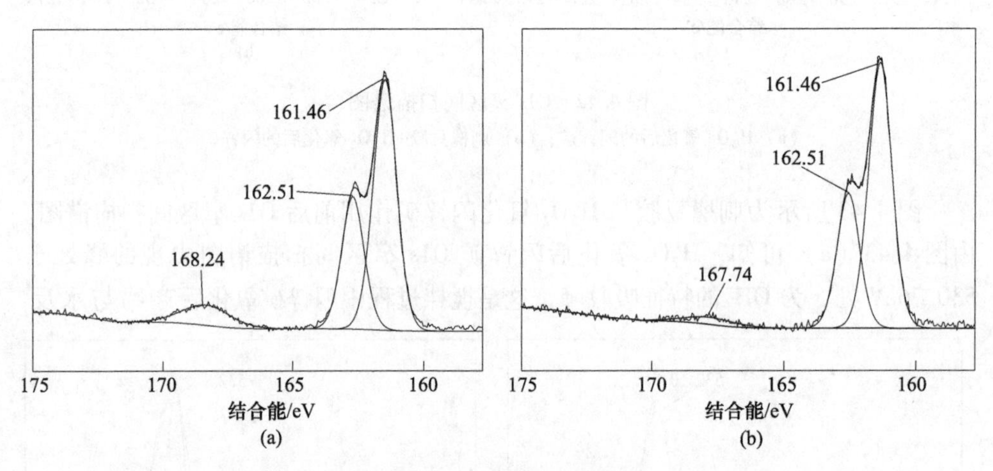

图 4.44 S2*p* 窄区间扫描谱图

（a）H_2O_2 氧化后的闪锌矿；（b）刺槐豆胶+H_2O_2 氧化后的闪锌矿

图 4.45 所示为刺槐豆胶与 H_2O_2 氧化闪锌矿作用前后的 $Zn2p_{3/2}$窄区间扫描谱图。由图 4.45（a）可知，H_2O_2 氧化后闪锌矿 $Zn2p_{3/2}$窄区间扫描谱图出现的峰位于结合能 1021.37eV 处，为未氧化闪锌矿 ZnS；另一处峰结合能 1023.09eV，为闪锌矿氧化后产物 $ZnSO_4$；由图 4.45（b）可知，刺槐豆胶作用后，H_2O_2 氧化的闪锌矿 $Zn2p_{3/2}$轨道的 Zn^{2+}结合能在 1021.26eV 和 1021.37eV 处，说明闪锌矿表面氧化生成的 $ZnSO_4$ 中 Zn^{2+}结合峰偏移了 1.83eV，这表明刺槐豆胶存在条件下，H_2O_2 氧化后闪锌矿生成的锌离子发生了化学变化。

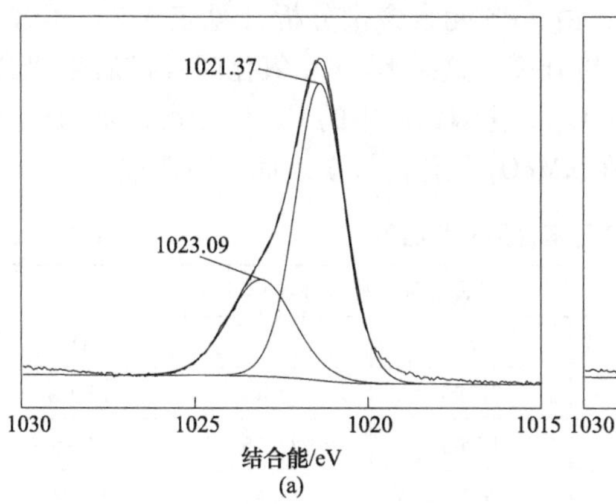

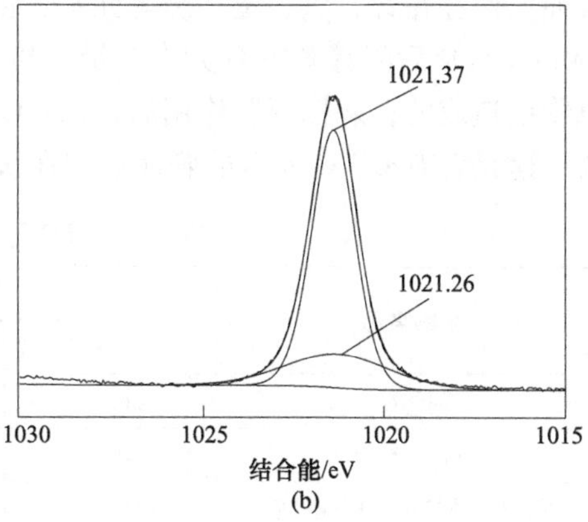

图 4.45 $Zn2p_{3/2}$窄区间扫描谱图

（a）H_2O_2 氧化后的闪锌矿；（b）刺槐豆胶+H_2O_2 氧化后的闪锌矿

H_2O_2 氧化闪锌矿的氧化方式为与 ZnS 发生氧化还原反应生成 $ZnSO_4$，氧化产生的 Zn^{2+}、SO_4^{2-} 结合能发生的偏移验证了 H_2O_2 氧化闪锌矿产物中的锌离子发生了化学反应。这表明刺槐豆胶通过自身的—OH 与 H_2O_2 氧化闪锌矿产物中的锌离子发生化学反应形成络合物，吸附于闪锌矿表面而产生抑制作用，这种吸附方式是化学吸附。因 H_2O_2 氧化闪锌矿后生成更多的 $ZnSO_4$，所以抑制作用也更强。

图 4.46 所示为刺槐豆胶与 $KMnO_4$ 氧化闪锌矿作用前后的全元素扫描谱图。由图 4.46 可知，$KMnO_4$ 氧化后闪锌矿中有锌、氧、碳、硫等元素，出现的 C 元素峰可能是矿物表面有机物污染造成的，加入刺槐豆胶后，$KMnO_4$ 氧化闪锌矿

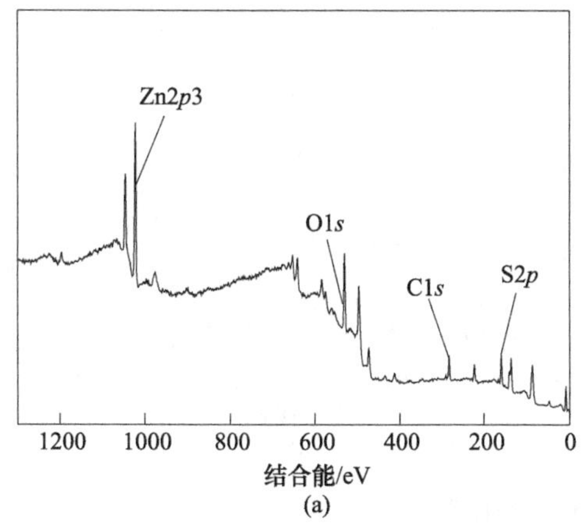

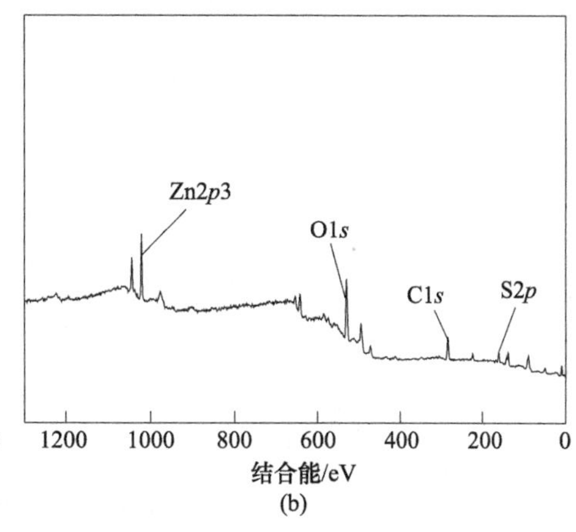

图 4.46 全元素扫描谱图

（a）$KMnO_4$ 氧化后的闪锌矿；（b）刺槐豆胶+$KMnO_4$ 氧化后的闪锌矿

表面仍然存在锌、氧、碳、硫等元素；由 XPS 元素含量分析（见表 4.2）可知，$KMnO_4$ 氧化后闪锌矿中 O 元素含量明显升高，这是 $KMnO_4$ 氧化闪锌矿后生成含氧物质造成的；刺槐豆胶作用后，$KMnO_4$ 氧化闪锌矿中的 C、O 元素含量明显升高，这是含有 C、O 元素的刺槐豆胶在 $KMnO_4$ 氧化闪锌矿表面吸附造成的。

表 4.2 XPS 元素含量分析结果 （%）

矿物名称	元素含量（质量分数）			
	Zn	S	C	O
闪锌矿	36.46	32.95	14.40	14.99
闪锌矿+ $KMnO_4$	20.75	17.05	27.25	34.95
闪锌矿+ $KMnO_4$+刺槐豆胶	10.55	9.14	38.48	41.83

为了确定刺槐豆胶在 $KMnO_4$ 氧化闪锌矿表面吸附的作用机理，对锌、氧、碳、硫等元素进行了窄区间扫描谱图分析。

图 4.47 所示为刺槐豆胶与 $KMnO_4$ 氧化后的闪锌矿作用前后的 C1*s* 窄区间扫描谱图。由图 4.47（a）可知，刺槐豆胶作用前，$KMnO_4$ 氧化后闪锌矿 C1*s* 轨道出现的峰处于结合能 284.80eV、286.13eV、288.13eV 和 292.43eV 处，前 3 个是碳污染峰，292.43eV 处为 K^+ 特征吸收峰，来自 $KMnO_4$；由图 4.47（b）可知，当刺槐豆胶作用后，$KMnO_4$ 氧化后闪锌矿 C1*s* 轨道出现的新峰处于结合能 285.52eV 处，表明矿物表面有部分 C 元素以来自刺槐豆胶—COR—官能团形式存在，说明刺槐豆胶也在 $KMnO_4$ 氧化后的闪锌矿表面发生吸附。

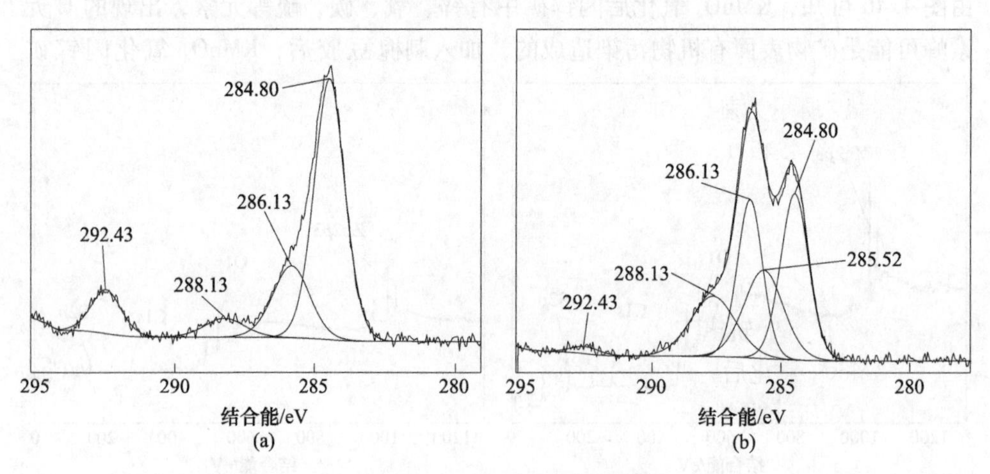

图 4.47 C1*s* 窄区间扫描谱图

（a）$KMnO_4$ 氧化后的闪锌矿；（b）刺槐豆胶+$KMnO_4$ 氧化后的闪锌矿

图 4.48 所示为刺槐豆胶与 $KMnO_4$ 氧化后的闪锌矿作用前后的 O1*s* 窄区间扫描谱图。由图 4.48（a）可知，$KMnO_4$ 氧化后闪锌矿 O1*s* 轨道出现的峰处于 530.76eV 处，为 OH^-的特征吸收峰，这是搅拌过程中闪锌矿氧化后产物与水反应作用的结果，而结合能 532.10eV 处为吸收的水分子的特征吸收峰，出现的新峰处于 534.00eV，为 SO_4^{2-} 特征吸收峰，说明存在氧化还原反应，这是闪锌矿被 $KMnO_4$ 氧化后生成产物 SO_4^{2-}，在 529.4eV 处出现的新峰，为 $KMnO_4$ 反应后的还原产物 MnO_2 特征吸收峰；由图 4.48（b）可知，刺槐豆胶作用后，$KMnO_4$ 氧化闪锌矿 O1*s* 窄区间扫描谱图出现了处于结合能 532.8eV 的新峰，可能为 $KMnO_4$ 氧化后的闪锌矿表面吸附的刺槐豆胶分子中—COR—官能团中 O 元素。

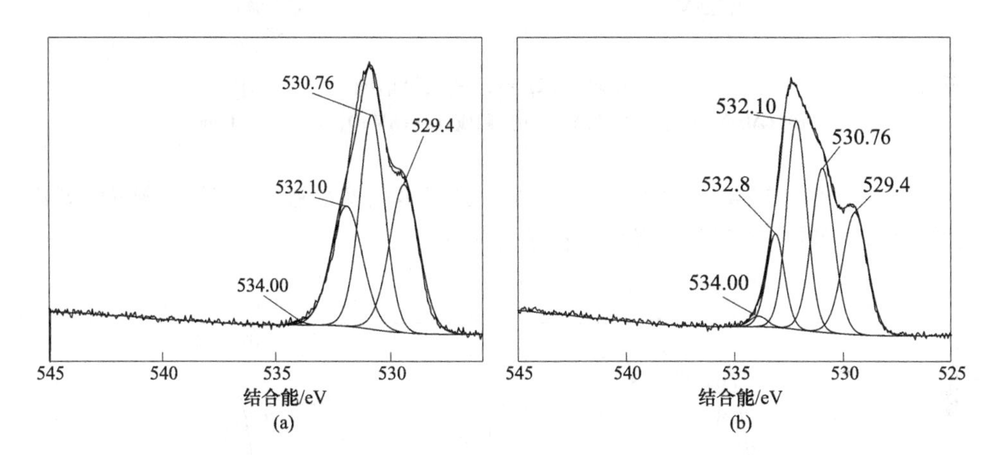

图 4.48 O1*s* 窄区间扫描谱图

（a）$KMnO_4$ 氧化后的闪锌矿；（b）刺槐豆胶+$KMnO_4$ 氧化后的闪锌矿

图 4.49 所示为刺槐豆胶与 $KMnO_4$ 氧化后的闪锌矿作用前后的 S2*p* 窄区间扫描谱图。由图 4.49（a）可知，$KMnO_4$ 氧化后闪锌矿 S2*p* 轨道出现的峰处于结合能 161.46eV 和 162.70eV，分别为 S^{2-}和 S_2^{2-} 的特征吸收峰，出现的新峰处于结合能 168.12eV，为 SO_4^{2-} 特征吸收峰，说明在 $KMnO_4$ 作用下存在部分氧化现象，把部分 S^{2-}或 S_2^{2-} 氧化成 SO_4^{2-}；由图 4.49（b）可知，当刺槐豆胶作用后，$KMnO_4$ 氧化后闪锌矿 S2*p* 轨道出现的新峰发生了-0.11eV 相对偏移，这表明刺槐豆胶存在时，$KMnO_4$ 氧化后闪锌矿表面的 SO_4^{2-} 发生了化学变化。

图 4.50 所示为刺槐豆胶与 $KMnO_4$ 氧化后的闪锌矿作用前后的 $Zn2p_{3/2}$窄区间扫描谱图。由图 4.50（a）可知，$KMnO_4$ 氧化后闪锌矿 $Zn2p_{3/2}$轨道出现的峰处于结合能 1021.11eV 处，为 ZnS 特征吸收峰，另一个峰处于结合能 1023.9eV 处，为闪锌矿氧化后产物 $ZnSO_4$ 特征吸收峰；由图 4.50（b）可知，刺槐豆胶作用后，$KMnO_4$ 氧化的闪锌矿 $Zn2p_{3/2}$轨道的 Zn^{2+}结合能在 1021.29eV 和 1021.11eV

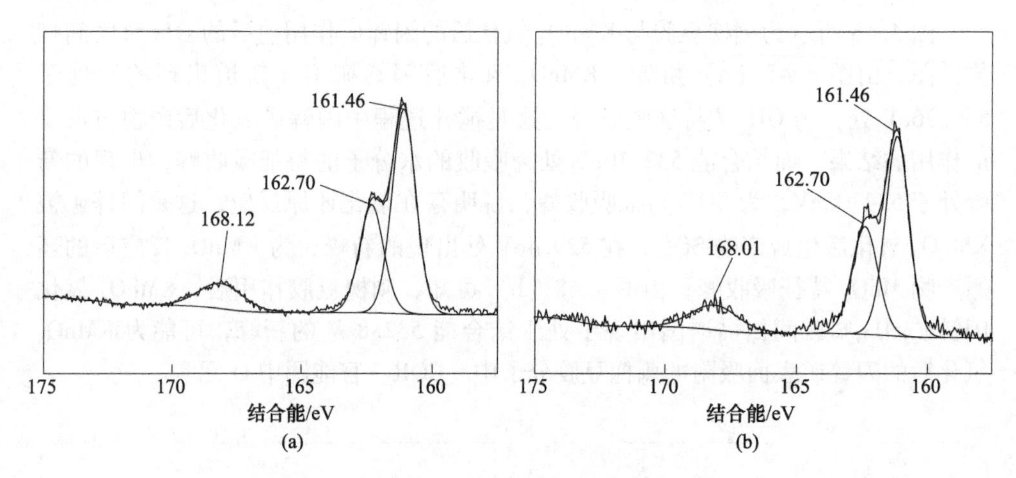

图 4.49　S2*p* 窄区间扫描谱图

（a）$KMnO_4$ 氧化后的闪锌矿；（b）刺槐豆胶+$KMnO_4$ 氧化后的闪锌矿

处，说明 $ZnSO_4$ 中 Zn^{2+} 峰偏移了 2.64eV，这表明刺槐豆胶存在时，$KMnO_4$ 氧化后的闪锌矿产物中的锌离子发生了化学变化。

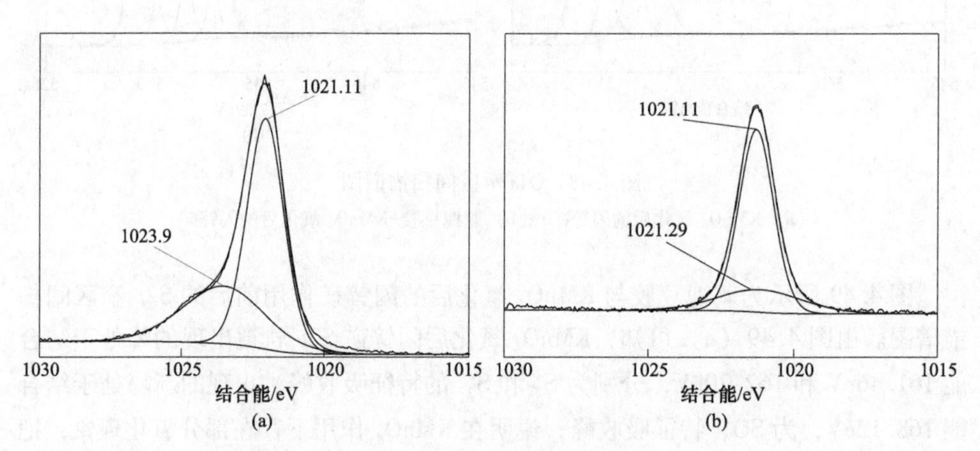

图 4.50　$Zn2p_{3/2}$ 窄区间扫描谱图

（a）$KMnO_4$ 氧化后的闪锌矿；（b）刺槐豆胶+$KMnO_4$ 氧化后的闪锌矿

$KMnO_4$ 氧化闪锌矿的氧化方式是与 ZnS 发生氧化还原反应生成氧化物和 $ZnSO_4$，Zn^{2+}、SO_4^{2-} 结合能的偏移表明 $KMnO_4$ 氧化闪锌矿生成的产物中的锌离子发生了化学反应。这说明刺槐豆胶通过自身的—OH 与氧化产物中的 Zn^{2+} 发生化学反应形成络合物，化学吸附于闪锌矿表面而产生抑制作用。因 $KMnO_4$ 氧化闪锌矿后生成更多 $ZnSO_4$，所以抑制作用也更强。

4.3.2 铜铅锌硫化矿物表面氧化强化海藻酸钠作用的机理

图4.51所示为海藻酸钠与 H_2O_2 氧化闪锌矿作用前后的全元素扫描谱图，由图4.51可知，H_2O_2 氧化闪锌矿中有锌、氧、碳、硫等元素，出现的C元素峰可能是矿物表面有机物污染造成的，加入海藻酸钠后，H_2O_2 氧化闪锌矿表面仍然存在锌、氧、碳、硫等元素；由XPS元素含量分析结果（见表4.3）可知，H_2O_2 氧化后闪锌矿中O1*s*元素含量明显升高，这是 H_2O_2 氧化闪锌矿后表面生成含氧物质造成的；海藻酸钠作用后，H_2O_2 氧化闪锌矿中的C、O元素含量明显升高，这是含有C、O元素的海藻酸钠在 H_2O_2 氧化后闪锌矿表面吸附造成的。

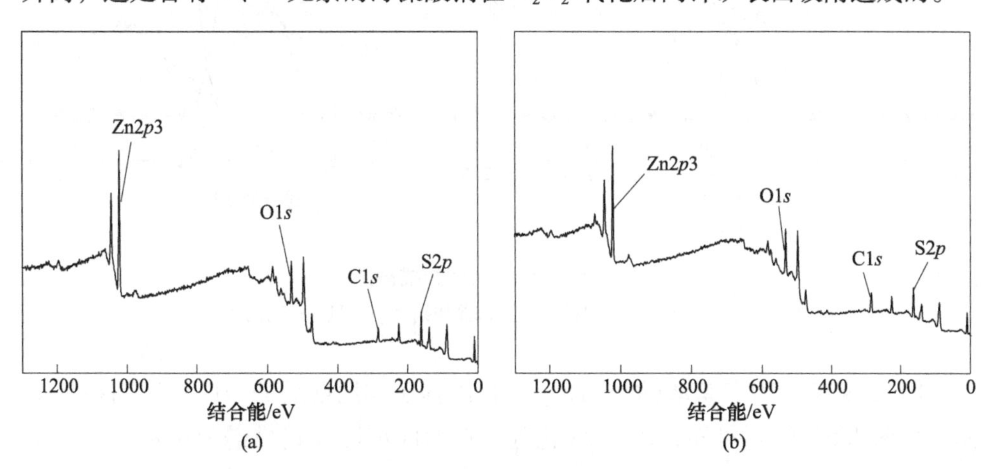

图4.51 全元素扫描谱图
（a）H_2O_2 氧化后的闪锌矿；（b）海藻酸钠+H_2O_2 氧化后的闪锌矿

表4.3 XPS元素含量分析结果 （%）

矿物名称	元素含量（质量分数）			
	Zn	S	C	O
闪锌矿	36.46	32.95	14.40	14.99
闪锌矿+ H_2O_2	29.56	25.09	21.71	23.64
闪锌矿+ H_2O_2+海藻酸钠	20.21	18.96	34.51	26.32

为了确定海藻酸钠在闪锌矿表面吸附的作用机理，对锌、氧、碳、硫等元素进行了窄区间扫描谱图分析。

图4.52所示为海藻酸钠与 H_2O_2 氧化闪锌矿作用前后的C1*s*窄区间扫描谱图。由图4.52（a）可知，H_2O_2 氧化闪锌矿C1*s*窄区间扫描谱图出现的峰处于结合能284.80eV、286.13eV和288.21eV处，都是碳污染峰，但284.80eV、286.13eV处峰为未氧化矿物表面的碳污染峰，288.21eV处峰为氧化后硫化矿物

表面的碳污染峰；由图 4.52（b）可知，当海藻酸钠作用后，H_2O_2 氧化闪锌矿 C1*s* 窄区间扫描谱图出现了新峰处于结合能 285.52eV 和 287.62eV 处，表明经 H_2O_2 氧化后闪锌矿表面有部分 C 元素以来自海藻酸钠的—COR—及—COO—官能团形式存在，说明海藻酸钠在 H_2O_2 氧化后的闪锌矿表面发生吸附。

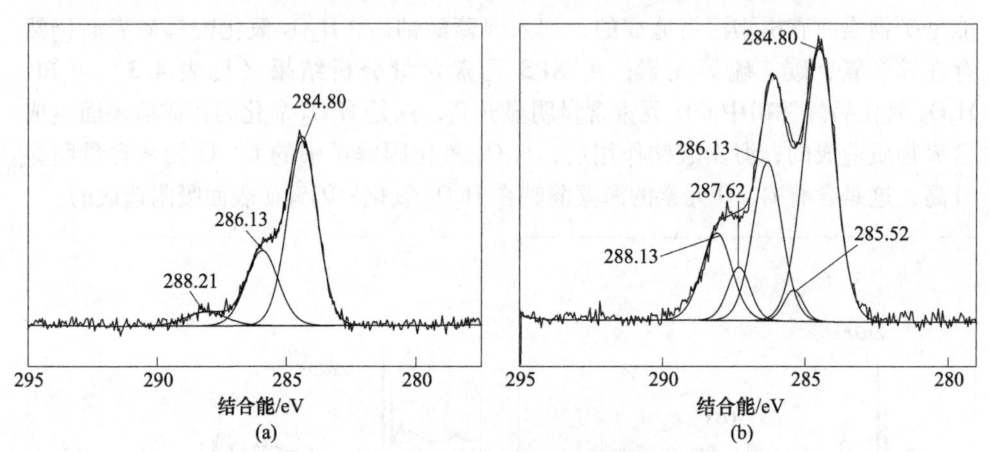

图 4.52　C1*s* 窄区间扫描谱图

（a）H_2O_2 氧化后的闪锌矿；（b）海藻酸钠+H_2O_2 氧化后的闪锌矿

图 4.53 所示为海藻酸钠与 H_2O_2 氧化闪锌矿作用前后的 O1*s* 窄区间扫描谱图。由图 4.53（a）可知，H_2O_2 氧化闪锌矿 O1*s* 窄区间扫描谱图出现的峰处于 530.76eV，为 OH^- 的特征吸收峰，这是闪锌矿氧化后产物与水反应作用的结果，而结合能 532.10eV 处为吸收的水分子的特征吸收峰，出现的新峰处于 534.00eV

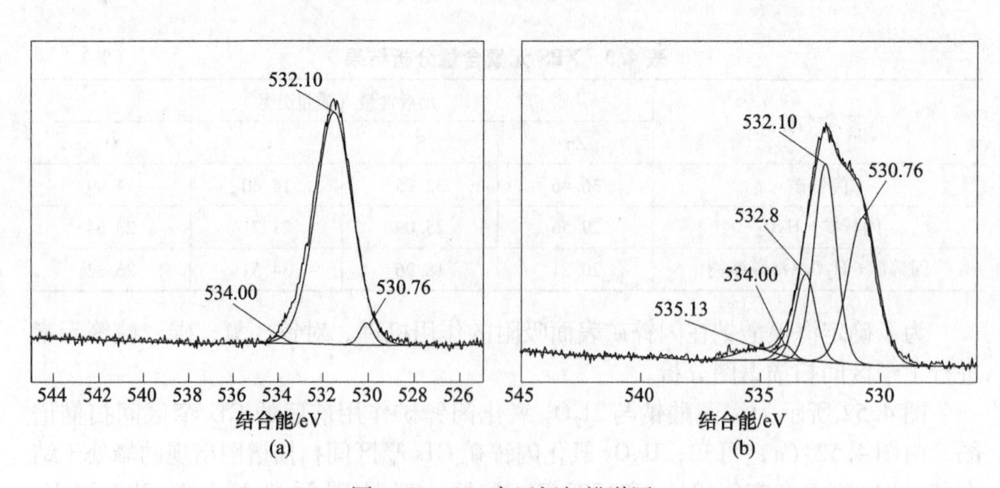

图 4.53　O1*s* 窄区间扫描谱图

（a）H_2O_2 氧化后的闪锌矿；（b）海藻酸钠+H_2O_2 氧化后的闪锌矿

处，为 SO_4^{2-} 特征吸收峰，这是闪锌矿被 H_2O_2 氧化后生成的产物；由图4.53（b）可知，当海藻酸钠作用后，闪锌矿 O1*s* 窄区间扫描谱图出现的新峰位于结合能535.13eV和532.8eV处，为 H_2O_2 氧化后闪锌矿表面吸附的海藻酸钠分子中—COR—及—COO—官能团中的O元素特征吸收峰。

图4.54所示为海藻酸钠与 H_2O_2 氧化闪锌矿作用前后的S2*p* 窄区间扫描谱图。由图4.54（a）可知，H_2O_2 氧化闪锌矿S2*p* 窄区间扫描谱图出现的峰处于结合能161.46eV和162.51eV处，分别为 S^{2-} 和 S_2^{2-} 的特征吸收峰，闪锌矿主要以ZnS形式存在，也存在部分氧化现象，这是与空气中氧气发生反应所致，出现的新峰处于结合能168.24eV处，为 SO_4^{2-} 特征吸收峰，说明在 H_2O_2 作用下闪锌矿存在部分氧化现象，把 S^{2-} 或 S_2^{2-} 氧化成 SO_4^{2-}；由图4.54（b）可知，当海藻酸钠作用后，H_2O_2 氧化闪锌矿表面生成 SO_4^{2-} 的峰发生了-0.95eV的偏移，这表明海藻酸钠存在条件下，H_2O_2 氧化后闪锌矿表面的 SO_4^{2-} 发生了化学变化。

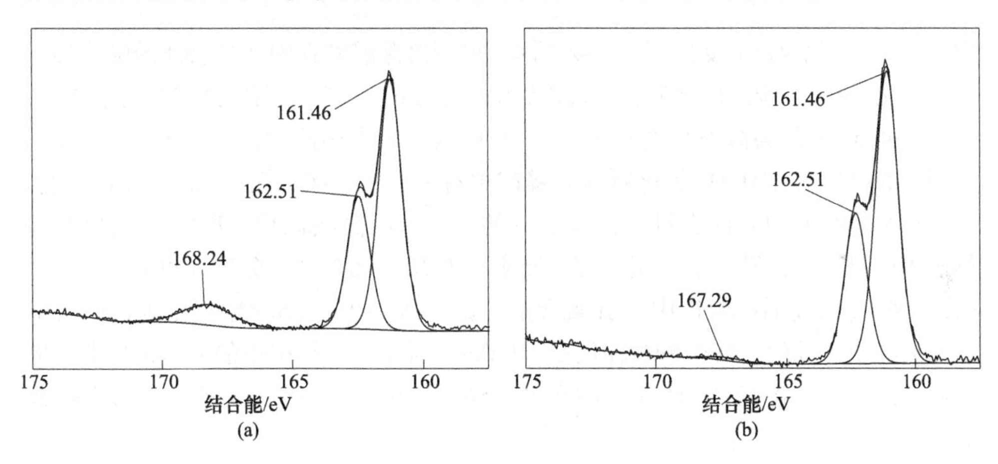

图4.54 S2*p* 窄区间扫描谱图

（a）H_2O_2 氧化后的闪锌矿；（b）海藻酸钠+H_2O_2 氧化后的闪锌矿

图4.55所示为海藻酸钠与 H_2O_2 氧化闪锌矿作用前后的 $Zn2p_{3/2}$ 窄区间扫描谱图。由图4.55（a）可知，H_2O_2 氧化后闪锌矿 $Zn2p_{3/2}$ 窄区间扫描谱图出现的峰处于结合能1021.37eV处，为未氧化的闪锌矿ZnS，另一峰处于结合能1023.09eV处，为闪锌矿氧化后产物 $ZnSO_4$；由图4.55（b）可知，海藻酸钠作用后，H_2O_2 氧化闪锌矿生成的 $ZnSO_4$ 中 Zn^{2+} 结合能偏移了-0.48eV，这表明海藻酸钠存在时，H_2O_2 氧化闪锌矿生成产物中的锌离子发生了化学变化。

H_2O_2 氧化闪锌矿产生的 Zn^{2+}、SO_4^{2-} 结合能发生的偏移验证了 H_2O_2 氧化闪锌矿产物中的锌离子发生了化学反应。这表明刺槐豆胶通过自身的极性官能团—OH、—COOH与 H_2O_2 氧化闪锌矿产物反应，吸附于闪锌矿表面使其亲水，这

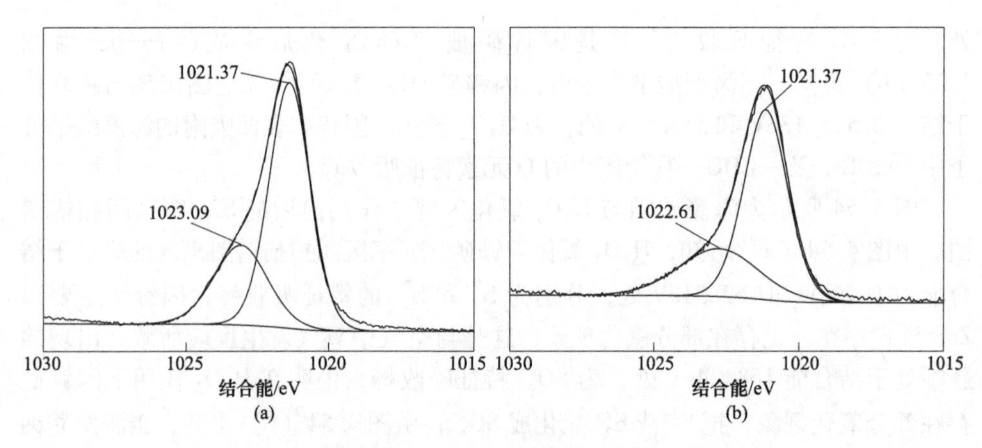

图 4.55　$Zn2p_{3/2}$窄区间扫描谱图

（a）H_2O_2 氧化后的闪锌矿；（b）海藻酸钠+H_2O_2 氧化后的闪锌矿

成为 H_2O_2 氧化闪锌矿受抑制的主要原因，说明海藻酸钠在闪锌矿表面的吸附形式是一种化学吸附。因 H_2O_2 氧化闪锌矿后生成更多的 $ZnSO_4$，所以抑制作用也更强。

图 4.56 所示为海藻酸钠与 $KMnO_4$ 氧化闪锌矿作用前后的全元素扫描谱图。由图 4.56 可知，$KMnO_4$ 氧化后的闪锌矿中有锌、氧、碳、硫等元素，出现的 C 元素峰可能是矿物表面有机物污染造成的，加入海藻酸钠后，$KMnO_4$ 氧化的闪锌矿表面仍然存在锌、氧、碳、硫等元素；由 XPS 元素含量分析（见表 4.4）可知，$KMnO_4$ 氧化后闪锌矿中 O 元素含量明显升高，这是 $KMnO_4$ 氧化闪锌矿后生成含氧物质造成的；海藻酸钠作用后，$KMnO_4$ 氧化的闪锌矿中的 C、O 元素含量明显升高，这是含有 C、O 元素的海藻酸钠在 $KMnO_4$ 氧化后闪锌矿表面吸附造成的。

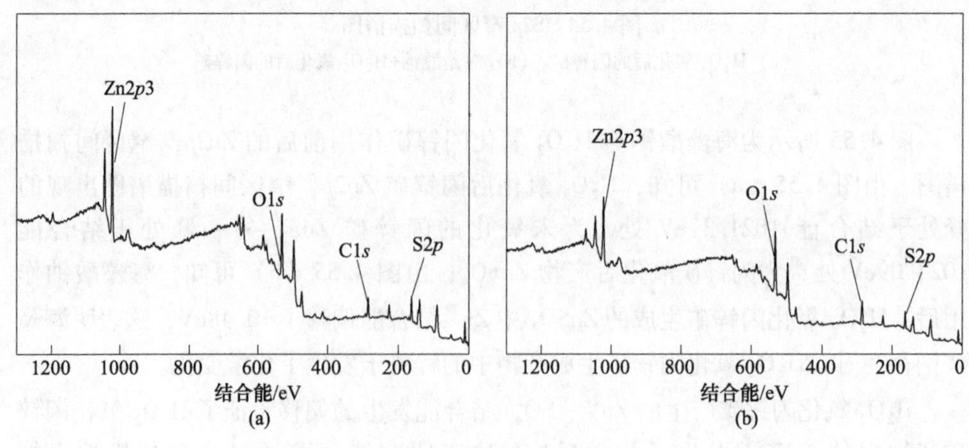

图 4.56　全元素扫描谱图

（a）$KMnO_4$ 氧化后的闪锌矿；（b）海藻酸钠+$KMnO_4$ 氧化后的闪锌矿

表 4.4 XPS 元素含量分析结果 (%)

矿物名称	元素含量（质量分数）			
	Zn	S	C	O
闪锌矿	36.46	32.95	14.40	14.99
闪锌矿+ $KMnO_4$	20.75	17.05	27.25	34.95
闪锌矿+ $KMnO_4$+海藻酸钠	11.98	11.65	38.82	37.56

为了确定海藻酸钠在 $KMnO_4$ 氧化后闪锌矿表面吸附的作用机理，对锌、氧、碳、硫等元素进行了窄区间扫描谱图分析。

图 4.57 所示为海藻酸钠与 $KMnO_4$ 氧化闪锌矿作用前后的 C1*s* 窄区间扫描谱图。由图 4.57（a）可知，$KMnO_4$ 氧化后闪锌矿 C1*s* 轨道出现的峰处于结合能 284.80eV、286.13eV、288.20eV 和 292.43eV 处，前 3 个是碳污染峰，292.43eV 处为 K^+特征吸收峰；由图 4.57（b）可知，当海藻酸钠作用后，$KMnO_4$ 氧化后的闪锌矿 C1*s* 轨道出现的新峰处于结合能 287.62eV 和 285.52eV 处，表明 $KMnO_4$ 氧化后闪锌矿表面有部分 C 元素以来自海藻酸钠的—COR—及—COO—官能团形式存在，说明海藻酸钠在 $KMnO_4$ 氧化后闪锌矿表面发生吸附。

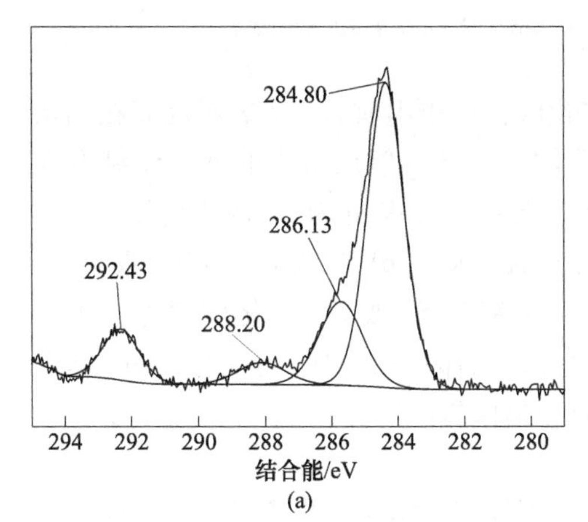

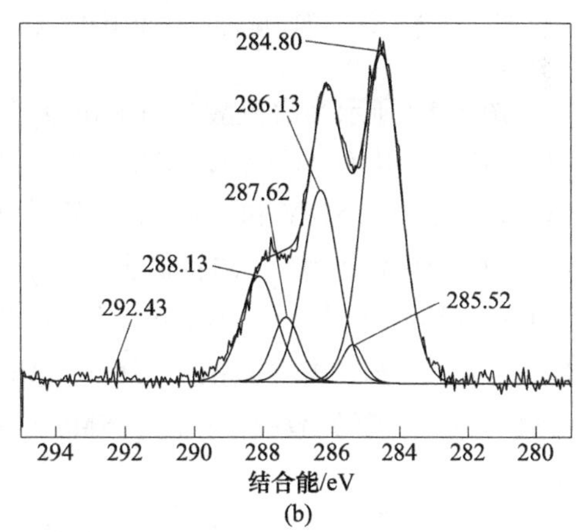

图 4.57 C1*s* 窄区间扫描谱图

（a）$KMnO_4$ 氧化后的闪锌矿；（b）海藻酸钠+$KMnO_4$ 氧化后的闪锌矿

图 4.58 所示为海藻酸钠与 $KMnO_4$ 氧化闪锌矿作用前后的 O1*s* 窄区间扫描谱图。由图 4.58（a）可知，$KMnO_4$ 氧化后闪锌矿 O1*s* 轨道出现的峰处于 529.4eV、530.76eV、532.10eV 和 534.00eV 处，结合能 530.76eV 处为 OH^-的特征吸收峰，这是闪锌矿氧化后产物与水反应作用结果，结合能 532.10eV 处为吸

收的水分子的特征吸收峰，结合能 534.00eV 处为 SO_4^{2-} 特征吸收峰，说明存在氧化还原反应，这是闪锌矿被 $KMnO_4$ 氧化后生成产物，结合能 529.4eV 处为 $KMnO_4$ 反应后的还原产物 MnO_2 特征吸收峰；由图 4.58（b）可知，海藻酸钠作用后，$KMnO_4$ 氧化的闪锌矿 O1*s* 窄区间扫描谱图出现了结合能为 532.8eV 和 535.13eV 的新峰，为 $KMnO_4$ 氧化后闪锌矿表面吸附的海藻酸钠分子中—COR—及—COO—官能团的 O 元素。

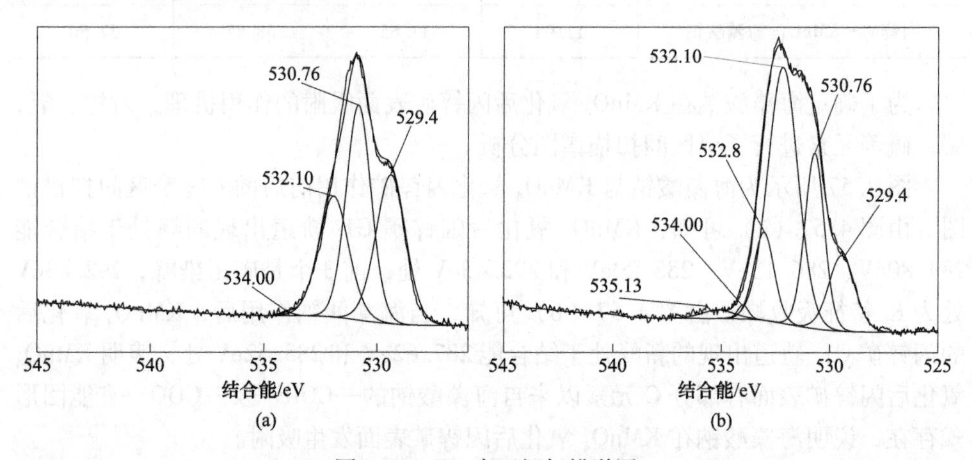

图 4.58　O1*s* 窄区间扫描谱图

（a）$KMnO_4$ 氧化后的闪锌矿；（b）海藻酸钠+$KMnO_4$ 氧化后的闪锌矿

图 4.59 所示为海藻酸钠与 $KMnO_4$ 氧化闪锌矿作用前后的 S2*p* 窄区间扫描谱图。由图 4.59（a）可知，$KMnO_4$ 氧化后闪锌矿 S2*p* 轨道出现的峰处于结合能 161.46eV、162.51eV 和 168.12eV 处，结合能 161.46eV 处为 S^{2-} 特征吸收峰，结合能 162.51eV 处为 S_2^{2-} 的特征吸收峰，结合能 168.12eV 处为 SO_4^{2-} 特征吸收峰，说明在 $KMnO_4$ 作用下存在部分氧化现象，把部分 S^{2-} 或 S_2^{2-} 氧化成 SO_4^{2-}；由图 4.59（b）可知，海藻酸钠作用后，$KMnO_4$ 氧化后闪锌矿 SO_4^{2-} 峰发生了-0.16eV 偏移，这表明海藻酸钠存在时，$KMnO_4$ 氧化后闪锌矿产物中的 SO_4^{2-} 发生了化学变化。

图 4.60 所示为海藻酸钠与 $KMnO_4$ 氧化闪锌矿作用前后的 $Zn2p_{3/2}$ 窄区间扫描谱图。由图 4.60（a）可知，$KMnO_4$ 氧化后闪锌矿 $Zn2p_{3/2}$ 轨道出现的峰处于结合能 1021.11eV 处，为 ZnS 特征吸收峰，另一个峰处于结合能 1023.9eV 处，为闪锌矿氧化后产物 $ZnSO_4$ 特征吸收峰；由图 4.60（b）可知，海藻酸钠作用后，$KMnO_4$ 氧化的闪锌矿 $Zn2p_{3/2}$ 轨道的 Zn 离子结合能在 1022.65eV 和 1021.11eV 处，说明 $ZnSO_4$ 中 Zn^{2+} 偏移了 1.24eV，这表明海藻酸钠存在时，$KMnO_4$ 氧化后闪锌矿产物中的锌离子发生了化学变化。

$KMnO_4$ 氧化闪锌矿的方式是与 ZnS 发生氧化还原反应生成氧化物和 $ZnSO_4$，

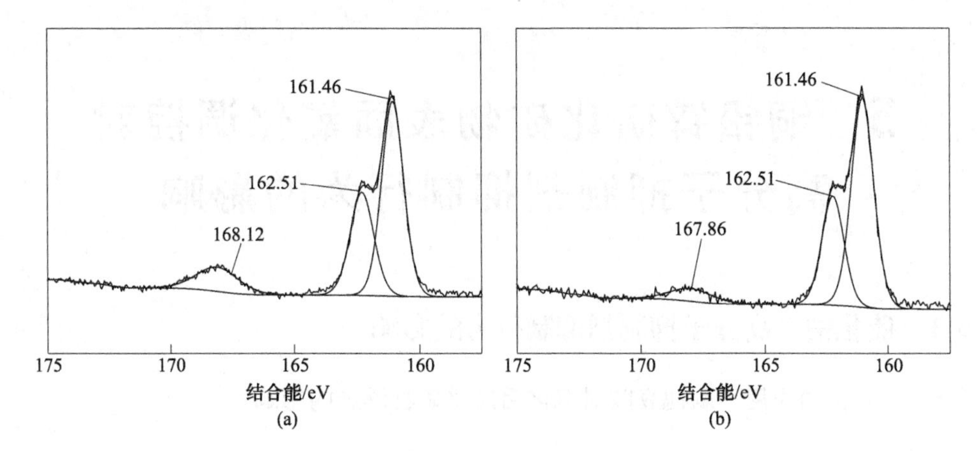

图 4.59 S2*p* 窄区间扫描谱图

（a）$KMnO_4$ 氧化后的闪锌矿；（b）海藻酸钠+$KMnO_4$ 氧化后的闪锌矿

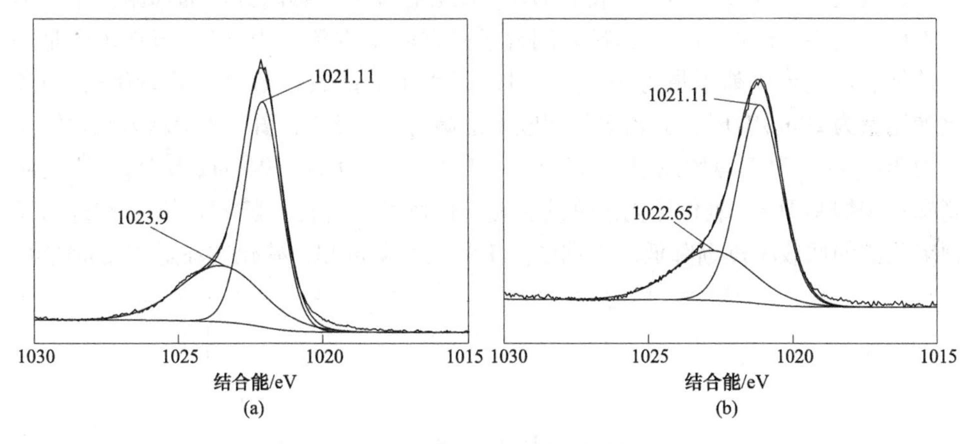

图 4.60 Zn2$p_{3/2}$窄区间扫描谱图

（a）$KMnO_4$ 氧化后的闪锌矿；（b）海藻酸钠+$KMnO_4$ 氧化后的闪锌矿

Zn^{2+}、SO_4^{2-} 结合能的偏移表明海藻酸钠通过自身的—OH、—COOH 与 $KMnO_4$ 氧化闪锌矿产物发生化学反应形成螯合物，从而吸附于闪锌矿表面而产生抑制作用。因 $KMnO_4$ 氧化闪锌矿后生成更多 $ZnSO_4$，所以抑制作用也更强。

5 铜铅锌硫化矿物表面氧化调控对高分子抑制剂抑制行为的影响

5.1 硫化钠对高分子抑制剂抑制行为的影响

5.1.1 硫化钠作用下刺槐豆胶对氧化后硫化矿物浮选的影响

图 5.1 所示为 pH = 7、H_2O_2 用量为 4×10^{-5}mol/L、刺槐豆胶用量为 25mg/L 时，硫化钠用量对刺槐豆胶抑制 H_2O_2 氧化硫化矿物浮选行为的影响。由图 5.1 可知，硫化钠可以减弱刺槐豆胶对 H_2O_2 氧化的方铅矿和闪锌矿的抑制作用，但随着硫化钠用量的增加，方铅矿和闪锌矿的回收率重新归为 0%，黄铁矿则是一直被抑制。当硫化钠用量为 10mg/L 时，闪锌矿的回收率最高为 51. 60%；当硫化钠用量为 20mg/L 时，方铅矿的回收率最高为 59. 65%。图 5. 2 所示为硫化钠用量为 30mg/L、刺槐豆胶用量为 25mg/L、H_2O_2 用量为 4×10^{-5}mol/L 时，pH 值对刺槐豆胶抑制 H_2O_2 氧化硫化矿物的影响。由图 5. 2 可得，随 pH 值逐渐升高，3 种硫化矿的回收率逐渐降低。根据图 5. 1 和图 5. 2 可知，硫化钠在适当用量时可

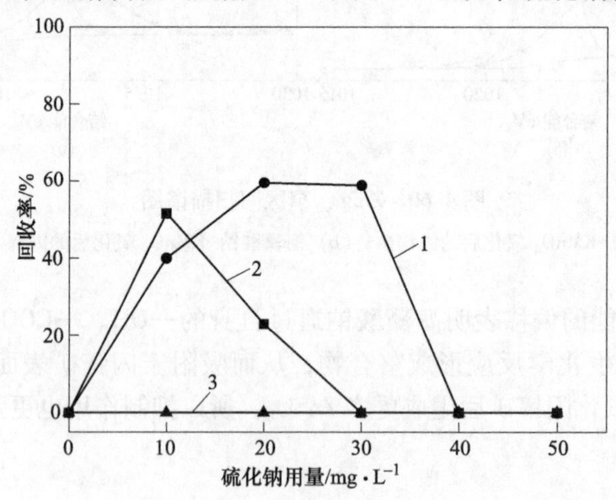

图 5.1 硫化钠用量对刺槐豆胶抑制 H_2O_2 氧化硫化矿物浮选的影响

（丁黄用量：1×10^{-4}mol/L；MIBC 用量：1×10^{-4}mol/L；

H_2O_2 用量：4×10^{-5}mol/L；刺槐豆胶用量：25mg/L；pH = 7）

1—方铅矿；2—闪锌矿；3—黄铁矿

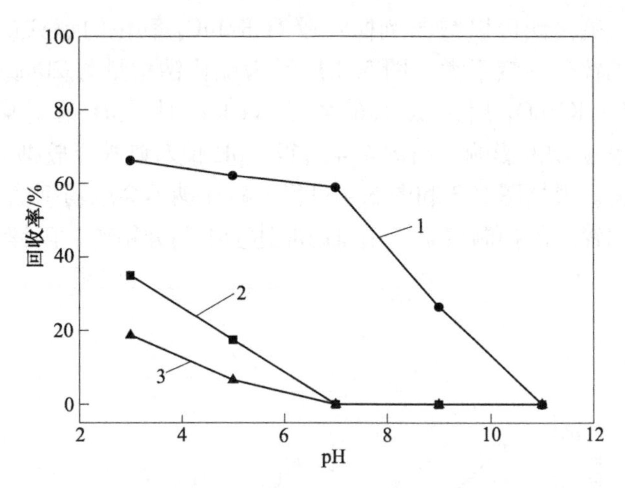

图 5.2 不同 pH 值下硫化钠对刺槐豆胶抑制 H_2O_2 氧化硫化矿物浮选的影响

（丁黄用量：1×10^{-4}mol/L；MIBC 用量：1×10^{-4}mol/L；

H_2O_2 用量：4×10^{-5}mol/L；刺槐豆胶用量：25mg/L；Na_2S 用量：30mg/L）

1—方铅矿；2—闪锌矿；3—黄铁矿

以减弱刺槐豆胶对氧化方铅矿和闪锌矿的抑制作用，但是当硫化钠用量过多时反而会抑制方铅矿和闪锌矿。

图 5.3 所示为 pH = 7、$KMnO_4$ 用量为 1.63×10^{-3}mol/L、刺槐豆胶用量为 25mg/L 时，硫化钠用量对刺槐豆胶抑制 $KMnO_4$ 氧化硫化矿浮选行为的影响。

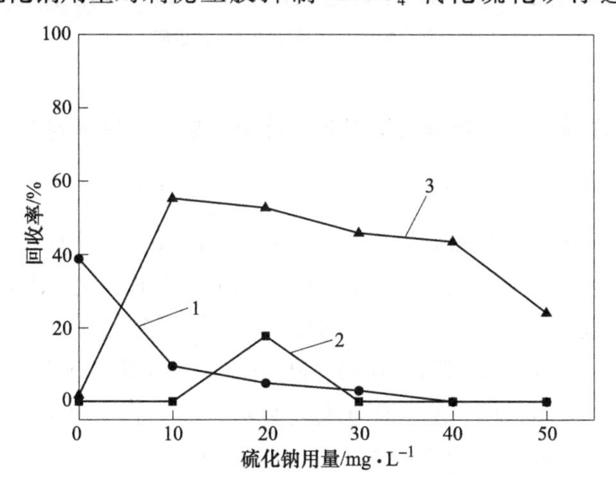

图 5.3 硫化钠用量对刺槐豆胶抑制 $KMnO_4$ 氧化硫化矿物浮选的影响

（丁黄用量：1×10^{-4}mol/L；MIBC 用量：1×10^{-4}mol/L；

$KMnO_4$ 用量：1.63×10^{-3}mol/L；刺槐豆胶用量：25mg/L；pH = 7）

1—方铅矿；2—闪锌矿；3—黄铁矿

由图 5.3 可得，硫化钠可以减弱刺槐豆胶对 $KMnO_4$ 氧化的黄铁矿的抑制效果，而对方铅矿和闪锌矿影响不大。图 5.4 所示为硫化钠用量为 20mg/L、刺槐豆胶用量为 25mg/L、$KMnO_4$ 用量为 1.63×10^{-3} mol/L 时，pH 值对刺槐豆胶抑制 $KMnO_4$ 氧化硫化矿物的影响。由图 5.4 可得，pH 值对刺槐豆胶抑制 $KMnO_4$ 氧化硫化矿影响不大。根据图 5.3 和图 5.4 可得，硫化钠不会减弱刺槐豆胶对 $KMnO_4$ 氧化方铅矿和闪锌矿的抑制效果，用量高时还会抑制方铅矿、闪锌矿和黄铁矿。

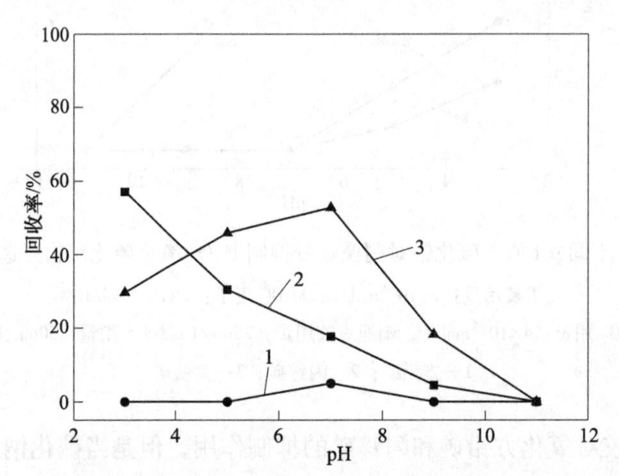

图 5.4　不同 pH 值下硫化钠对刺槐豆胶抑制 $KMnO_4$ 氧化硫化矿物浮选的影响
（丁黄用量：1×10^{-4}mol/L；MIBC 用量：1×10^{-4}mol/L；
$KMnO_4$ 用量：1.63×10^{-3}mol/L；刺槐豆胶用量：25mg/L；Na_2S 用量：20mg/L）
1—方铅矿；2—闪锌矿；3—黄铁矿

5.1.2　硫化钠作用下木质素磺酸钠对氧化后硫化矿物浮选的影响

图 5.5 所示为 pH = 7、H_2O_2 用量为 4×10^{-5} mol/L、木质素磺酸钠用量为 10mg/L 时，硫化钠用量对木质素磺酸钠抑制 H_2O_2 氧化硫化矿浮选行为的影响。由图 5.5 可得，硫化钠对木质素磺酸钠抑制 H_2O_2 氧化硫化矿并没有太大影响。图 5.6 所示为硫化钠用量为 30mg/L、木质素磺酸钠用量为 10mg/L、H_2O_2 用量为 4×10^{-5}mol/L 时，pH 值对木质素磺酸钠抑制 H_2O_2 氧化硫化矿浮选的影响。由图 5.6 可得，pH 值对闪锌矿浮选并没有太大影响，而方铅矿和黄铁矿回收率则随着 pH 值的升高逐渐降低。根据图 5.5 和图 5.6 可得，加入硫化钠对 3 种硫化矿浮选没有什么影响。

图 5.7 所示为 pH = 7、$KMnO_4$ 用量为 1.63×10^{-3}mol/L、木质素磺酸钠用量为 10mg/L 时，硫化钠用量对木质素磺酸钠抑制 $KMnO_4$ 氧化硫化矿浮选行为的影响。由图 5.7 可得，硫化钠可以减弱木质素磺酸钠对 $KMnO_4$ 氧化的闪锌矿和黄

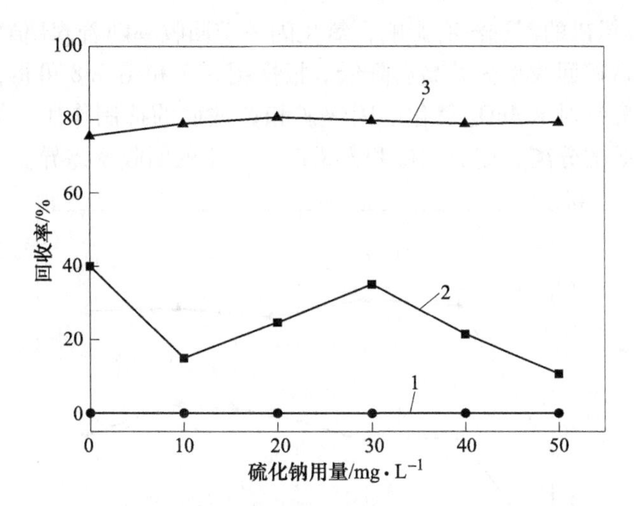

图 5.5　硫化钠用量对木质素磺酸钠抑制 H_2O_2 氧化硫化矿物浮选的影响

（丁黄用量：1×10^{-4}mol/L；MIBC 用量：1×10^{-4}mol/L；

H_2O_2 用量：4×10^{-5}mol/L；木质素磺酸钠用量：10mg/L；pH=7）

1—方铅矿；2—闪锌矿；3—黄铁矿

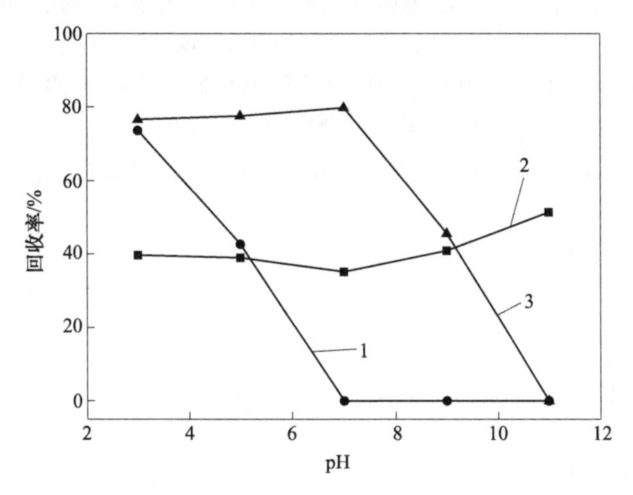

图 5.6　不同 pH 值下硫化钠对木质素磺酸钠抑制 H_2O_2 氧化硫化矿物浮选的影响

（丁黄用量：1×10^{-4}mol/L；MIBC 用量：1×10^{-4}mol/L；

H_2O_2 用量：4×10^{-5}mol/L；木质素磺酸钠用量：10mg/L；Na_2S 用量：30mg/L）

1—方铅矿；2—闪锌矿；3—黄铁矿

铁矿的抑制作用，但对氧化方铅矿的浮选则没有影响。图 5.8 所示为硫化钠用量为 30mg/L、木质素磺酸钠用量为 10mg/L、$KMnO_4$ 用量为 1.63×10^{-3}mol/L 时，pH 值对木质素磺酸钠抑制 $KMnO_4$ 氧化硫化矿浮选的影响。由图 5.8 可得，

pH 值对氧化方铅矿的浮选没有影响，氧化闪锌矿回收率随着 pH 值的升高而逐渐降低，氧化黄铁矿回收率先升高后降低。根据图 5.7 和图 5.8 可得，硫化钠可以减弱木质素磺酸钠对 $KMnO_4$ 氧化的闪锌矿和黄铁矿的抑制作用，但并不能实现闪锌矿和方铅矿的分离，而黄铁矿和方铅矿有一定的回收率差异。

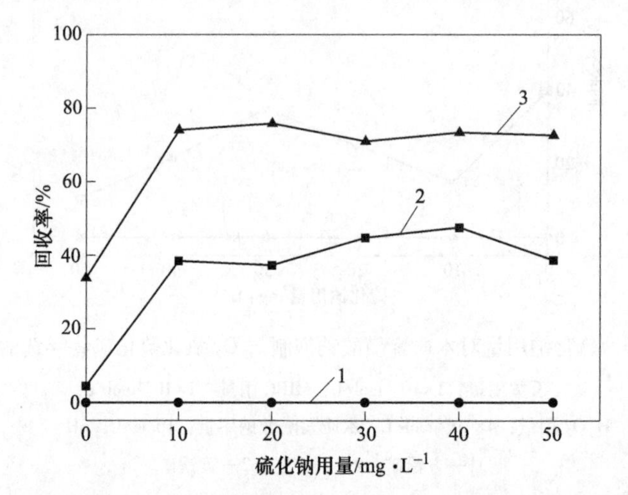

图 5.7 硫化钠用量对木质素磺酸钠抑制 $KMnO_4$ 氧化硫化矿物浮选的影响

（丁黄用量：1×10^{-4}mol/L；MIBC 用量：1×10^{-4}mol/L；

$KMnO_4$ 用量：1.63×10^{-3}mol/L；木质素磺酸钠用量：10mg/L；pH＝7）

1—方铅矿；2—闪锌矿；3—黄铁矿

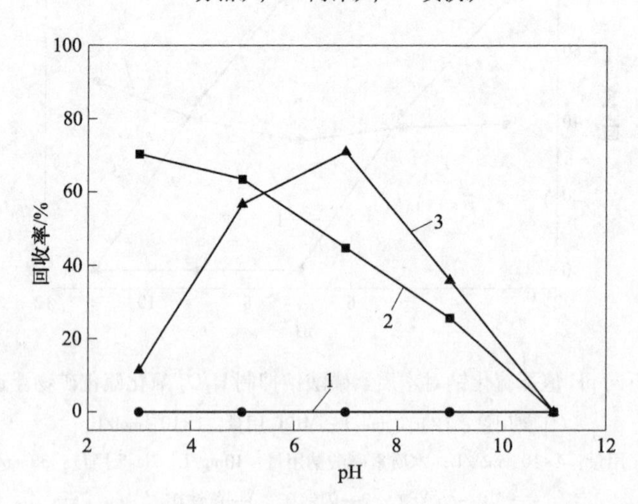

图 5.8 不同 pH 值下硫化钠对木质素磺酸钠抑制 $KMnO_4$ 氧化硫化矿物浮选的影响

（丁黄用量：1×10^{-4}mol/L；MIBC 用量：1×10^{-4}mol/L；

$KMnO_4$ 用量：1.63×10^{-3}mol/L；木质素磺酸钠用量：10mg/L；Na_2S 用量：30mg/L）

1—方铅矿；2—闪锌矿；3—黄铁矿

5.1.3 硫化钠作用下木质素磺酸钙对氧化后硫化矿物浮选的影响

图 5.9 所示为 pH = 7、H_2O_2 用量为 4×10^{-5} mol/L、木质素磺酸钙用量为 10mg/L 时，硫化钠用量对木质素磺酸钙抑制 H_2O_2 氧化硫化矿浮选行为的影响。由图 5.9 可得，少量硫化钠可以减弱木质素磺酸钙对氧化硫化矿的抑制作用。图 5.10 所示为硫化钠用量为 30mg/L、木质素磺酸钙用量为 10mg/L、H_2O_2 用量为 4×10^{-5}mol/L 时，pH 值对木质素磺酸钙抑制 H_2O_2 氧化硫化矿浮选的影响。由图 5.10 可得，随着 pH 值的升高，方铅矿和闪锌矿的回收率逐渐下降，黄铁矿回收率则先升高后降低。根据图 5.9 和图 5.10 可得，少量硫化钠能减弱木质素磺酸钙对氧化硫化矿的抑制作用，但随着硫化钠用量的增加，3 种硫化矿的回收率逐渐下降，硫化钠反而抑制这几种矿物。

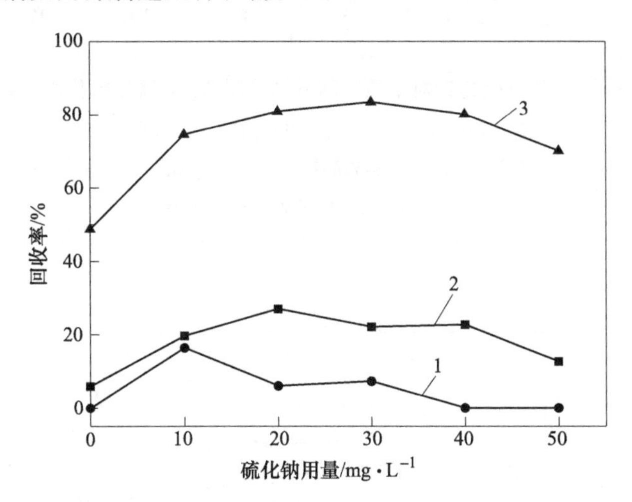

图 5.9 硫化钠用量对木质素磺酸钙抑制 H_2O_2 氧化硫化矿物浮选的影响

（丁黄用量：1×10^{-4}mol/L；MIBC 用量：1×10^{-4}mol/L；

H_2O_2 用量：4×10^{-5}mol/L；木质素磺酸钙用量：10mg/L；pH=7）

1—方铅矿；2—闪锌矿；3—黄铁矿

图 5.11 所示为 pH=7、$KMnO_4$ 用量为 1.63×10^{-3}mol/L、木质素磺酸钙用量为 10mg/L 时，硫化钠用量对木质素磺酸钙抑制 $KMnO_4$ 氧化硫化矿浮选行为的影响。由图 5.11 可得，硫化钠可以减弱木质素磺酸钙对 $KMnO_4$ 氧化硫化矿的抑制作用。图 5.12 所示为硫化钠用量为 30mg/L、木质素磺酸钙用量为 10mg/L、$KMnO_4$ 用量为 1.63×10^{-3}mol/L 时，pH 值对木质素磺酸钙抑制 $KMnO_4$ 氧化硫化矿浮选的影响。由图 5.12 可得，方铅矿和闪锌矿浮选受 pH 值的影响并不大，黄铁矿回收率则是先升高后降低。根据图 5.11 和图 5.12 可得，硫化钠可以减弱木质素磺酸钙对 $KMnO_4$ 氧化的硫化矿的抑制作用。

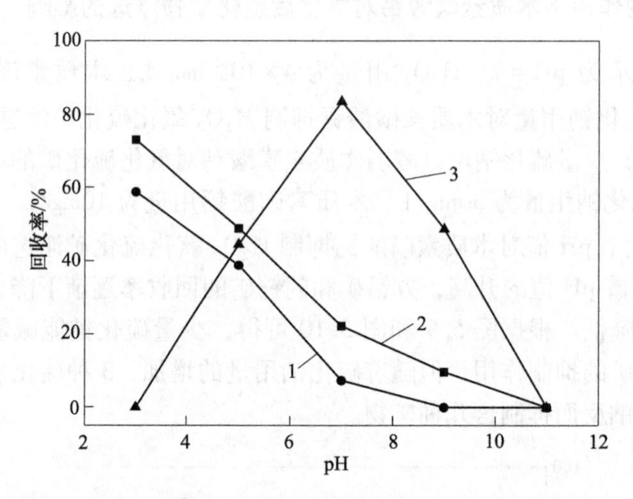

图 5.10 不同 pH 值下硫化钠对木质素磺酸钙抑制 H_2O_2 氧化硫化矿物浮选的影响

（丁黄用量：$1×10^{-4}$mol/L；MIBC 用量：$1×10^{-4}$mol/L；

H_2O_2 用量：$4×10^{-5}$mol/L；木质素磺酸钙用量：10mg/L；Na_2S 用量：30mg/L）

1—方铅矿；2—闪锌矿；3—黄铁矿

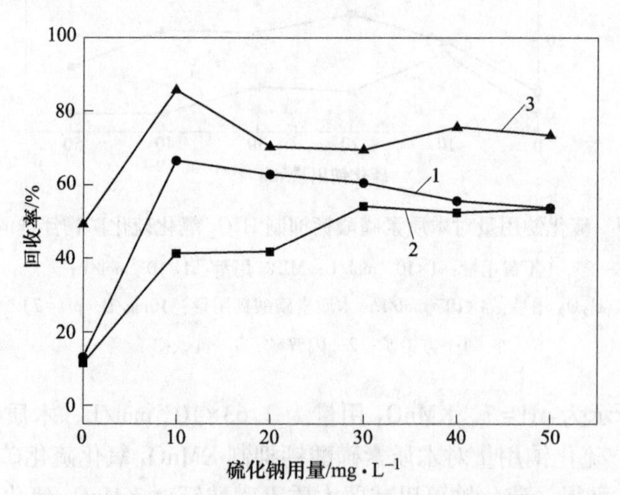

图 5.11 硫化钠用量对木质素磺酸钙抑制 $KMnO_4$ 氧化硫化矿物浮选的影响

（丁黄用量：$1×10^{-4}$mol/L；MIBC 用量：$1×10^{-4}$mol/L；

$KMnO_4$ 用量：$1.63×10^{-3}$mol/L；木质素磺酸钙用量：10mg/L；pH=7）

1—方铅矿；2—闪锌矿；3—黄铁矿

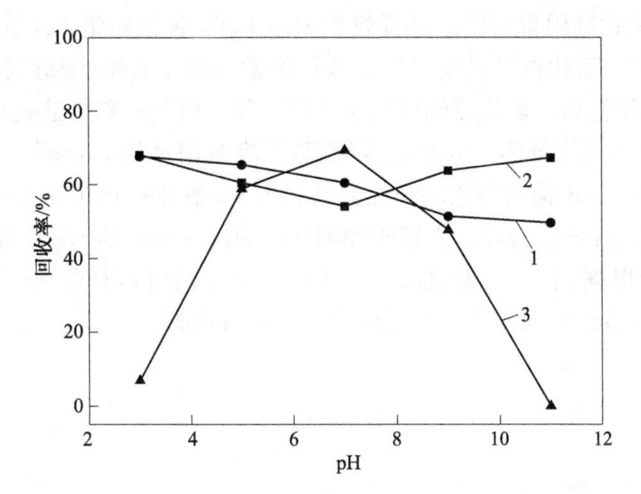

图 5.12 不同 pH 值下硫化钠对木质素磺酸钙抑制 $KMnO_4$ 氧化硫化矿物浮选的影响

（丁黄用量：1×10^{-4}mol/L；MIBC 用量：1×10^{-4}mol/L；$KMnO_4$ 用量：1.63×10^{-3}mol/L；木质素磺酸钙用量：10mg/L；Na_2S 用量：30mg/L）

1—方铅矿；2—闪锌矿；3—黄铁矿

5.1.4 硫化钠作用下羟乙基纤维素对氧化后硫化矿物浮选的影响

图 5.13 所示为pH=7、H_2O_2 用量为 4×10^{-5}mol/L、羟乙基纤维素用量为

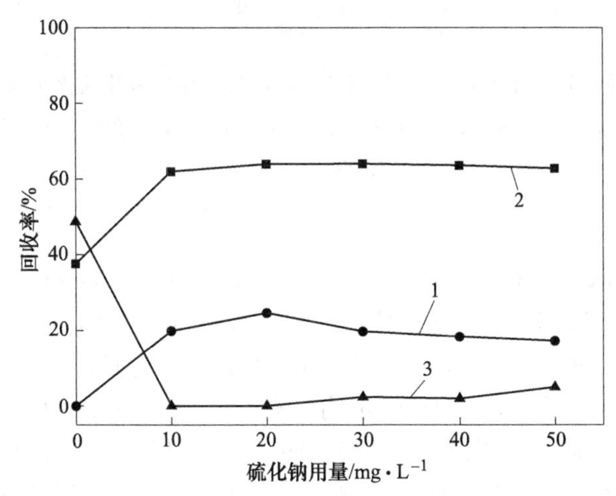

图 5.13 硫化钠用量对羟乙基纤维素抑制 H_2O_2 氧化硫化矿物浮选的影响

（丁黄用量：1×10^{-4}mol/L；MIBC 用量：1×10^{-4}mol/L；H_2O_2 用量：4×10^{-5}mol/L；羟乙基纤维素用量：20mg/L；pH=7）

1—方铅矿；2—闪锌矿；3—黄铁矿

20mg/L 时，硫化钠用量对羟乙基纤维素抑制 H_2O_2 氧化硫化矿浮选行为的影响。由图 5.13 可得，硫化钠可以减弱羟乙基纤维素对氧化方铅矿和闪锌矿的抑制作用，但是一定用量后，矿物浮选回收率不再升高，而黄铁矿则被硫化钠抑制。图 5.14 所示为硫化钠用量为 30mg/L、羟乙基纤维素用量为 20mg/L、H_2O_2 用量为 4×10^{-5}mol/L 时，pH 值对羟乙基纤维素抑制 H_2O_2 氧化硫化矿浮选的影响。由图 5.14 可得，随着 pH 值升高，方铅矿和闪锌矿的回收率逐渐下降，而黄铁矿则是一直被抑制。根据图 5.13 和图 5.14 可得，硫化钠可以减弱羟乙基纤维素对 H_2O_2 氧化的方铅矿和闪锌矿的抑制作用，但效果较弱。

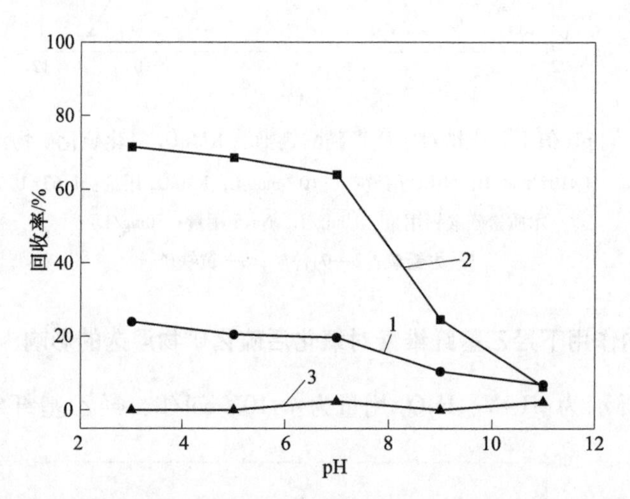

图 5.14　不同 pH 值下硫化钠对羟乙基纤维素抑制 H_2O_2 氧化硫化矿物浮选的影响

（丁黄用量：1×10^{-4}mol/L；MIBC 用量：1×10^{-4}mol/L；H_2O_2 用量：4×10^{-5}mol/L；羟乙基纤维素用量：20mg/L；Na_2S 用量：30mg/L）

1—方铅矿；2—闪锌矿；3—黄铁矿

图 5.15 所示为 pH = 7、$KMnO_4$ 用量为 1.63×10^{-3}mol/L、羟乙基纤维素用量为 20mg/L 时，硫化钠用量对羟乙基纤维素抑制 $KMnO_4$ 氧化硫化矿浮选行为的影响。由图 5.15 可得，硫化钠可以减弱羟乙基纤维素对氧化方铅矿和闪锌矿的抑制作用。图 5.16 所示为硫化钠用量为 30mg/L、羟乙基纤维素用量为 20mg/L、$KMnO_4$ 用量为 1.63×10^{-3}mol/L 时，pH 值对羟乙基纤维素抑制 $KMnO_4$ 氧化硫化矿浮选的影响。由图 5.16 可得，随着 pH 值的升高，方铅矿和闪锌矿的回收率逐渐下降，而黄铁矿回收率不变。根据图 5.15 和图 5.16 可得，硫化钠可以减弱羟乙基纤维素对 $KMnO_4$ 氧化的方铅矿和闪锌矿的抑制作用，但效果较弱。

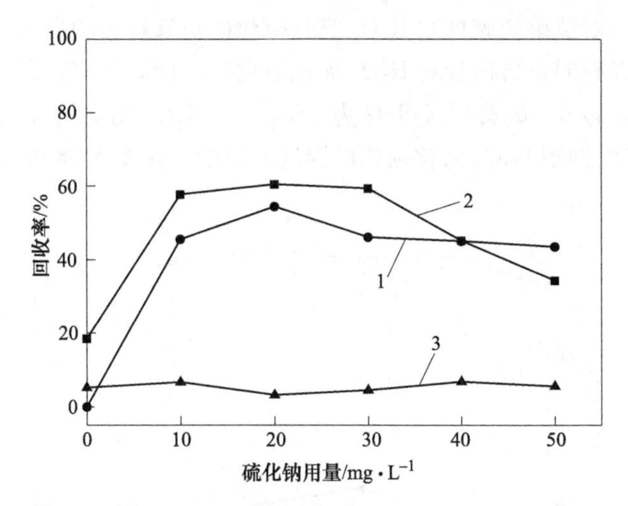

图 5.15 硫化钠用量对羟乙基纤维素抑制 $KMnO_4$ 氧化硫化矿物浮选的影响

（丁黄用量：1×10^{-4}mol/L；MIBC 用量：1×10^{-4}mol/L；

$KMnO_4$ 用量：1.63×10^{-3}mol/L；羟乙基纤维素用量：20mg/L；pH=7）

1—方铅矿；2—闪锌矿；3—黄铁矿

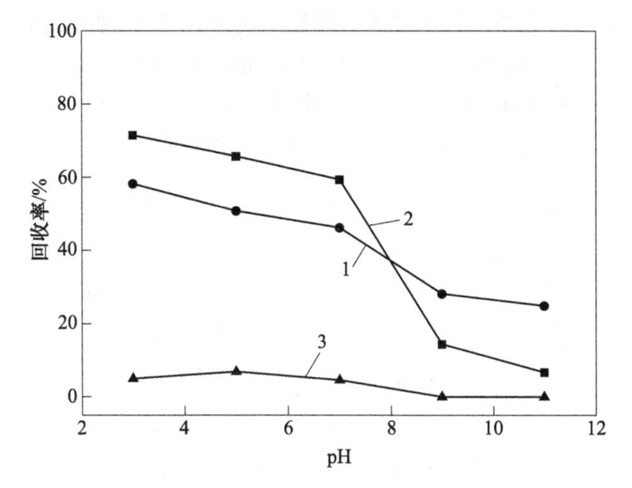

图 5.16 不同 pH 值下硫化钠对羟乙基纤维素抑制 $KMnO_4$ 氧化硫化矿物浮选的影响

（丁黄用量：1×10^{-4}mol/L；MIBC 用量：1×10^{-4}mol/L；

$KMnO_4$ 用量：1.63×10^{-3}mol/L；羟乙基纤维素用量：20mg/L；Na_2S 用量：30mg/L）

1—方铅矿；2—闪锌矿；3—黄铁矿

5.1.5 硫化钠作用下黄薯树胶对氧化后硫化矿物浮选的影响

图 5.17 所示为 pH=7、H_2O_2 用量为 4×10^{-5}mol/L、黄薯树胶用量为 25mg/L

时，硫化钠用量对黄薯树胶抑制 H_2O_2 氧化硫化矿浮选行为的影响。由图 5.17 可得，硫化钠可以减弱黄薯树胶对 H_2O_2 氧化硫化矿的抑制作用。图 5.18 所示为硫化钠用量为 40mg/L、黄薯树胶用量为 25mg/L、H_2O_2 用量为 4×10^{-5}mol/L 时，pH 值对黄薯树胶抑制 H_2O_2 氧化硫化矿浮选的影响。由图 5.18 可得，随着 pH 值

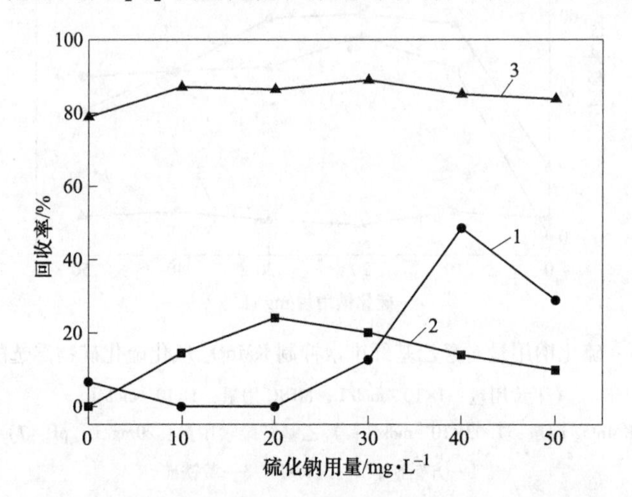

图 5.17 硫化钠用量对黄薯树胶抑制 H_2O_2 氧化硫化矿物浮选的影响

（丁黄用量：1×10^{-4}mol/L；MIBC 用量：1×10^{-4}mol/L；

H_2O_2 用量：4×10^{-5}mol/L；黄薯树胶用量：25mg/L；pH=7）

1—方铅矿；2—闪锌矿；3—黄铁矿

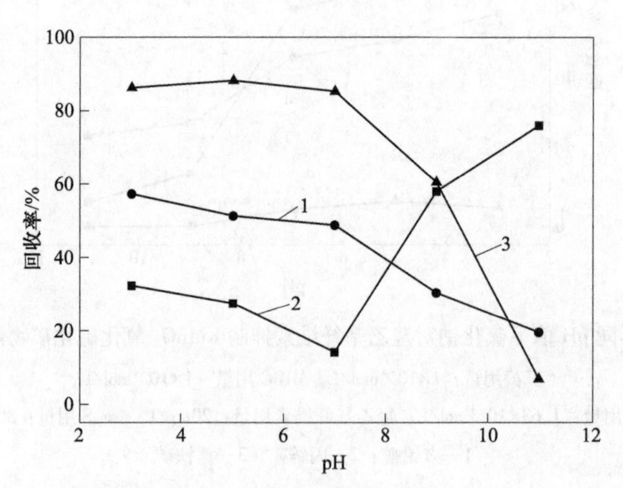

图 5.18 不同 pH 值下硫化钠对黄薯树胶抑制 H_2O_2 氧化硫化矿物浮选的影响

（丁黄用量：1×10^{-4}mol/L；MIBC 用量：1×10^{-4}mol/L；

H_2O_2 用量：4×10^{-5}mol/L；黄薯树胶用量：25mg/L；Na_2S 用量：40mg/L）

1—方铅矿；2—闪锌矿；3—黄铁矿

的升高，方铅矿和黄铁矿的回收率逐渐下降，而闪锌矿的回收率是先降低后升高。根据图 5.17 和图 5.18 可得，硫化钠对黄薯树胶抑制 H_2O_2 氧化的方铅矿和闪锌矿影响不大。

图 5.19 所示为 pH = 7、$KMnO_4$ 用量为 1.63×10^{-3}mol/L、黄薯树胶用量为 25mg/L 时，硫化钠用量对黄薯树胶抑制 $KMnO_4$ 氧化 3 种硫化矿浮选行为的影响。由图 5.19 可得，硫化钠可以减弱黄薯树胶对 $KMnO_4$ 氧化硫化矿的抑制作用。图 5.20 所示为硫化钠用量为 30mg/L、黄薯树胶用量为 25mg/L、$KMnO_4$ 用量为 1.63×10^{-3}mol/L 时，pH 值对黄薯树胶抑制 $KMnO_4$ 氧化硫化矿浮选的影响。由图 5.20 可得，随着 pH 值的升高，方铅矿和黄铁矿的回收率逐渐下降，而闪锌矿的回收率逐渐升高。根据图 5.19 和图 5.20 可得，硫化钠可以减弱黄薯树胶对 $KMnO_4$ 氧化的闪锌矿的抑制作用，但效果较弱，而方铅矿则被硫化钠抑制。

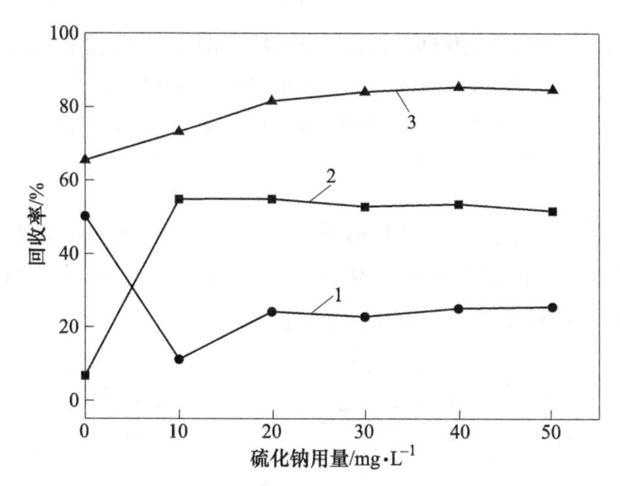

图 5.19 硫化钠用量对黄薯树胶抑制 $KMnO_4$ 氧化硫化矿物浮选的影响

（丁黄用量：1×10^{-4}mol/L；MIBC 用量：1×10^{-4}mol/L；

$KMnO_4$ 用量：1.63×10^{-3}mol/L；黄薯树胶用量：25mg/L；pH=7）

1—方铅矿；2—闪锌矿；3—黄铁矿

5.1.6 硫化钠作用下羧甲基淀粉钠对氧化后硫化矿物浮选的影响

图 5.21 所示为 pH = 7、H_2O_2 用量为 4×10^{-5}mol/L、羧甲基淀粉钠用量为 30mg/L 时，硫化钠用量对羧甲基淀粉钠抑制 H_2O_2 氧化硫化矿浮选行为的影响。由图 5.21 可得，硫化钠可以减弱羧甲基淀粉钠对 H_2O_2 氧化硫化矿的抑制作用。图 5.22 所示为硫化钠用量为 30mg/L、羧甲基淀粉钠用量为 30mg/L、H_2O_2 用量为 4×10^{-5}mol/L 时，pH 值对羧甲基淀粉钠抑制 H_2O_2 氧化硫化矿浮选的影响。由图 5.22 可得，随着 pH 值的升高，方铅矿和闪锌矿的回收率不变，而黄铁矿回收

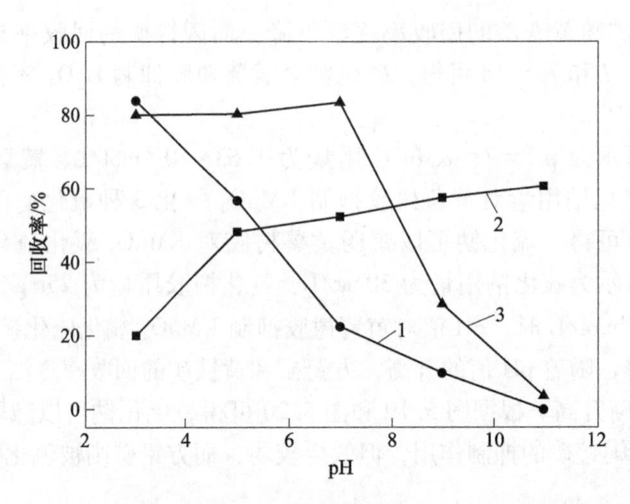

图 5.20 不同 pH 值下硫化钠对黄薯树胶抑制 $KMnO_4$ 氧化硫化矿物浮选的影响

（丁黄用量：1×10^{-4}mol/L；MIBC 用量：1×10^{-4}mol/L；

$KMnO_4$ 用量：1.63×10^{-3}mol/L；黄薯树胶用量：25mg/L；Na_2S 用量：30mg/L）

1—方铅矿；2—闪锌矿；3—黄铁矿

率则是先升高后降低。根据图 5.21 和图 5.22 可得，硫化钠可以减弱羧甲基淀粉钠对 H_2O_2 氧化硫化矿的抑制作用，但硫化钠用量过高后方铅矿则被抑制，此时方铅矿与闪锌矿和黄铁矿有较大的回收率差异。

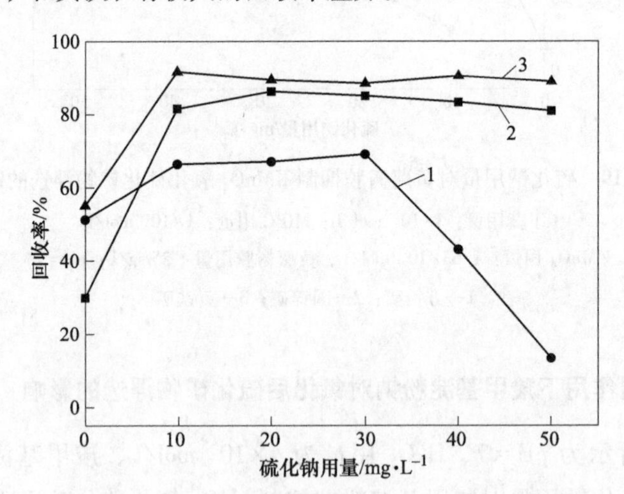

图 5.21 硫化钠用量对羧甲基淀粉钠抑制 H_2O_2 氧化硫化矿物浮选的影响

（丁黄用量：1×10^{-4}mol/L；MIBC 用量：1×10^{-4}mol/L；

H_2O_2 用量：4×10^{-5}mol/L；羧甲基淀粉钠用量：30mg/L；pH=7）

1—方铅矿；2—闪锌矿；3—黄铁矿

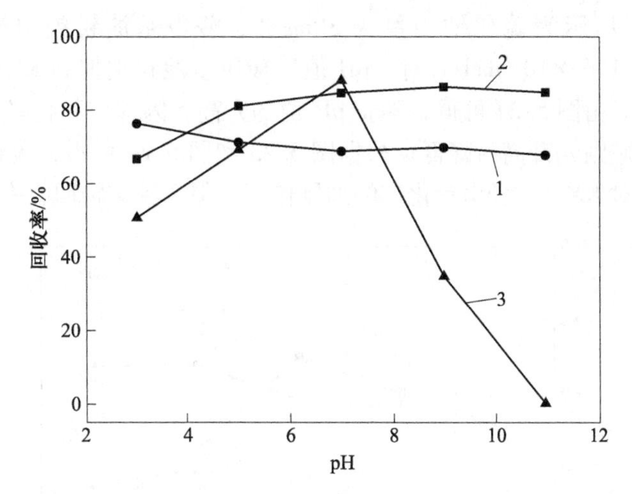

图 5.22　不同 pH 值下硫化钠对羧甲基淀粉钠抑制 H_2O_2 氧化硫化矿物浮选的影响

（丁黄用量：1×10^{-4}mol/L；MIBC 用量：1×10^{-4}mol/L；

H_2O_2 用量：4×10^{-5}mol/L；羧甲基淀粉钠用量：30mg/L；Na_2S 用量：30mg/L）

1—方铅矿；2—闪锌矿；3—黄铁矿

图 5.23 所示为 pH=7、$KMnO_4$ 用量为 1.63×10^{-3}mol/L、羧甲基淀粉钠用量为 25mg/L 时，硫化钠用量对羧甲基淀粉钠抑制 $KMnO_4$ 氧化硫化矿浮选行为的影响。由图 5.23 可得，硫化钠可以减弱羧甲基淀粉钠对 $KMnO_4$ 氧化硫化矿的抑制

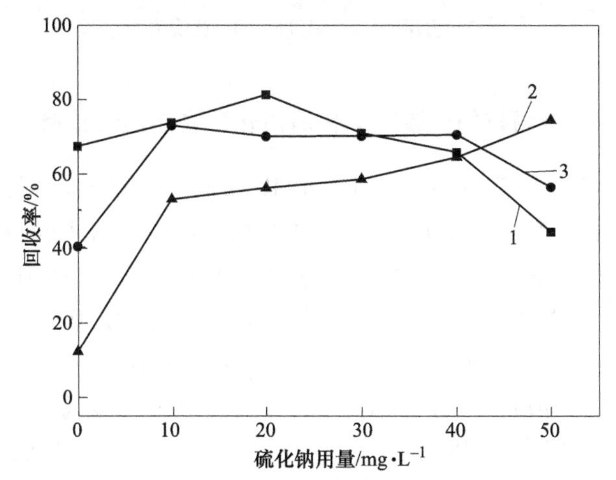

图 5.23　硫化钠用量对羧甲基淀粉钠抑制 $KMnO_4$ 氧化硫化矿物浮选的影响

（丁黄用量：1×10^{-4}mol/L；MIBC 用量：1×10^{-4}mol/L；

$KMnO_4$ 用量：1.63×10^{-3}mol/L；羧甲基淀粉钠用量：25mg/L；pH=7）

1—方铅矿；2—闪锌矿；3—黄铁矿

作用。图 5. 24 所示为硫化钠用量为 30mg/L、羧甲基淀粉钠用量为 25mg/L、$KMnO_4$ 用量为 1.63×10^{-3}mol/L 时，pH 值对羧甲基淀粉钠抑制 $KMnO_4$ 氧化硫化矿浮选的影响。由图 5. 24 可得，随着 pH 值的升高，闪锌矿回收率逐渐升高，而方铅矿和黄铁矿则先升高后降低。根据图 5. 23 和图 5. 24 可得，硫化钠可以减弱羧甲基淀粉钠对 $KMnO_4$ 氧化硫化矿的抑制作用，但 3 种矿物回收率相近。

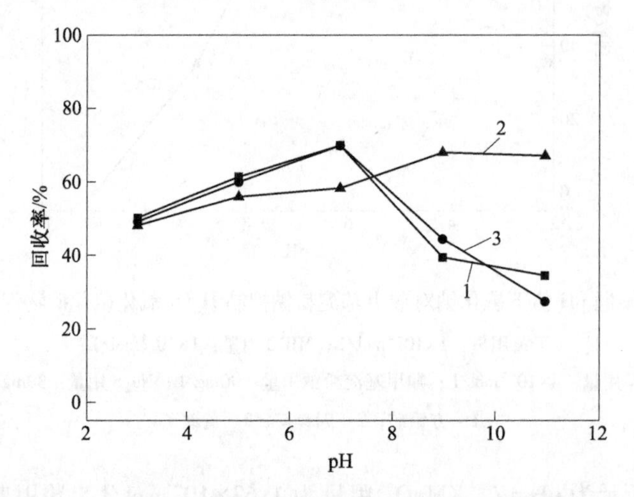

图 5. 24　不同 pH 值下硫化钠对羧甲基淀粉钠抑制 $KMnO_4$ 氧化硫化矿物浮选的影响
（丁黄用量：1×10^{-4}mol/L；MIBC 用量：1×10^{-4}mol/L；
$KMnO_4$ 用量：1.63×10^{-3}mol/L；羧甲基淀粉钠用量：25mg/L；Na_2S 用量：30mg/L）
1—方铅矿；2—闪锌矿；3—黄铁矿

5. 1. 7　硫化钠作用下阿拉伯树胶对氧化后硫化矿物浮选的影响

图 5. 25 所示为 pH = 7、H_2O_2 用量为 4×10^{-5}mol/L、阿拉伯树胶用量为 30mg/L 时，硫化钠用量对阿拉伯树胶抑制 H_2O_2 氧化硫化矿浮选行为的影响。由图 5. 25 可得，硫化钠可以减弱阿拉伯树胶对 H_2O_2 氧化硫化矿的抑制作用，但效果较弱。图 5. 26 所示为硫化钠用量为 30mg/L、阿拉伯树胶用量为 30mg/L、H_2O_2 用量为 4×10^{-5}mol/L 时，pH 值对阿拉伯树胶抑制 H_2O_2 氧化硫化矿浮选的影响。由图 5. 26 可得，随着 pH 值的升高，方铅矿和闪锌矿的回收率逐渐升高，而黄铁矿回收率逐渐降低。根据图 5. 25 和图 5. 26 可得，硫化钠可以减弱阿拉伯树胶对 H_2O_2 氧化硫化矿的抑制作用，但效果较弱。

图 5. 27 所示为 pH = 7、$KMnO_4$ 用量为 1.63×10^{-3}mol/L、阿拉伯树胶用量为 30mg/L 时，硫化钠用量对阿拉伯树胶抑制 $KMnO_4$ 氧化硫化矿浮选行为的影响。由图 5. 27 可得，硫化钠可以减弱阿拉伯树胶对 $KMnO_4$ 氧化硫化矿的抑制作用。图 5. 28 所示为硫化钠用量为 30mg/L、阿拉伯树胶用量为 30mg/L、

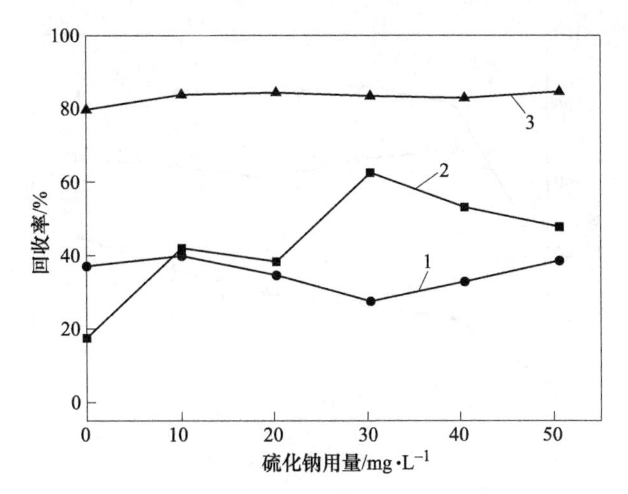

图 5.25 硫化钠用量对阿拉伯树胶抑制 H_2O_2 氧化硫化矿物浮选的影响

（丁黄用量：$1×10^{-4}$mol/L；MIBC 用量：$1×10^{-4}$mol/L；

H_2O_2 用量：$4×10^{-5}$mol/L；阿拉伯树胶用量：30mg/L；pH=7）

1—方铅矿；2—闪锌矿；3—黄铁矿

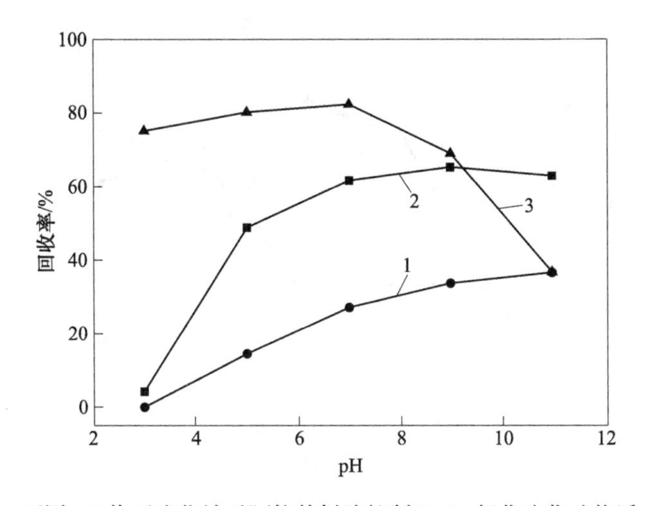

图 5.26 不同 pH 值下硫化钠对阿拉伯树胶抑制 H_2O_2 氧化硫化矿物浮选的影响

（丁黄用量：$1×10^{-4}$mol/L；MIBC 用量：$1×10^{-4}$mol/L；

H_2O_2 用量：$4×10^{-5}$mol/L；阿拉伯树胶用量：30mg/L；Na_2S 用量：30mg/L）

1—方铅矿；2—闪锌矿；3—黄铁矿

$KMnO_4$ 用量为 $1.63×10^{-3}$mol/L 时，pH 值对阿拉伯树胶抑制 $KMnO_4$ 氧化硫化矿浮选的影响。由图 5.28 可得，随着 pH 值的升高，闪锌矿的回收率逐渐升高，而方铅矿和黄铁矿回收率则是先升高后降低。根据图 5.27 和图 5.28 可

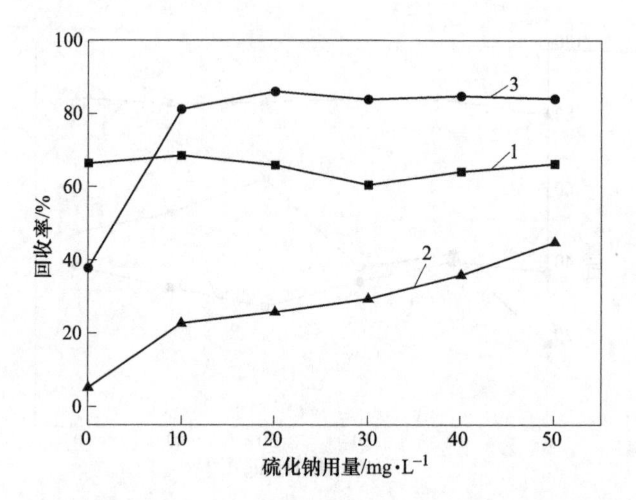

图 5.27　硫化钠用量对阿拉伯树胶抑制 $KMnO_4$ 氧化硫化矿物浮选的影响

（丁黄用量：1×10^{-4}mol/L；MIBC 用量：1×10^{-4}mol/L；

$KMnO_4$ 用量：1.63×10^{-3}mol/L；阿拉伯树胶用量：30mg/L；pH＝7）

1—方铅矿；2—闪锌矿；3—黄铁矿

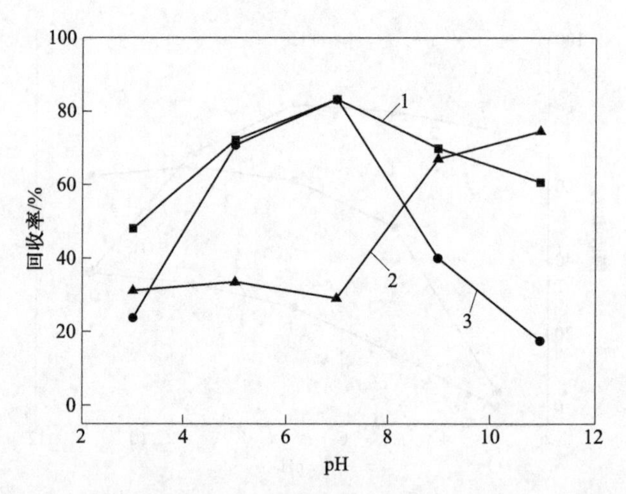

图 5.28　不同 pH 值下硫化钠对阿拉伯树胶抑制 $KMnO_4$ 氧化硫化矿物浮选的影响

（丁黄用量：1×10^{-4}mol/L；MIBC 用量：1×10^{-4}mol/L；

$KMnO_4$ 用量：1.63×10^{-3}mol/L；阿拉伯树胶用量：30mg/L；Na_2S 用量：30mg/L）

1—方铅矿；2—闪锌矿；3—黄铁矿

得，硫化钠可以减弱阿拉伯树胶对 $KMnO_4$ 氧化闪锌矿和黄铁矿的抑制作用，但 3 种矿物回收率相差不大。

5.2 超声处理对高分子抑制剂抑制行为的影响

5.2.1 超声波作用下刺槐豆胶对氧化后硫化矿物浮选的影响

图 5.29 所示为 pH=7、H_2O_2 用量为 4×10^{-5}mol/L、刺槐豆胶用量为 25mg/L 时，超声处理时间对刺槐豆胶抑制 H_2O_2 氧化硫化矿浮选行为的影响。由图 5.29 可得，超声处理可以减弱刺槐豆胶对 H_2O_2 氧化方铅矿和闪锌矿的抑制作用，当超声处理时间为 9min 时，方铅矿、闪锌矿和黄铁矿的回收率分别为 72.75%、70.70%和 42.35%。图 5.30 所示为超声处理时间为 9min、刺槐豆胶用量为 25mg/L、H_2O_2 用量为 4×10^{-5}mol/L 时，pH 值对刺槐豆胶抑制 H_2O_2 氧化硫化矿浮选的影响。由图 5.30 可得，方铅矿的回收率随着 pH 值的升高而降低，而闪锌矿和黄铁矿回收率则在 pH=7 时最高。根据图 5.29 和图 5.30 可得，超声处理可以减弱刺槐豆胶对 H_2O_2 氧化的 3 种硫化矿的抑制作用，在超声处理 15min 时，方铅矿和闪锌矿与黄铁矿有一定的回收率差异。

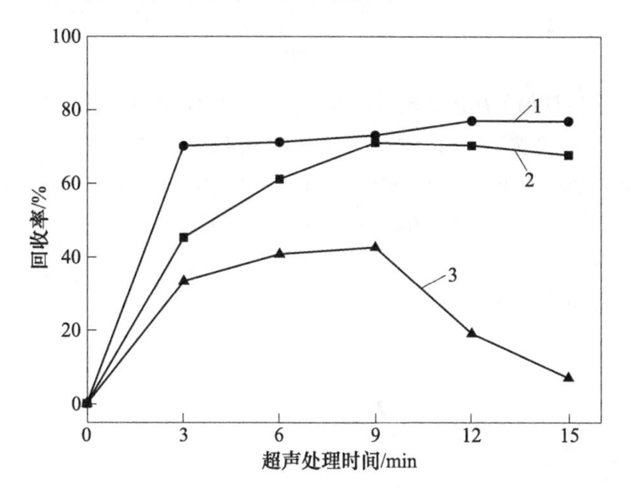

图 5.29 超声处理时间对刺槐豆胶抑制 H_2O_2 氧化硫化矿物浮选的影响

（丁黄用量：1×10^{-4}mol/L；MIBC 用量：1×10^{-4}mol/L；

H_2O_2 用量：4×10^{-5}mol/L；刺槐豆胶用量：25mg/L；pH=7）

1—方铅矿；2—闪锌矿；3—黄铁矿

图 5.31 所示为 pH = 7、$KMnO_4$ 用量为 1.63×10^{-3}mol/L、刺槐豆胶用量为 25mg/L 时，超声处理时间对刺槐豆胶抑制 $KMnO_4$ 氧化硫化矿浮选行为的影响。由图 5.31 可得，随着超声处理时间的增长，方铅矿回收率逐渐下降后趋于不变，闪锌矿回收率先升高后降低再趋于不变，黄铁矿回收率则逐渐升高。图 5.32 所示为超声处理时间为 9min、刺槐豆胶用量为 25mg/L、$KMnO_4$ 用量为 1.63×10^{-3}mol/L

时，pH 值对刺槐豆胶抑制 $KMnO_4$ 氧化硫化矿浮选的影响。由图 5.32 可得，随着 pH 值的升高，3 种硫化矿的回收率逐渐降低。根据图 5.31 和图 5.32 可得，超声处理可以降低刺槐豆胶对 $KMnO_4$ 氧化的 3 种硫化矿的抑制作用，在适当超声处理时间下，方铅矿和黄铁矿与闪锌矿有较大的回收率差异。

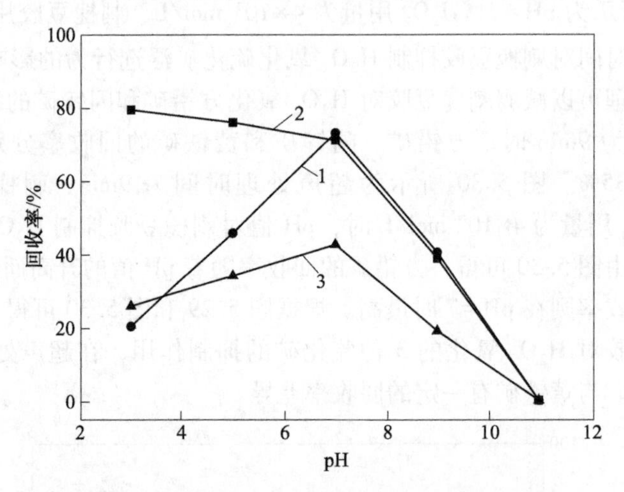

图 5.30 不同 pH 值下超声处理对刺槐豆胶抑制 H_2O_2 氧化硫化矿物浮选的影响

（丁黄用量：1×10^{-4}mol/L；MIBC 用量：1×10^{-4}mol/L；

H_2O_2 用量：4×10^{-5}mol/L；刺槐豆胶用量：25mg/L；超声处理时间 9min）

1—方铅矿；2—闪锌矿；3—黄铁矿

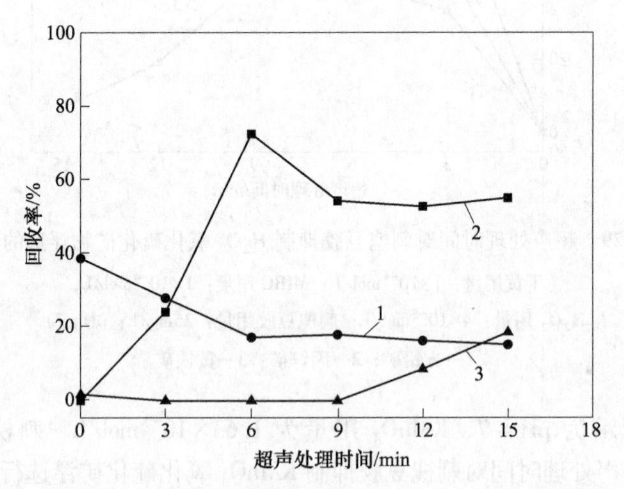

图 5.31 超声处理时间对刺槐豆胶抑制 $KMnO_4$ 氧化硫化矿物浮选的影响

（丁黄用量：1×10^{-4}mol/L；MIBC 用量：1×10^{-4}mol/L；

$KMnO_4$ 用量：1.63×10^{-3}mol/L；刺槐豆胶用量：25mg/L；pH＝7）

1—方铅矿；2—闪锌矿；3—黄铁矿

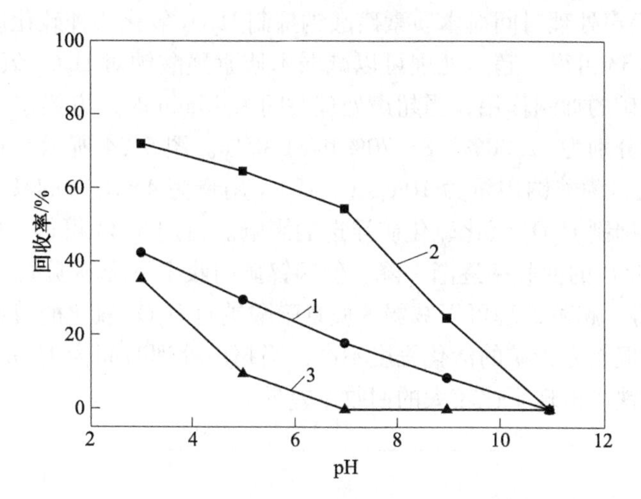

图 5.32 不同 pH 值下超声处理对刺槐豆胶抑制 $KMnO_4$ 氧化硫化矿物浮选的影响

（丁黄用量：1×10^{-4}mol/L；MIBC 用量：1×10^{-4}mol/L；

$KMnO_4$ 用量：1.63×10^{-3}mol/L；刺槐豆胶用量：25mg/L；超声处理时间 9min）

1—方铅矿；2—闪锌矿；3—黄铁矿

5.2.2 超声波作用下木质素磺酸钠对氧化后硫化矿物浮选的影响

图 5.33 所示为 pH=7、H_2O_2 用量为4×10^{-5}mol/L、木质素磺酸钠用量为

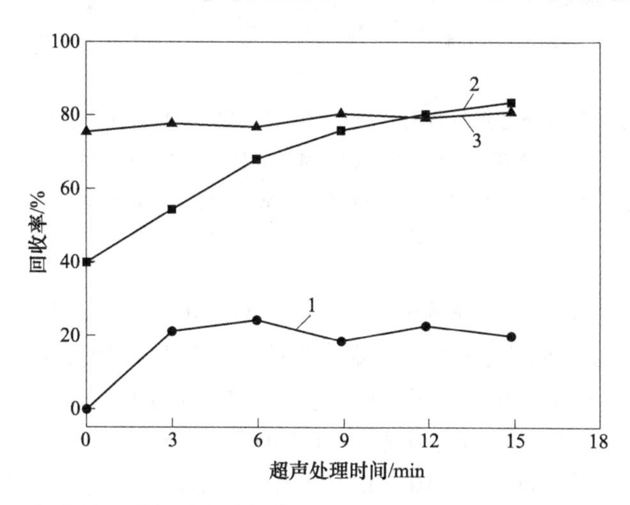

图 5.33 超声处理时间对木质素磺酸钠抑制 H_2O_2 氧化硫化矿物浮选的影响

（丁黄用量：1×10^{-4}mol/L；MIBC 用量：1×10^{-4}mol/L；

H_2O_2 用量：4×10^{-5}mol/L；木质素磺酸钠用量：10mg/L；pH=7）

1—方铅矿；2—闪锌矿；3—黄铁矿

10mg/L 时，超声处理时间对木质素磺酸钠抑制 H_2O_2 氧化 3 种硫化矿浮选行为的影响。由图 5.33 可得，超声处理可以减弱木质素磺酸钠对 H_2O_2 氧化的方铅矿、闪锌矿和黄铁矿的抑制作用，当超声处理时间为 15min 时，方铅矿、闪锌矿和黄铁矿的回收率分别为 22.00%、83.70%和 81.05%。图 5.34 所示为超声处理时间为 9min、木质素磺酸钠用量为 10mg/L、H_2O_2 用量为 4×10^{-5}mol/L 时，pH 值对木质素磺酸钠抑制 H_2O_2 氧化硫化矿浮选的影响。由图 5.34 可得，随着 pH 值的升高，3 种硫化矿的回收率逐渐下降，但闪锌矿回收率下降不明显。根据图 5.33 和图 5.34 可得，超声处理可以减弱木质素磺酸钠对 H_2O_2 氧化的黄铁矿和闪锌矿的抑制作用，但是方铅矿的活化程度不高，当超声处理时间为 15min 时，方铅矿与闪锌矿和黄铁矿出现了比较大的回收率差异。

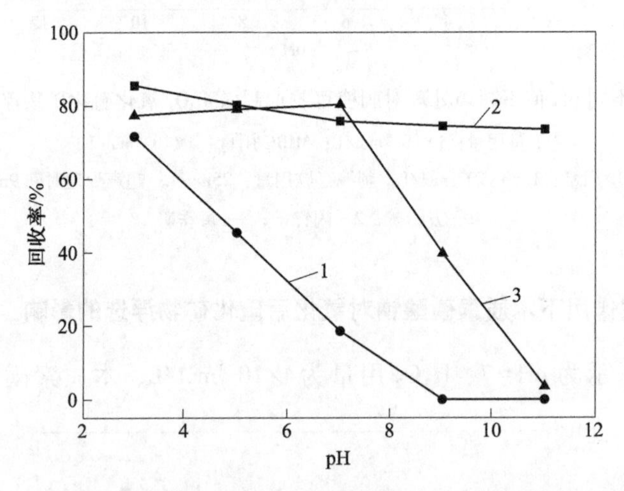

图 5.34 不同 pH 值下超声处理对木质素磺酸钠抑制 H_2O_2 氧化硫化矿物浮选的影响

（丁黄用量：1×10^{-4}mol/L；MIBC 用量：1×10^{-4}mol/L；

H_2O_2 用量：4×10^{-5}mol/L；木质素磺酸钠用量：10mg/L；超声处理时间 9min）

1—方铅矿；2—闪锌矿；3—黄铁矿

图 5.35 所示为 pH=7、$KMnO_4$ 用量为 1.63×10^{-3}mol/L、木质素磺酸钠用量为 10mg/L 时，超声处理时间对木质素磺酸钠抑制 $KMnO_4$ 氧化硫化矿浮选行为的影响。由图 5.35 可得，超声处理可以减弱木质素磺酸钠对 $KMnO_4$ 氧化的 3 种硫化矿的抑制作用。图 5.36 所示为超声处理时间为 9min、木质素磺酸钠用量为 20mg/L、$KMnO_4$ 用量为 1.63×10^{-3}mol/L 时，pH 值对木质素磺酸钠抑制 $KMnO_4$ 氧化硫化矿浮选的影响。由图 5.36 可得，随着 pH 值的升高，方铅矿和闪锌矿的回收率逐渐下降，黄铁矿回收率先升高后降低，但闪锌矿回收率下降不明显。根据图 5.35 和图 5.36 可得，超声处理可以减弱木质素磺酸钠对 $KMnO_4$ 氧化的 3 种硫化矿的抑制作用，但 3 种矿物并没有出现太大的回收率差异。

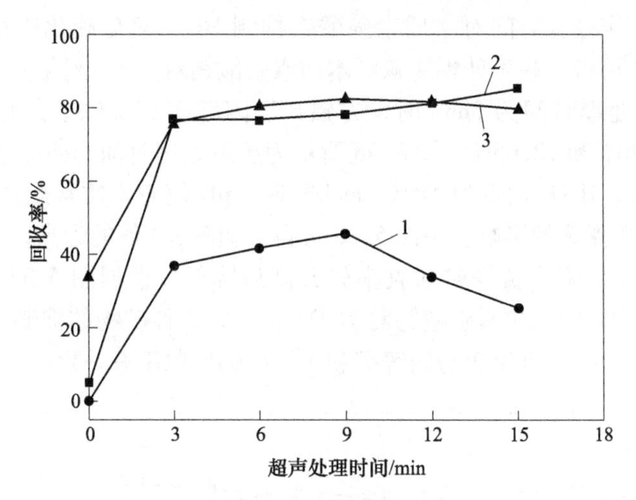

图 5.35 超声处理时间对木质素磺酸钠抑制 $KMnO_4$ 氧化硫化矿物浮选的影响

（丁黄用量：1×10^{-4}mol/L；MIBC 用量：1×10^{-4}mol/L；

$KMnO_4$ 用量：1.63×10^{-3}mol/L；木质素磺酸钠用量：10mg/L；pH=7）

1—方铅矿；2—闪锌矿；3—黄铁矿

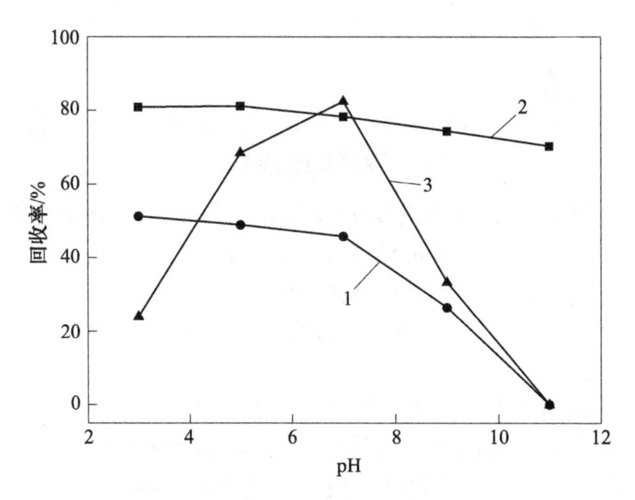

图 5.36 不同 pH 值下超声处理对木质素磺酸钠抑制 $KMnO_4$ 氧化硫化矿物浮选的影响

（丁黄用量：1×10^{-4}mol/L；MIBC 用量：1×10^{-4}mol/L；

$KMnO_4$ 用量：1.63×10^{-3}mol/L；木质素磺酸钠用量：10mg/L；超声处理时间 9min）

1—方铅矿；2—闪锌矿；3—黄铁矿

5.2.3 超声波作用下木质素磺酸钙对氧化后硫化矿物浮选的影响

图 5.37 所示为 pH=7、H_2O_2 用量为 4×10^{-5}mol/L、木质素磺酸钙用量为

10mg/L 时，超声处理时间对木质素磺酸钙抑制 H_2O_2 氧化硫化矿浮选行为的影响。由图 5.37 可得，超声处理能减弱木质素磺酸钙对 H_2O_2 氧化的 3 种矿物的抑制作用，超声处理时间为 3min 时，方铅矿、闪锌矿和黄铁矿的回收率分别为 18.40%、74.20%和 72.05%。图 5.38 所示为超声处理时间 9min、木质素磺酸钙用量为 10mg/L、H_2O_2 用量为 4×10^{-5}mol/L 时，pH 值对木质素磺酸钙抑制 H_2O_2 氧化 3 种硫化矿浮选的影响。由图 5.38 可得，随着 pH 值的升高，方铅矿和闪锌矿的回收率逐渐下降，黄铁矿回收率先升高后降低。根据图 5.37 和图 5.38 可得，超声处理能减弱木质素磺酸钙对 H_2O_2 氧化的 3 种矿物的抑制作用，当超声处理时间为 3min 时，方铅矿与闪锌矿和黄铁矿的回收率有一定的差异。

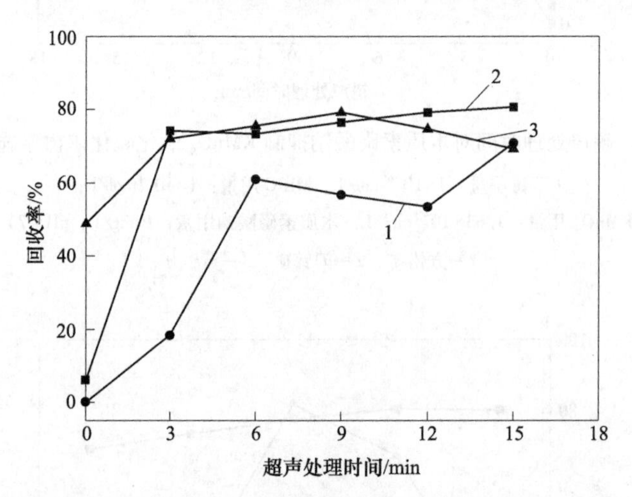

图 5.37　超声处理时间对木质素磺酸钙抑制 H_2O_2 氧化硫化矿物浮选的影响

（丁黄用量：1×10^{-4}mol/L；MIBC 用量：1×10^{-4}mol/L；

H_2O_2 用量：4×10^{-5}mol/L；木质素磺酸钙用量：10mg/L；pH=7）

1—方铅矿；2—闪锌矿；3—黄铁矿

图 5.39 所示为 pH=7、$KMnO_4$ 用量为 1.63×10^{-3}mol/L、木质素磺酸钙用量为 10mg/L 时，超声处理时间对木质素磺酸钙抑制 $KMnO_4$ 氧化硫化矿浮选行为的影响。由图 5.39 可得，超声处理可以减弱木质素磺酸钙对 $KMnO_4$ 氧化的 3 种矿物的抑制作用。图 5.40 所示为超声处理时间 9min、木质素磺酸钙用量为 10mg/L、$KMnO_4$ 用量为 1.63×10^{-3}mol/L 时，pH 值对木质素磺酸钙抑制 $KMnO_4$ 氧化硫化矿浮选的影响。由图 5.40 可得，闪锌矿的回收率不受 pH 值的影响，而方铅矿和黄铁矿回收率则随 pH 值的升高而降低。根据图 5.39 和图 5.40 可得，超声处理可以减弱木质素磺酸钙对 $KMnO_4$ 氧化的 3 种矿物的抑制作用，但矿物之间并没出现太大的回收率差异。

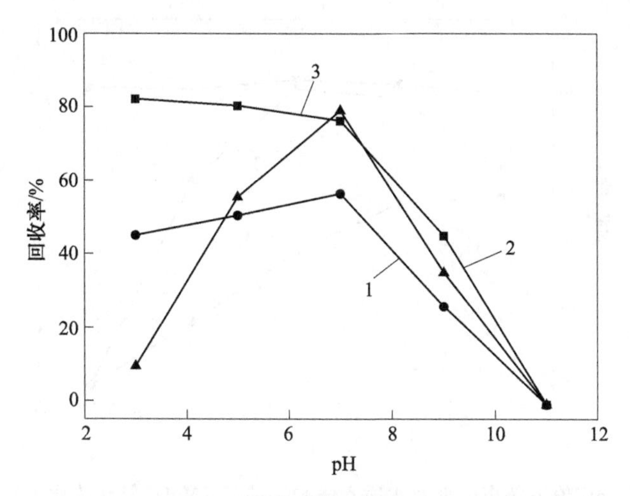

图 5.38 不同 pH 值下超声处理对木质素磺酸钙抑制 H_2O_2 氧化硫化矿物浮选的影响

（丁黄用量：1×10^{-4}mol/L；MIBC 用量：1×10^{-4}mol/L；

H_2O_2 用量：4×10^{-5}mol/L；木质素磺酸钙用量：10mg/L；超声处理时间 9min）

1—方铅矿；2—闪锌矿；3—黄铁矿

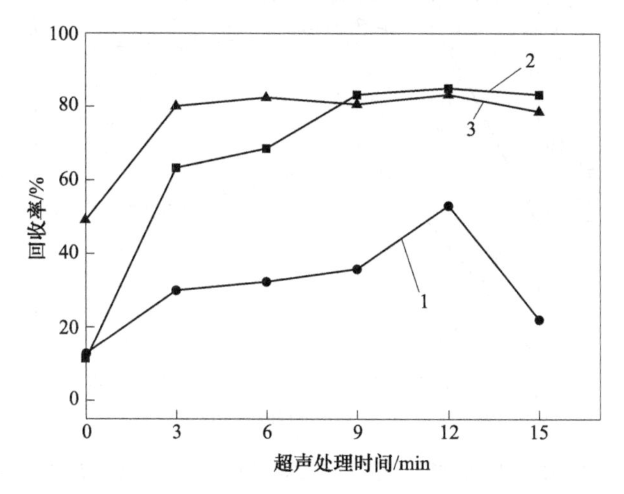

图 5.39 超声处理时间对木质素磺酸钙抑制 $KMnO_4$ 氧化硫化矿物浮选的影响

（丁黄用量：1×10^{-4}mol/L；MIBC 用量：1×10^{-4}mol/L；

$KMnO_4$ 用量：1.63×10^{-3}mol/L；木质素磺酸钙用量：10mg/L；pH=7）

1—方铅矿；2—闪锌矿；3—黄铁矿

5.2.4 超声波作用下羟乙基纤维素对氧化后硫化矿物浮选的影响

图 5.41 所示为pH=7、H_2O_2 用量为4×10^{-5}mol/L、羟乙基纤维素用量为

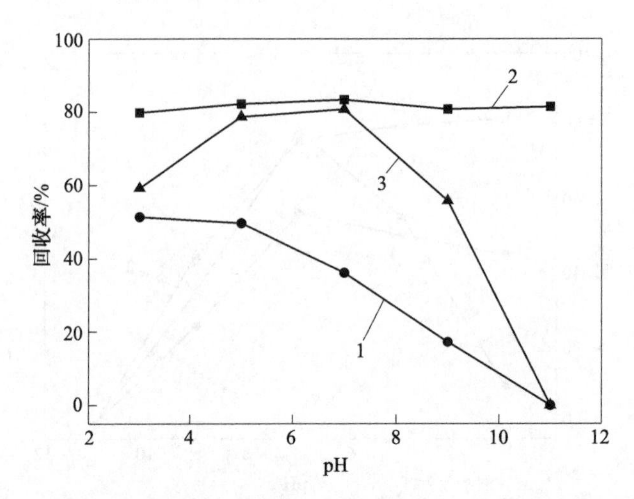

图 5.40　不同 pH 值下超声处理对木质素磺酸钙抑制 $KMnO_4$ 氧化硫化矿物浮选的影响

（丁黄用量：1×10^{-4}mol/L；MIBC 用量：1×10^{-4}mol/L；

$KMnO_4$ 用量：1.63×10^{-3}mol/L；木质素磺酸钙用量：10mg/L；超声处理时间 9min）

1—方铅矿；2—闪锌矿；3—黄铁矿

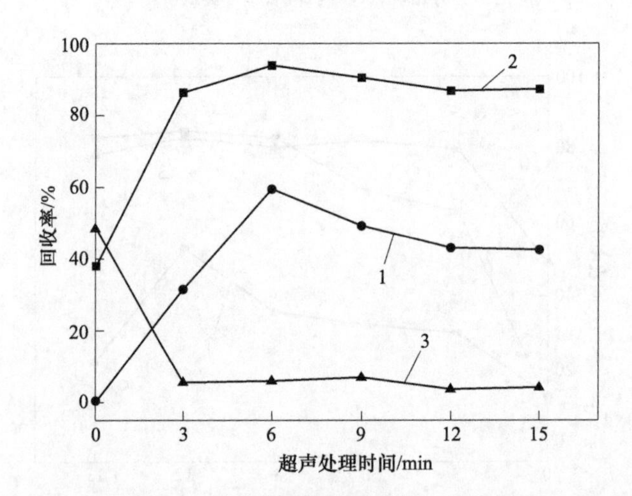

图 5.41　超声处理时间对羟乙基纤维素抑制 H_2O_2 氧化硫化矿物浮选的影响

（丁黄用量：1×10^{-4}mol/L；MIBC 用量：1×10^{-4}mol/L；

H_2O_2 用量：4×10^{-5}mol/L；羟乙基纤维素用量：20mg/L；pH=7）

1—方铅矿；2—闪锌矿；3—黄铁矿

20mg/L 时，超声处理时间对羟乙基纤维素抑制 H_2O_2 氧化硫化矿浮选行为的影响。由图 5.41 可得，超声处理能减弱羟乙基纤维素对氧化方铅矿和闪锌矿的抑制作用，而对黄铁矿则影响较小。图 5.42 所示为超声处理时间 9min、羟乙基纤维素用量为 20mg/L、H_2O_2 用量为 4×10^{-5}mol/L 时，pH 值对羟乙基纤维素抑制 H_2O_2 氧化硫化矿浮选的影响。由图 5.42 可得，随着 pH 值的升高，方铅矿和闪锌矿的回收率逐渐下降，黄铁矿回收率不变。根据图 5.41 和图 5.42 可得，超声处理能减弱羟乙基纤维素对氧化方铅矿和闪锌矿的抑制作用但两种矿物回收率差异不大。

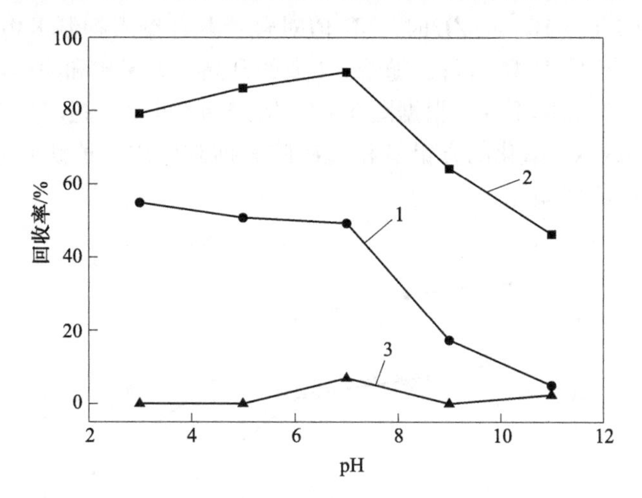

图 5.42 不同 pH 值下超声处理对羟乙基纤维素抑制 H_2O_2 氧化硫化矿物浮选的影响

（丁黄用量：1×10^{-4}mol/L；MIBC 用量：1×10^{-4}mol/L；

H_2O_2 用量：4×10^{-5}mol/L；羟乙基纤维素用量：20mg/L；超声处理时间 9min）

1—方铅矿；2—闪锌矿；3—黄铁矿

图 5.43 所示为 pH=7、$KMnO_4$ 用量为 1.63×10^{-3}mol/L、羟乙基纤维素用量

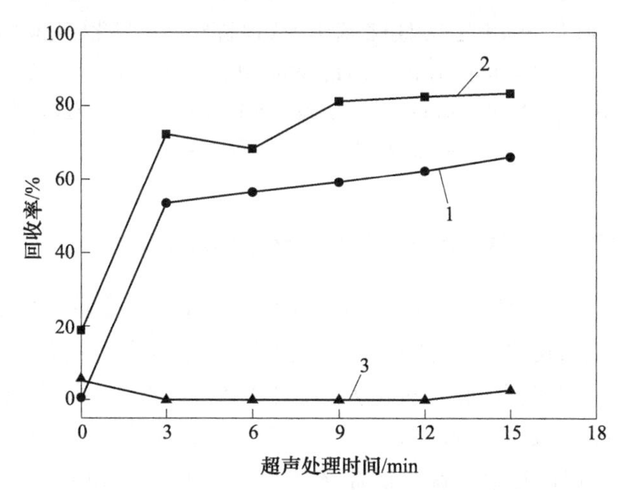

图 5.43 超声处理时间对羟乙基纤维素抑制 $KMnO_4$ 氧化硫化矿物浮选的影响

（丁黄用量：1×10^{-4}mol/L；MIBC 用量：1×10^{-4}mol/L；

$KMnO_4$ 用量：1.63×10^{-3}mol/L；羟乙基纤维素用量：20mg/L；pH=7）

1—方铅矿；2—闪锌矿；3—黄铁矿

为 20mg/L 时，超声处理时间对羟乙基纤维素抑制 $KMnO_4$ 氧化硫化矿浮选行为的影响。由图 5.43 可得，超声处理可以减弱羟乙基纤维素对 $KMnO_4$ 氧化硫化矿的抑制作用。图 5.44 所示为超声处理时间 9min、羟乙基纤维素用量为 20mg/L、$KMnO_4$ 用量为 1.63×10^{-3}mol/L 时，pH 值对羟乙基纤维素抑制 $KMnO_4$ 氧化硫化矿浮选的影响。由图 5.44 可得，随着 pH 值的升高，方铅矿和闪锌矿的回收率逐渐下降，黄铁矿回收率不变。根据图 5.43 和图 5.44 可得，超声处理可以减弱羟乙基纤维素对 $KMnO_4$ 氧化的方铅矿和闪锌矿的抑制作用，黄铁矿与方铅矿和闪锌矿有一定的回收率差异。

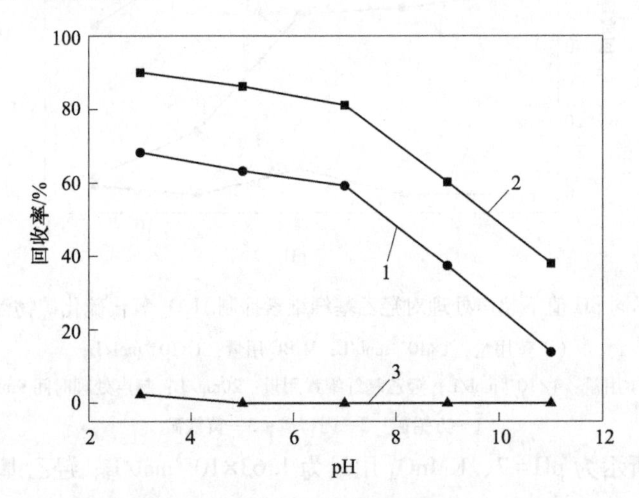

图 5.44 不同 pH 值下超声处理对羟乙基纤维素抑制 $KMnO_4$ 氧化硫化矿物浮选的影响
（丁黄用量：1×10^{-4}mol/L；MIBC 用量：1×10^{-4}mol/L；
$KMnO_4$ 用量：1.63×10^{-3}mol/L；羟乙基纤维素用量：20mg/L；超声处理时间 9min）
1—方铅矿；2—闪锌矿；3—黄铁矿

5.2.5 超声波作用下黄薯树胶对氧化后硫化矿物浮选的影响

图 5.45 所示为 pH＝7、H_2O_2 用量为 4×10^{-5}mol/L、黄薯树胶用量为 25mg/L 时，超声处理时间对黄薯树胶抑制 H_2O_2 氧化硫化矿浮选行为的影响。由图 5.45 可得，超声处理能减弱黄薯树胶对氧化方铅矿和闪锌矿的抑制作用。图 5.46 所示为超声处理时间 9min、黄薯树胶用量为 25mg/L、H_2O_2 用量为 4×10^{-5}mol/L 时，pH 值对黄薯树胶抑制 H_2O_2 氧化硫化矿浮选的影响。由图 5.46 可得，随着 pH 值的升高，方铅矿和闪锌矿的回收率没有太大变化，黄铁矿回收率逐渐降低。根据图 5.45 和图 5.46 可得，超声处理能减弱黄薯树胶对氧化方铅矿和闪锌矿的抑制作用，但是程度相似。

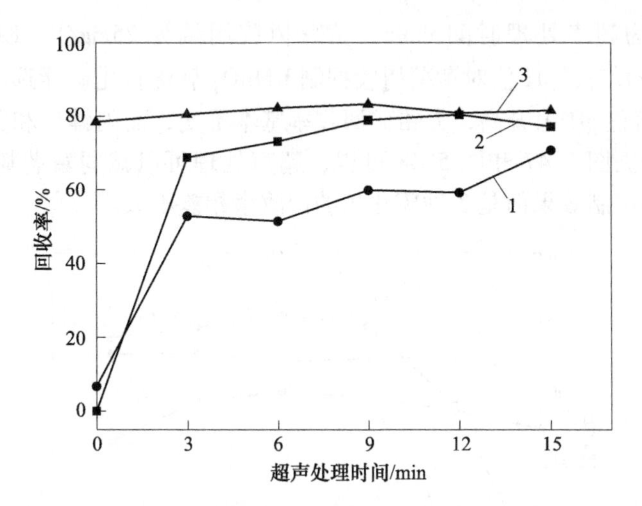

图 5.45　超声处理时间对黄薯树胶抑制 H_2O_2 氧化硫化矿物浮选的影响

（丁黄用量：1×10^{-4}mol/L；MIBC 用量：1×10^{-4}mol/L；

H_2O_2 用量：4×10^{-5}mol/L；黄薯树胶用量：25mg/L；pH = 7）

1—方铅矿；2—闪锌矿；3—黄铁矿

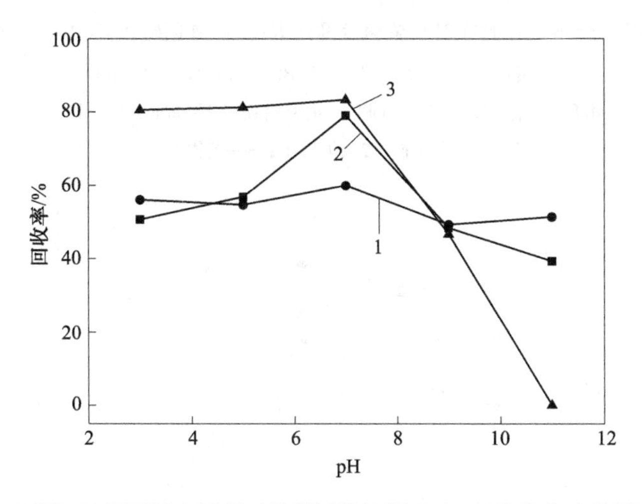

图 5.46　不同 pH 值下超声处理对黄薯树胶抑制 H_2O_2 氧化硫化矿物浮选的影响

（丁黄用量：1×10^{-4}mol/L；MIBC 用量：1×10^{-4}mol/L；

H_2O_2 用量：4×10^{-5}mol/L；黄薯树胶用量：25mg/L；超声处理时间 9min）

1—方铅矿；2—闪锌矿；3—黄铁矿

图 5.47 所示为 pH = 7、$KMnO_4$ 用量为 1.63×10^{-3} mol/L、黄薯树胶用量为 25mg/L 时，超声处理时间对黄薯树胶抑制 $KMnO_4$ 氧化硫化矿浮选行为的影响。由图 5.47 可得，超声处理可以减弱黄薯树胶对 $KMnO_4$ 氧化硫化矿的抑制效果。

图 5.48 所示为超声处理时间 9min、黄薯树胶用量为 25mg/L、$KMnO_4$ 用量为 1.63×10^{-3}mol/L 时，pH 值对黄薯树胶抑制 $KMnO_4$ 氧化硫化矿浮选的影响。由图 5.48 可得，随着 pH 值升高，方铅矿回收率基本不变，而闪锌矿和黄铁矿回收率逐渐降低。根据图 5.47 和图 5.48 可得，超声处理可以减弱黄薯树胶对 $KMnO_4$ 氧化硫化矿的抑制效果但是 3 种硫化矿的回收率相差不大。

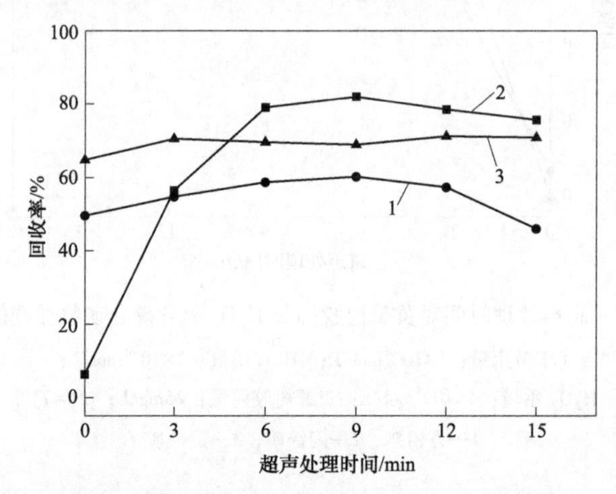

图 5.47 超声处理时间对黄薯树胶抑制 $KMnO_4$ 氧化硫化矿物浮选的影响

（丁黄用量：1×10^{-4}mol/L；MIBC 用量：1×10^{-4}mol/L；

$KMnO_4$ 用量：1.63×10^{-3}mol/L；黄薯树胶用量：25mg/L；pH=7）

1—方铅矿；2—闪锌矿；3—黄铁矿

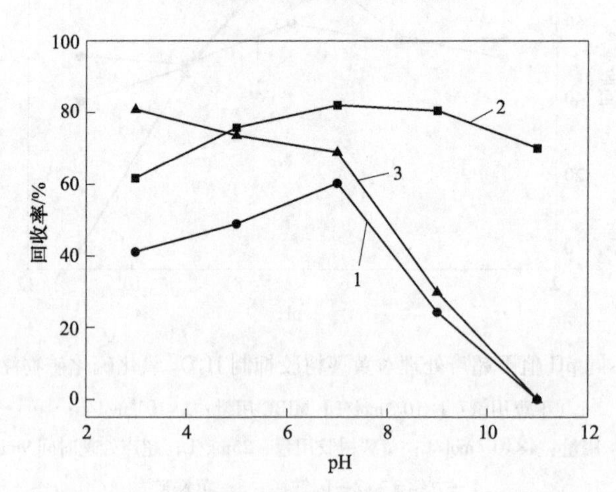

图 5.48 不同 pH 值下超声处理对黄薯树胶抑制 $KMnO_4$ 氧化硫化矿物浮选的影响

（丁黄用量：1×10^{-4}mol/L；MIBC 用量：1×10^{-4}mol/L；

$KMnO_4$ 用量：1.63×10^{-3}mol/L；黄薯树胶用量：25mg/L；超声处理时间 9min）

1—方铅矿；2—闪锌矿；3—黄铁矿

5.2.6 超声波作用下羧甲基淀粉钠对氧化后硫化矿物浮选的影响

图 5.49 所示为 pH = 7、H_2O_2 用量为 4×10^{-5} mol/L、羧甲基淀粉钠用量为 30mg/L 时，超声处理时间对羧甲基淀粉钠抑制 H_2O_2 氧化硫化矿浮选行为的影响。由图 5.49 可得，超声处理能减弱羧甲基淀粉钠对 H_2O_2 氧化硫化矿的抑制作用。图 5.50 所示为超声处理时间 9min、羧甲基淀粉钠用量为 30mg/L、H_2O_2 用量为 4×10^{-5}mol/L 时，pH 值对羧甲基淀粉钠抑制 H_2O_2 氧化硫化矿浮选的影响。由图 5.50 可得，随着 pH 值的升高，方铅矿和闪锌矿的回收率并没有太大的变化，黄铁矿回收率则是先升高后降低。根据图 5.49 和图 5.50 可得，超声处理能减弱羧甲基淀粉钠对 H_2O_2 氧化硫化矿的抑制作用，但程度相似。

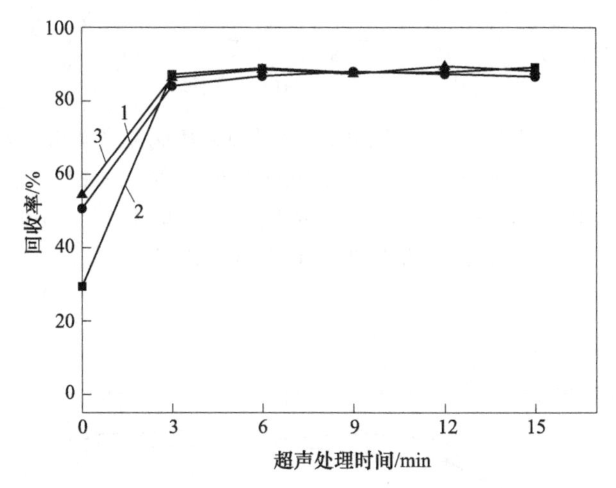

图 5.49 超声处理时间对羧甲基淀粉钠抑制 H_2O_2 氧化硫化矿物浮选的影响

（丁黄用量：1×10^{-4}mol/L；MIBC 用量：1×10^{-4}mol/L；

H_2O_2 用量：4×10^{-5}mol/L；羧甲基淀粉钠用量：30mg/L；pH = 7）

1—方铅矿；2—闪锌矿；3—黄铁矿

图 5.51 所示为 pH = 7、$KMnO_4$ 用量为 1.63×10^{-3}mol/L、羧甲基淀粉钠用量为 25mg/L 时，超声处理时间对羧甲基淀粉钠抑制 $KMnO_4$ 氧化硫化矿浮选行为的影响。由图 5.51 可得，超声处理可以减弱羧甲基淀粉钠对 $KMnO_4$ 氧化硫化矿的抑制作用。图 5.52 所示为超声处理时间 9min、羧甲基淀粉钠用量为 25mg/L、$KMnO_4$ 用量为 1.63×10^{-3}mol/L 时，pH 值对羧甲基淀粉钠抑制 $KMnO_4$ 氧化硫化矿浮选的影响。由图 5.52 可得，随着 pH 值的升高，闪锌矿的回收率逐渐升高，而方铅矿和黄铁矿回收率则是先升高后降低。根据图 5.51 和图 5.52 可得，超声处理可以减弱羧甲基淀粉钠对 $KMnO_4$ 氧化硫化矿的抑制作用，但 3 种矿物回收率相近。

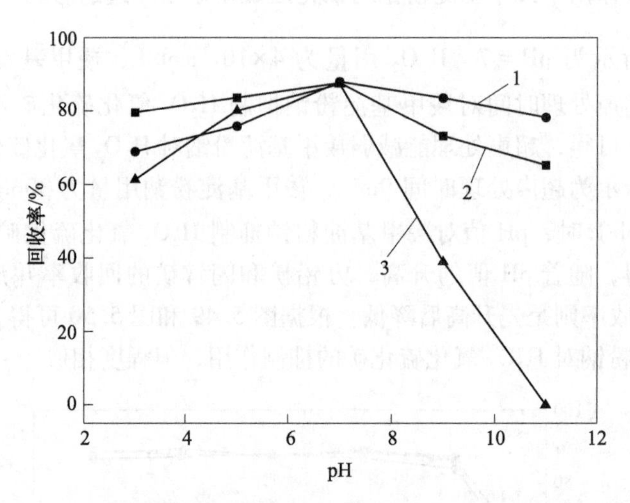

图 5.50　不同 pH 值下超声处理对羧甲基淀粉钠抑制 H_2O_2 氧化硫化矿物浮选的影响

（丁黄用量：1×10^{-4}mol/L；MIBC 用量：1×10^{-4}mol/L；

H_2O_2 用量：4×10^{-5}mol/L；羧甲基淀粉钠用量：30mg/L；超声处理时间 9min）

1—方铅矿；2—闪锌矿；3—黄铁矿

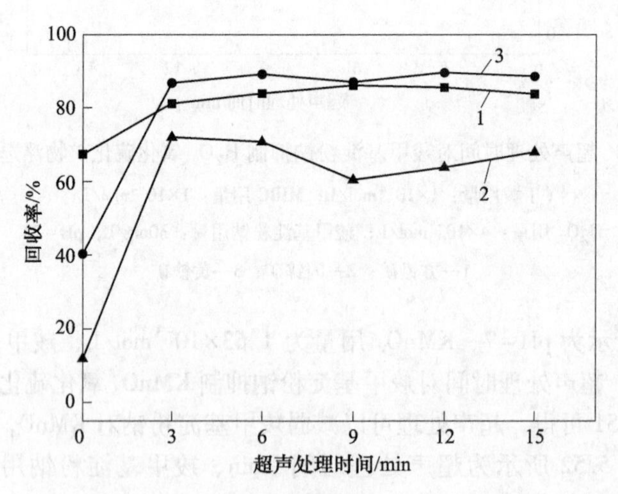

图 5.51　超声处理时间对羧甲基淀粉钠抑制 $KMnO_4$ 氧化硫化矿物浮选的影响

（丁黄用量：1×10^{-4}mol/L；MIBC 用量：1×10^{-4}mol/L；

$KMnO_4$ 用量：1.63×10^{-3}mol/L；羧甲基淀粉钠用量：25mg/L；pH=7）

1—方铅矿；2—闪锌矿；3—黄铁矿

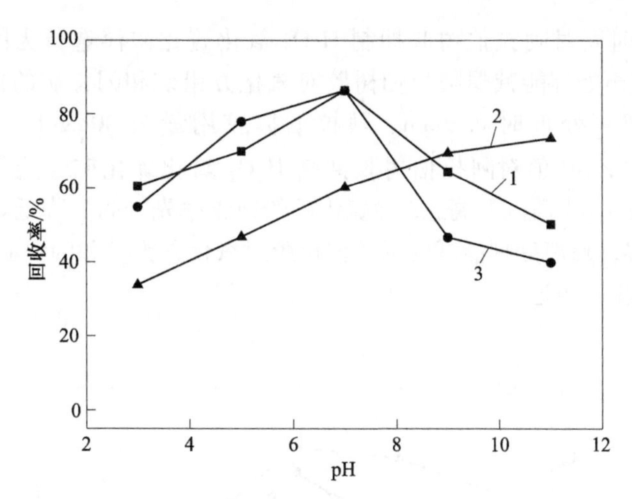

图 5.52 不同 pH 值下超声处理对羧甲基淀粉钠抑制 $KMnO_4$ 氧化 3 种硫化矿物浮选的影响

（丁黄用量：1×10^{-4}mol/L；MIBC 用量：1×10^{-4}mol/L；

$KMnO_4$ 用量：1.63×10^{-3}mol/L；羧甲基淀粉钠用量：25mg/L；超声处理时间 9min）

1—方铅矿；2—闪锌矿；3—黄铁矿

5.2.7 超声波作用下阿拉伯树胶对氧化后硫化矿物浮选的影响

图 5.53 所示为 pH=7、H_2O_2 用量为 4×10^{-5}mol/L、阿拉伯树胶用量为 30mg/L

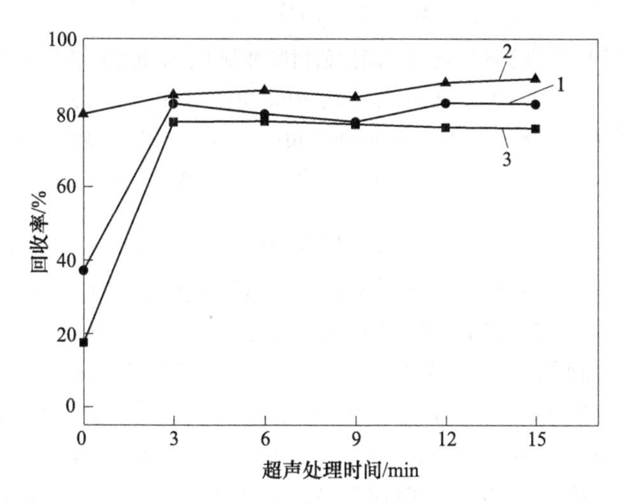

图 5.53 超声处理时间对阿拉伯树胶抑制 H_2O_2 氧化硫化矿物浮选的影响

（丁黄用量：1×10^{-4}mol/L；MIBC 用量：1×10^{-4}mol/L；

H_2O_2 用量：4×10^{-5}mol/L；阿拉伯树胶用量：30mg/L；pH=7）

1—方铅矿；2—闪锌矿；3—黄铁矿

时，超声处理时间对阿拉伯树胶抑制 H_2O_2 氧化硫化矿浮选行为的影响。由图 5.53 可得，超声处理能减弱阿拉伯树胶对氧化方铅矿和闪锌矿的抑制作用。图 5.54 所示为超声处理时间 9min、阿拉伯树胶用量为 30mg/L、H_2O_2 用量为 4×10^{-5}mol/L 时，pH 值对阿拉伯树胶抑制 H_2O_2 氧化硫化矿浮选的影响。由图 5.54 可得，随着 pH 值的升高，3 种硫化矿的回收率先升高后降低。根据图 5.53 和图 5.54 可得，超声处理能减弱阿拉伯树胶对氧化方铅矿和闪锌矿的抑制作用，但 3 种矿物回收率相近。

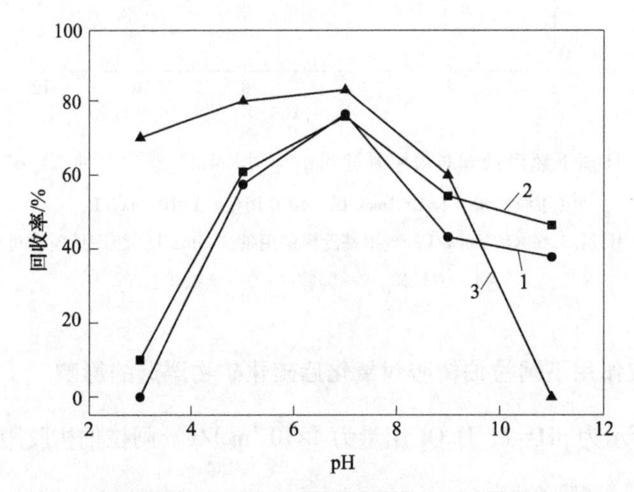

图 5.54　不同 pH 值下超声处理对阿拉伯树胶抑制 H_2O_2 氧化硫化矿物浮选的影响

（丁黄用量：1×10^{-4}mol/L；MIBC 用量：1×10^{-4}mol/L；

H_2O_2 用量：4×10^{-5}mol/L；阿拉伯树胶用量：30mg/L；超声处理时间 9min）

1—方铅矿；2—闪锌矿；3—黄铁矿

图 5.55 所示为 pH = 7、$KMnO_4$ 用量为 1.63×10^{-3}mol/L、阿拉伯树胶用量为 30mg/L 时，超声处理时间对阿拉伯树胶抑制 $KMnO_4$ 氧化硫化矿浮选行为的影响。由图 5.55 可得，超声处理能减弱阿拉伯树胶对 $KMnO_4$ 氧化闪锌矿和黄铁矿的抑制作用。图 5.56 所示为超声处理时间 9min、阿拉伯树胶用量为 30mg/L、$KMnO_4$ 用量为 1.63×10^{-3}mol/L 时，pH 值对阿拉伯树胶抑制 $KMnO_4$ 氧化硫化矿浮选的影响。由图 5.56 可得，随着 pH 值的升高，3 种硫化矿的回收率先升高后降低。根据图 5.55 和图 5.56 可得，超声处理能减弱阿拉伯树胶对 $KMnO_4$ 氧化闪锌矿和黄铁矿的抑制作用，但 3 种矿物回收率相近。

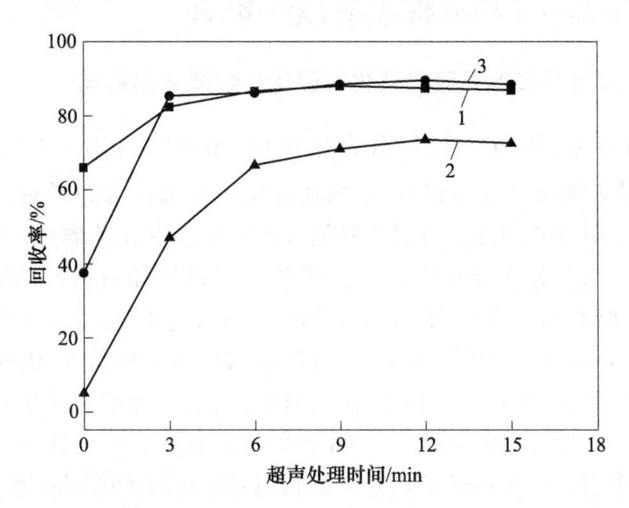

图 5.55 超声处理时间对阿拉伯树胶抑制 $KMnO_4$ 氧化硫化矿物浮选的影响

（丁黄用量：1×10^{-4}mol/L；MIBC 用量：1×10^{-4}mol/L；

$KMnO_4$ 用量：1.63×10^{-3}mol/L；阿拉伯树胶用量：30mg/L；pH=7）

1—方铅矿；2—闪锌矿；3—黄铁矿

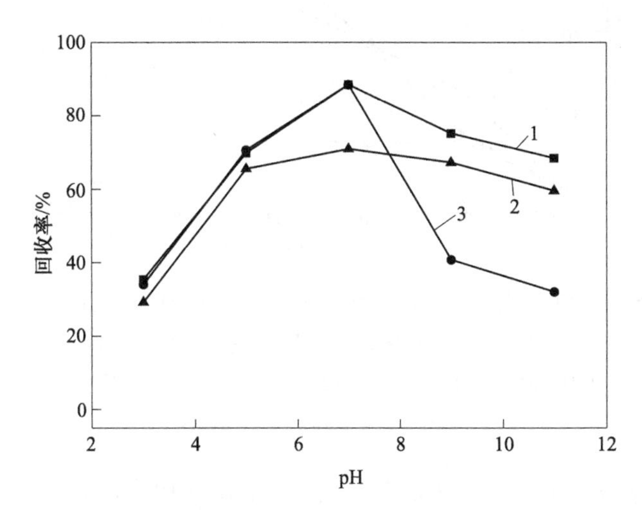

图 5.56 不同 pH 值下超声处理对阿拉伯树胶抑制 $KMnO_4$ 氧化硫化矿物浮选的影响

（丁黄用量：1×10^{-4}mol/L；MIBC 用量：1×10^{-4}mol/L；

$KMnO_4$ 用量：1.63×10^{-3}mol/L；阿拉伯树胶用量：30mg/L；超声处理时间 9min）

1—方铅矿；2—闪锌矿；3—黄铁矿

5.3 络合剂对高分子抑制剂抑制行为的影响

5.3.1 EDTA 作用下刺槐豆胶对氧化后硫化矿物浮选的影响

图 5.57 所示为 pH=7、H_2O_2 用量为 4×10^{-5}mol/L、刺槐豆胶用量为 25mg/L 时，EDTA 用量对刺槐豆胶抑制 H_2O_2 氧化硫化矿浮选行为的影响。由图 5.57 可得，随着 EDTA 用量的增加，方铅矿和闪锌矿的回收率逐渐增加，而黄铁矿变化不大，当 EDTA 用量为 100mg/L 时，方铅矿、闪锌矿和黄铁矿的回收率分别为 87.00%、56.80%和 0。图 5.58 所示为 EDTA 用量为 60mg/L、刺槐豆胶用量为 25mg/L、H_2O_2 用量为 4×10^{-5}mol/L 时，pH 值对刺槐豆胶抑制 H_2O_2 氧化硫化矿浮选的影响。由图 5.58 可得，随着 pH 值的增加，3 种硫化矿的回收率逐渐降低。根据图 5.57 和图 5.58 可得，EDTA 可以减弱刺槐豆胶对 H_2O_2 氧化方铅矿和闪锌矿的抑制作用，此时黄铁矿与方铅矿和闪锌矿有较大的回收率差异。

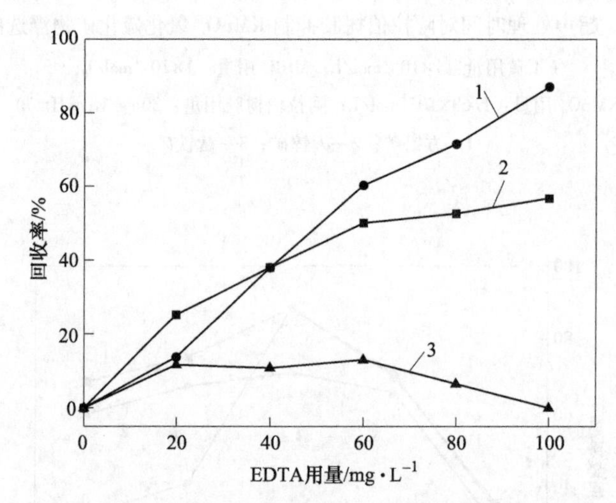

图 5.57 EDTA 用量对刺槐豆胶抑制 H_2O_2 氧化硫化矿物浮选的影响

（丁黄用量：1×10^{-4}mol/L；MIBC 用量：1×10^{-4}mol/L；

H_2O_2 用量：4×10^{-5}mol/L；刺槐豆胶用量：25mg/L；pH=7）

1—方铅矿；2—闪锌矿；3—黄铁矿

图 5.59 所示为 pH = 7、$KMnO_4$ 用量为 1.63×10^{-3} mol/L、刺槐豆胶用量 25mg/L 时，EDTA 用量对刺槐豆胶抑制 $KMnO_4$ 氧化硫化矿浮选行为的影响。由图 5.59 可得，随着 EDTA 用量的增加，方铅矿和闪锌矿的回收率逐渐增加，而 EDTA 对黄铁矿没有影响，当 EDTA 用量为 50mg/L 时，方铅矿、闪锌矿和黄铁矿的回收率分别为 76.75%、0 和 0，有一定的回收率差异。图 5.60 所示为 EDTA 用量为 50mg/L、刺槐豆胶用量为 25mg/L、$KMnO_4$ 用量为 1.63×10^{-3} mol/L 时，

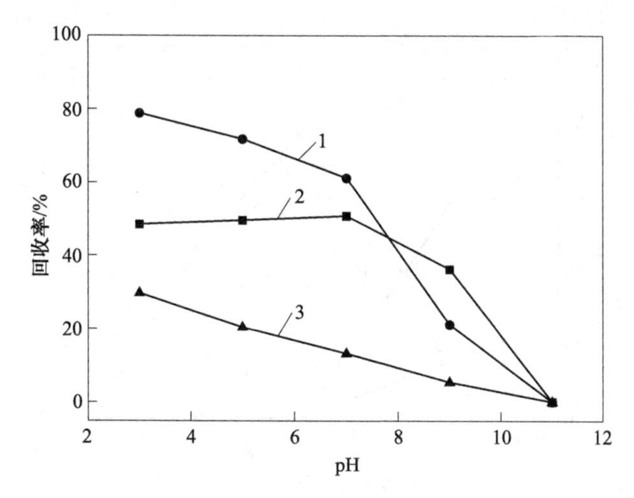

图 5.58 不同 pH 值下 EDTA 对刺槐豆胶抑制 H_2O_2 氧化硫化矿物浮选的影响

（丁黄用量：1×10^{-4}mol/L；MIBC 用量：1×10^{-4}mol/L；

H_2O_2 用量：4×10^{-5}mol/L；刺槐豆胶用量：25mg/L；EDTA 用量：60mg/L）

1—方铅矿；2—闪锌矿；3—黄铁矿

pH 值对刺槐豆胶抑制 $KMnO_4$ 氧化硫化矿浮选的影响。由图 5.60 可得，随着 pH 值的增加，3 种硫化矿的回收率逐渐下降。根据图 5.59 和图 5.60 可得，EDTA 可以减弱刺槐豆胶对 $KMnO_4$ 氧化方铅矿和闪锌矿的抑制作用，在加入适量的 EDTA 后，方铅矿与闪锌矿和黄铁矿有一定的回收率差异。

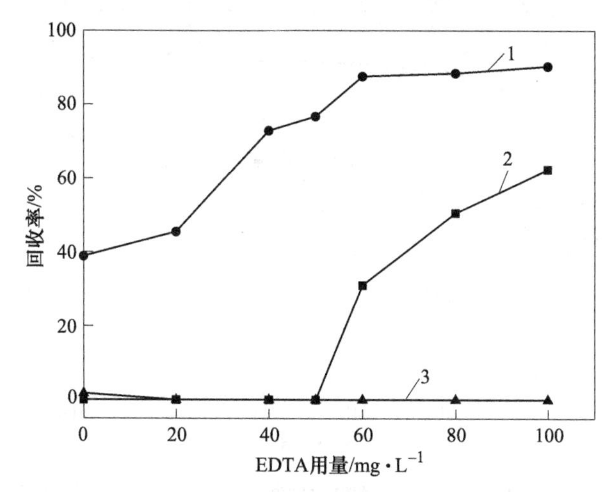

图 5.59 EDTA 用量对刺槐豆胶抑制 $KMnO_4$ 氧化硫化矿物浮选的影响

（丁黄用量：1×10^{-4}mol/L；MIBC 用量：1×10^{-4}mol/L；

$KMnO_4$ 用量：1.63×10^{-3}mol/L；刺槐豆胶用量：25mg/L；pH = 7）

1—方铅矿；2—闪锌矿；3—黄铁矿

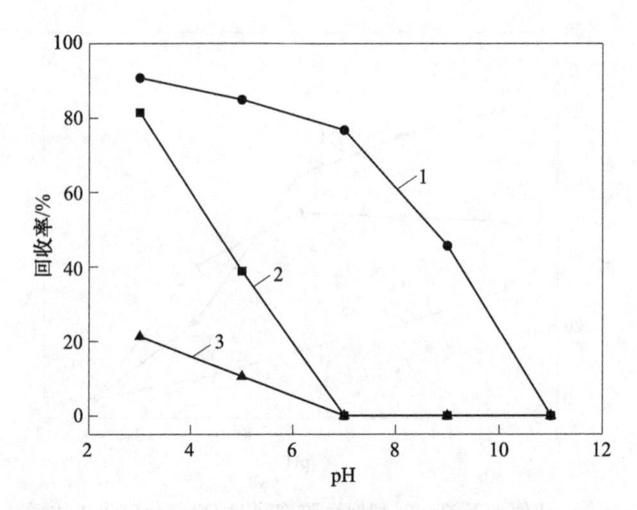

图 5.60　不同 pH 值下 EDTA 对刺槐豆胶抑制 $KMnO_4$ 氧化硫化矿物浮选的影响

（丁黄用量：1×10^{-4}mol/L；MIBC 用量：1×10^{-4}mol/L；

$KMnO_4$ 用量：1.63×10^{-3}mol/L；刺槐豆胶用量：25mg/L；EDTA 用量：50mg/L）

1—方铅矿；2—闪锌矿；3—黄铁矿

5.3.2　EDTA 作用下木质素磺酸钠对氧化后硫化矿物浮选的影响

图 5.61 所示为pH=7、H_2O_2 用量为4×10^{-5}mol/L、木质素磺酸钠用量为

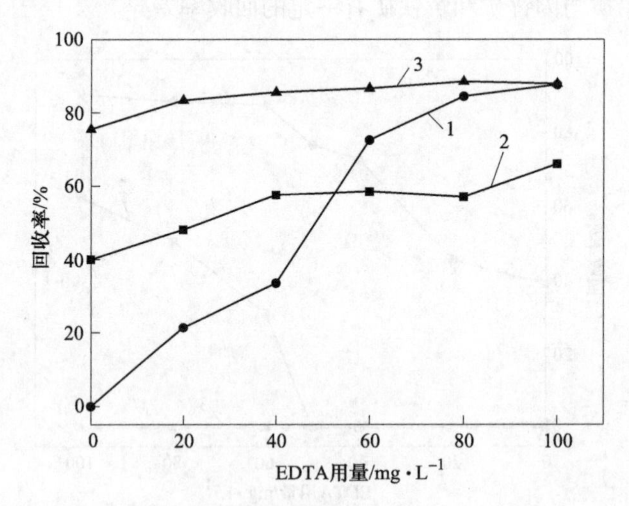

图 5.61　EDTA 用量对木质素磺酸钠抑制 H_2O_2 氧化硫化矿物浮选的影响

（丁黄用量：1×10^{-4}mol/L；MIBC 用量：1×10^{-4}mol/L；

H_2O_2 用量：4×10^{-5}mol/L；木质素磺酸钠用量：10mg/L；pH=7）

1—方铅矿；2—闪锌矿；3—黄铁矿

10mg/L 时，EDTA 用量对木质素磺酸钠抑制 H_2O_2 氧化硫化矿浮选行为的影响。由图 5.61 可得，EDTA 可以减弱木质素磺酸钠对 H_2O_2 氧化方铅矿和闪锌矿的抑制效果，当 EDTA 用量为 100mg/L 时，方铅矿、闪锌矿和黄铁矿的回收率分别为 87.60%、66.05%和 87.85%。图 5.62 所示为 EDTA 用量为 60mg/L、木质素磺酸钠用量为 10mg/L、H_2O_2 用量为 4×10^{-5}mol/L 时，pH 值对木质素磺酸钠抑制 H_2O_2 氧化硫化矿浮选的影响。由图 5.62 可得，随着 pH 值的升高，闪锌矿和黄铁矿的回收率逐渐下降，而方铅矿则不受 pH 值的影响。根据图 5.61 和图 5.62 可得，EDTA 可以减弱木质素磺酸钠对 H_2O_2 氧化硫化矿的抑制作用，但 3 种矿物并没有出现太大的回收率差异。

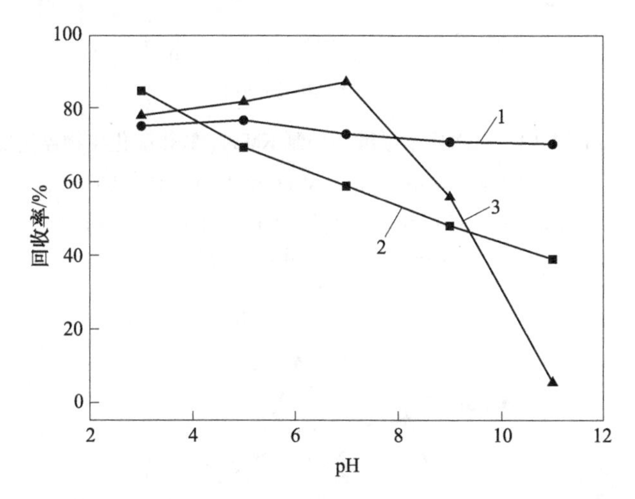

图 5.62 不同 pH 值下 EDTA 用量对木质素磺酸钠抑制 H_2O_2 氧化硫化矿物浮选的影响

（丁黄用量：1×10^{-4}mol/L；MIBC 用量：1×10^{-4}mol/L；

H_2O_2 用量：4×10^{-5}mol/L；木质素磺酸钠用量：10mg/L；EDTA 用量：60mg/L）

1—方铅矿；2—闪锌矿；3—黄铁矿

图 5.63 所示为 pH=7、$KMnO_4$ 用量为 1.63×10^{-3}mol/L、木质素磺酸钠用量为 10mg/L 时，EDTA 用量对木质素磺酸钠抑制 $KMnO_4$ 氧化硫化矿浮选行为的影响。由图 5.63 可得，EDTA 可以减弱木质素磺酸钠对 $KMnO_4$ 氧化硫化矿的抑制作用，当 EDTA 用量为 100mg/L 时，方铅矿、闪锌矿和黄铁矿的回收率分别为 85.50%、69.25%和 85.20%。图 5.64 所示为 EDTA 用量为 60mg/L、木质素磺酸钠用量为 10mg/L、$KMnO_4$ 用量为 1.63×10^{-3}mol/L 时，pH 值对木质素磺酸钠抑制 $KMnO_4$ 氧化硫化矿浮选的影响。由图 5.64 可得，随着 pH 值的升高，方铅矿和闪锌矿的回收率逐渐下降，黄铁矿回收率则是先升高后降低。根据图 5.63 和图 5.64 可得，EDTA 可以减弱木质素磺酸钠对 $KMnO_4$ 氧化硫化矿的抑制作用，但 3 种矿物并没有出现太大的回收率差异。

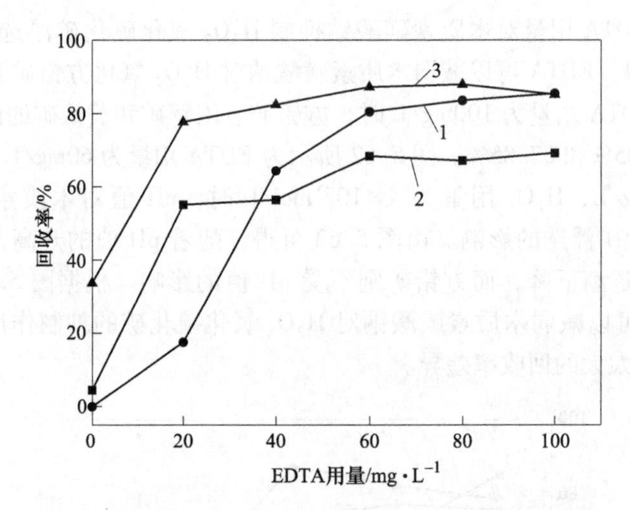

图 5.63　EDTA 用量对木质素磺酸钠抑制 $KMnO_4$ 氧化硫化矿物浮选的影响

（丁黄用量：1×10^{-4}mol/L；MIBC 用量：1×10^{-4}mol/L；

$KMnO_4$ 用量：1.63×10^{-3}mol/L；木质素磺酸钠用量：10mg/L；pH＝7）

1—方铅矿；2—闪锌矿；3—黄铁矿

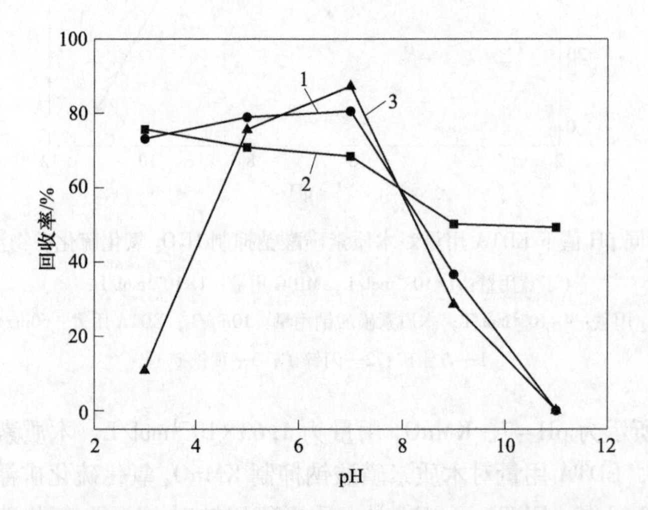

图 5.64　不同 pH 值下 EDTA 对木质素磺酸钠抑制 $KMnO_4$ 氧化硫化矿物浮选的影响

（丁黄用量：1×10^{-4}mol/L；MIBC 用量：1×10^{-4}mol/L；

$KMnO_4$ 用量：1.63×10^{-3}mol/L；木质素磺酸钠用量：10mg/L；EDTA 用量：60mg/L）

1—方铅矿；2—闪锌矿；3—黄铁矿

5.3.3　EDTA 作用下木质素磺酸钙对氧化后硫化矿物浮选的影响

图 5.65 所示为 pH＝7、H_2O_2 用量为 4×10^{-5}mol/L、木质素磺酸钙用量为

10mg/L 时，EDTA 用量对 3 种硫化矿浮选行为的影响。由图 5.65 可得，EDTA 可以减弱木质素磺酸钙对 H_2O_2 氧化硫化矿物的抑制作用，当 EDTA 用量为 40mg/L 时，方铅矿、闪锌矿和黄铁矿的回收率分别为 0、84.20%和 78.45%。图 5.66 所示为 EDTA 用量为 60mg/L、木质素磺酸钙用量为 10mg/L、H_2O_2 用量为 4×10^{-5}mol/L 时，pH 值对木质素磺酸钙抑制 H_2O_2 氧化硫化矿浮选的影响。由图 5.66 可得，闪锌矿的回收率受 pH 值的影响很小，方铅矿则是随着 pH 值的升高而降低，黄铁矿回收率先升高后降低。根据图 5.65 和图 5.66 可得，EDTA 可以减弱木质素磺酸钙对 H_2O_2 氧化硫化矿物的抑制作用，当 EDTA 用量为 40mg/L 时，方铅矿与闪锌矿和黄铁矿出现了较大的回收率差异。

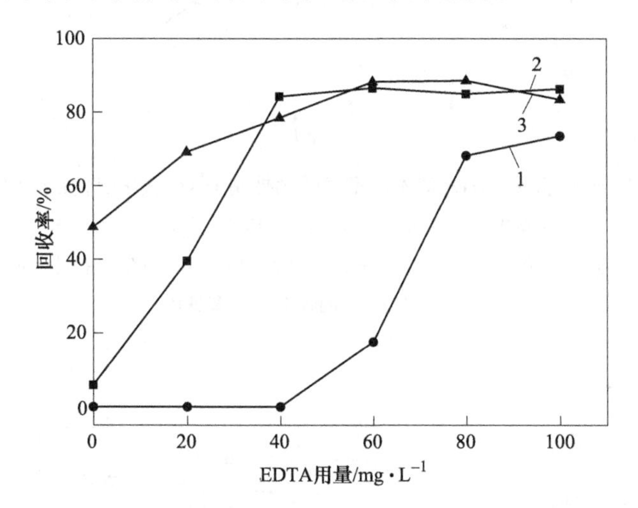

图 5.65 EDTA 对木质素磺酸钙抑制 H_2O_2 氧化硫化矿物浮选的影响

（丁黄用量：1×10^{-4}mol/L；MIBC 用量：1×10^{-4}mol/L；

H_2O_2 用量：4×10^{-5}mol/L；木质素磺酸钙用量：10mg/L；pH=7）

1—方铅矿；2—闪锌矿；3—黄铁矿

图 5.67 所示为 pH=7、$KMnO_4$ 用量为 1.63×10^{-3}mol/L、木质素磺酸钙用量为 10mg/L 时，EDTA 用量对木质素磺酸钙抑制 $KMnO_4$ 氧化硫化矿浮选行为的影响。由图 5.67 可得，EDTA 可以减弱木质素磺酸钙对 $KMnO_4$ 氧化硫化矿的抑制作用。图 5.68 所示为 EDTA 用量为 60mg/L、木质素磺酸钙用量为 10mg/L、$KMnO_4$ 用量为 1.63×10^{-3}mol/L 时，pH 值对木质素磺酸钙抑制 $KMnO_4$ 氧化硫化矿浮选的影响。由图 5.68 可得，随着 pH 值的升高，方铅矿和闪锌矿的回收率逐渐下降，黄铁矿回收率则是先升高后降低。根据图 5.67 和图 5.68 可得，EDTA 可以减弱木质素磺酸钙对 $KMnO_4$ 氧化硫化矿的抑制作用，但 3 种矿物浮选回收率差别不大。

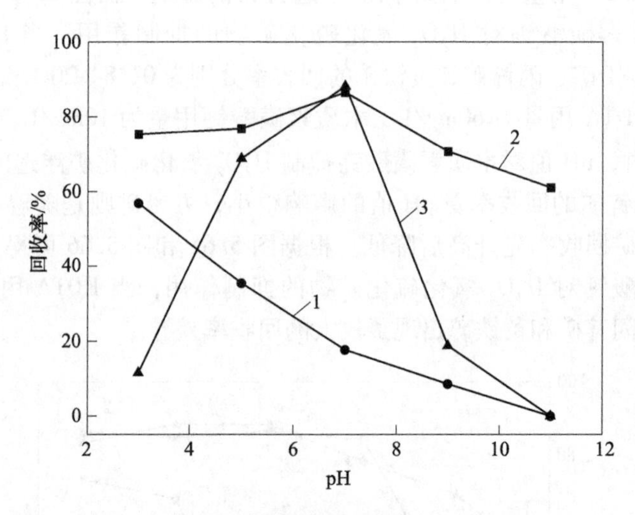

图 5.66　不同 pH 值下 EDTA 对木质素磺酸钙抑制 H_2O_2 氧化硫化矿物浮选的影响

（丁黄用量：1×10^{-4}mol/L；MIBC 用量：1×10^{-4}mol/L；

H_2O_2 用量：4×10^{-5}mol/L；木质素磺酸钙用量：10mg/L；EDTA 用量：60mg/L）

1—方铅矿；2—闪锌矿；3—黄铁矿

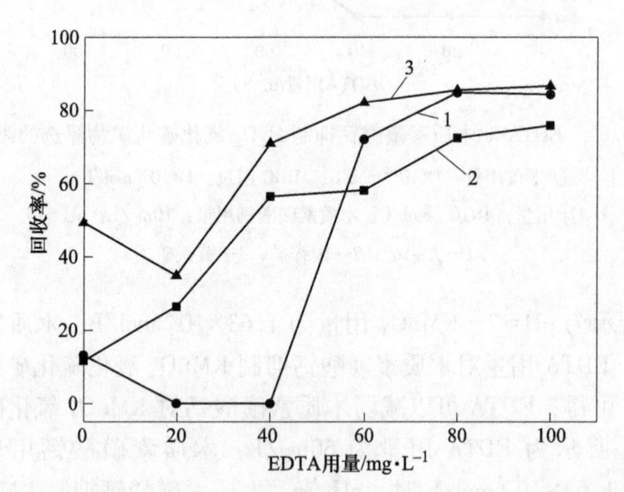

图 5.67　EDTA 用量对木质素磺酸钙抑制 $KMnO_4$ 氧化硫化矿物浮选的影响

（丁黄用量：1×10^{-4}mol/L；MIBC 用量：1×10^{-4}mol/L；

$KMnO_4$ 用量：1.63×10^{-3}mol/L；木质素磺酸钙用量：10mg/L；pH=7）

1—方铅矿；2—闪锌矿；3—黄铁矿

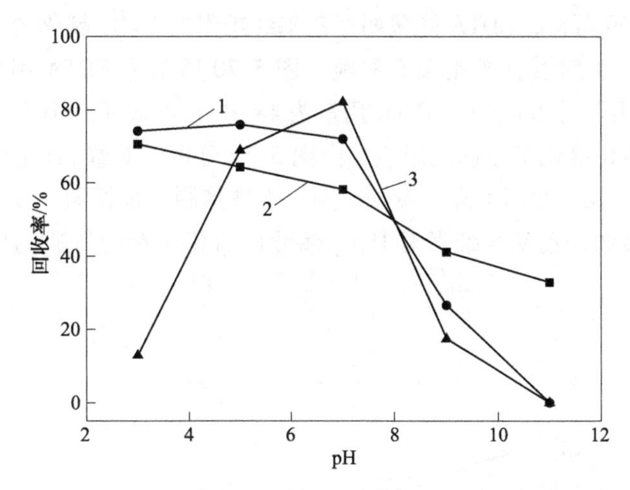

图 5.68 不同 pH 值下 EDTA 对木质素磺酸钙抑制 $KMnO_4$ 氧化硫化矿物浮选的影响

（丁黄用量：1×10^{-4}mol/L；MIBC 用量：1×10^{-4}mol/L；

$KMnO_4$ 用量：1.63×10^{-3}mol/L；木质素磺酸钙用量：10mg/L；EDTA 用量：60mg/L）

1—方铅矿；2—闪锌矿；3—黄铁矿

5.3.4 EDTA 作用下羟乙基纤维素对氧化后硫化矿物浮选的影响

图 5.69 所示为 pH = 7、H_2O_2 用量为 4×10^{-5}mol/L、羟乙基纤维素用量为 20mg/L 时，EDTA 用量对羟乙基纤维素抑制 H_2O_2 氧化 3 种硫化矿浮选行为的

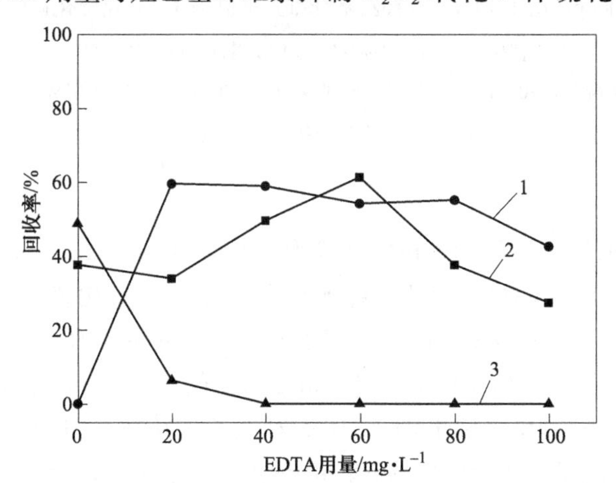

图 5.69 EDTA 用量对羟乙基纤维素抑制 H_2O_2 氧化硫化矿物浮选的影响

（丁黄用量：1×10^{-4}mol/L；MIBC 用量：1×10^{-4}mol/L；

H_2O_2 用量：4×10^{-5}mol/L；羟乙基纤维素用量：20mg/L；pH = 7）

1—方铅矿；2—闪锌矿；3—黄铁矿

影响。由图 5.69 可得，EDTA 能减弱羟乙基纤维素对 H_2O_2 氧化的方铅矿、闪锌矿的抑制作用，而对黄铁矿则没有影响。图 5.70 所示为 EDTA 用量为 60mg/L、羟乙基纤维素用量为 20mg/L、H_2O_2 用量为 4×10^{-5}mol/L 时，pH 值对羟乙基纤维素抑制 H_2O_2 氧化硫化矿浮选的影响。由图 5.70 可得，随着 pH 值的升高，方铅矿和闪锌矿的回收率逐渐下降，黄铁矿则一直被抑制。根据图 5.69 和图 5.70 可得，EDTA 能减弱羟乙基纤维素对 H_2O_2 氧化的方铅矿和闪锌矿的抑制作用但程度不高。

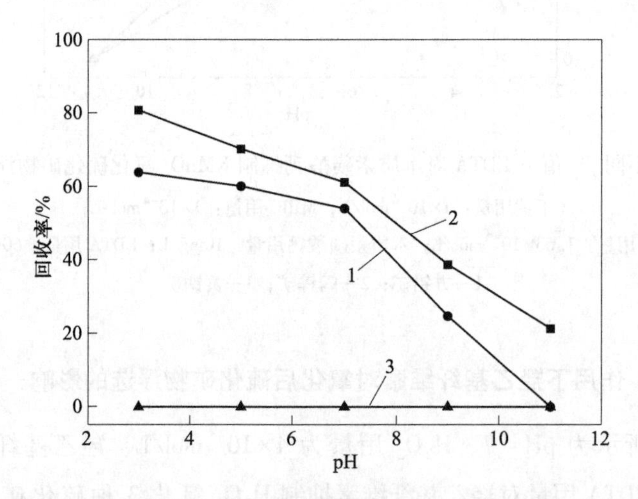

图 5.70　不同 pH 值下 EDTA 对羟乙基纤维素抑制 H_2O_2 氧化硫化矿物浮选的影响

（丁黄用量：1×10^{-4}mol/L；MIBC 用量：1×10^{-4}mol/L；

H_2O_2 用量：4×10^{-5}mol/L；羟乙基纤维素用量：20mg/L；EDTA 用量：60mg/L）

1—方铅矿；2—闪锌矿；3—黄铁矿

图 5.71 所示为 pH=7、$KMnO_4$ 用量为 1.63×10^{-3}mol/L、羟乙基纤维素用量为 20mg/L 时，EDTA 用量对羟乙基纤维素抑制 $KMnO_4$ 氧化硫化矿浮选行为的影响。由图 5.71 可得，EDTA 可以减弱羟乙基纤维素对 $KMnO_4$ 氧化硫化矿的抑制作用。图 5.72 所示为 EDTA 用量为 60mg/L、羟乙基纤维素用量为 20mg/L、$KMnO_4$ 用量为 1.63×10^{-3}mol/L 时，pH 值对羟乙基纤维素抑制 $KMnO_4$ 氧化硫化矿浮选的影响。由图 5.72 可得，随着 pH 值的升高，3 种硫化矿的回收率逐渐下降。根据图 5.71 和图 5.72 可得，EDTA 可以减弱羟乙基纤维素对 $KMnO_4$ 氧化方铅矿和闪锌矿的抑制作用。

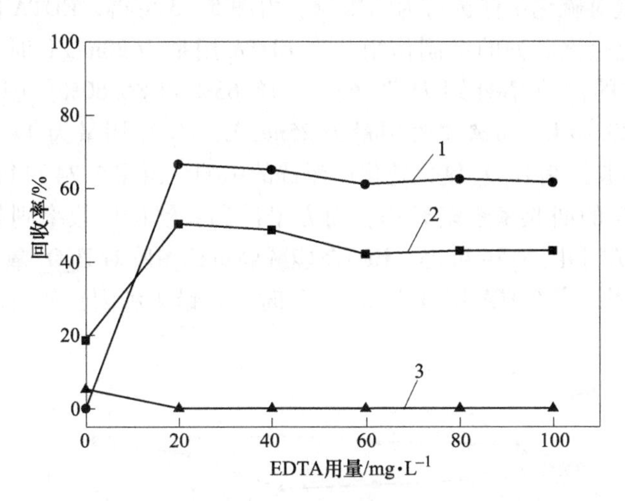

图 5.71 EDTA 用量对羟乙基纤维素抑制 $KMnO_4$ 氧化硫化矿物浮选的影响

（丁黄用量：1×10^{-4}mol/L；MIBC 用量：1×10^{-4}mol/L；

$KMnO_4$ 用量：1.63×10^{-3}mol/L；羟乙基纤维素用量：20mg/L；pH=7）

1—方铅矿；2—闪锌矿；3—黄铁矿

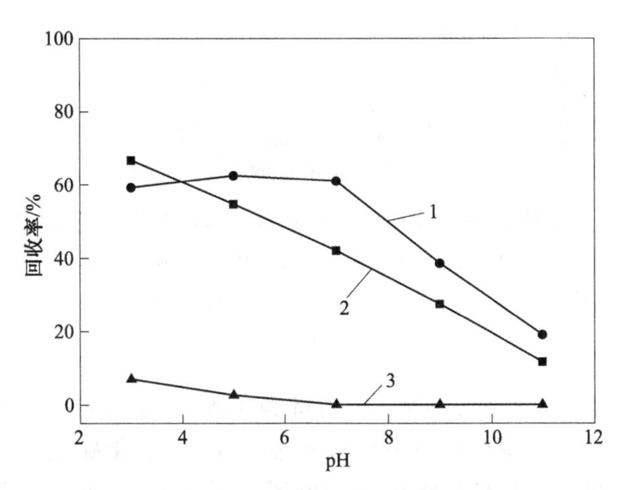

图 5.72 不同 pH 值下 EDTA 用量对羟乙基纤维素抑制 $KMnO_4$ 氧化硫化矿物浮选的影响

（丁黄用量：1×10^{-4}mol/L；MIBC 用量：1×10^{-4}mol/L；

$KMnO_4$ 用量：1.63×10^{-3}mol/L；羟乙基纤维素用量：20mg/L；EDTA 用量：60mg/L）

1—方铅矿；2—闪锌矿；3—黄铁矿

5.3.5 EDTA 作用下黄薯树胶对氧化后硫化矿物浮选的影响

图 5.73 所示为 pH=7、H_2O_2 用量为 4×10^{-5}mol/L、黄薯树胶用量为 25mg/L

时，EDTA 用量对硫化矿浮选行为的影响。由图 5.73 可得，EDTA 能减弱黄薯树胶对 H_2O_2 氧化硫化矿物的抑制作用，当 EDTA 用量为 20mg/L 时，方铅矿、闪锌矿和黄铁矿的回收率分别为 76.65%、18.65% 和 86.60%。图 5.74 所示为 EDTA 用量为 20mg/L、黄薯树胶用量为 25mg/L、H_2O_2 用量为 4×10^{-5}mol/L 时，pH 值对黄薯树胶抑制 H_2O_2 氧化硫化矿浮选的影响。由图 5.74 可得，随着 pH 值的升高，闪锌矿的回收率逐渐升高，而方铅矿和黄铁矿回收率则是先升高后降低。根据图 5.73 和图 5.74 可得，EDTA 能减弱黄薯树胶对 H_2O_2 氧化方铅矿和闪锌矿的抑制作用，当 EDTA 用量为 20mg/L 时，方铅矿和闪锌矿有较大的回收率差异。

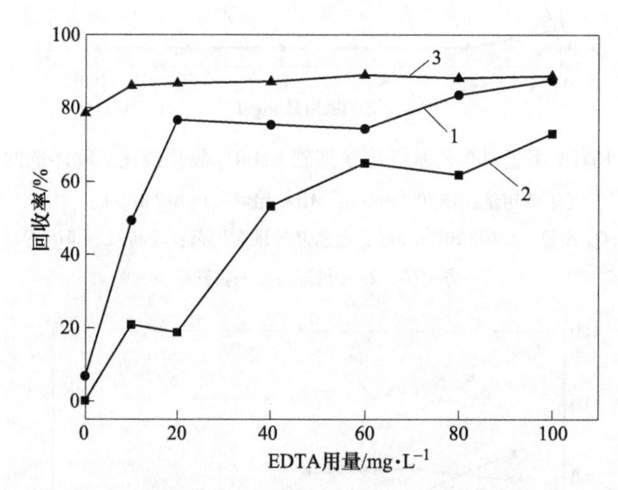

图 5.73　EDTA 用量对黄薯树胶抑制 H_2O_2 氧化硫化矿物浮选的影响

（丁黄用量：1×10^{-4}mol/L；MIBC 用量：1×10^{-4}mol/L；H_2O_2 用量：4×10^{-5}mol/L；黄薯树胶用量：25mg/L；pH=7）

1—方铅矿；2—闪锌矿；3—黄铁矿

图 5.75 所示为 pH=7、$KMnO_4$ 用量为 1.63×10^{-3}mol/L、黄薯树胶用量为 25mg/L 时，EDTA 用量对黄薯树胶抑制 $KMnO_4$ 氧化硫化矿浮选行为的影响。由图 5.75 可得，EDTA 能减弱黄薯树胶对 $KMnO_4$ 氧化的 3 种硫化矿物的抑制作用。图 5.76 所示为 EDTA 用量为 60mg/L、黄薯树胶用量为 25mg/L、$KMnO_4$ 用量为 1.63×10^{-3}mol/L 时，pH 值对黄薯树胶抑制 $KMnO_4$ 氧化硫化矿浮选的影响。由图 5.76 可得，随着 pH 值的升高，闪锌矿的回收率逐渐降低，而方铅矿和黄铁矿的回收率则是先升高后降低。根据图 5.75 和图 5.76 可得，EDTA 能减弱黄薯树胶对 $KMnO_4$ 氧化 3 种硫化矿的抑制作用，但 3 种矿物回收率相近。

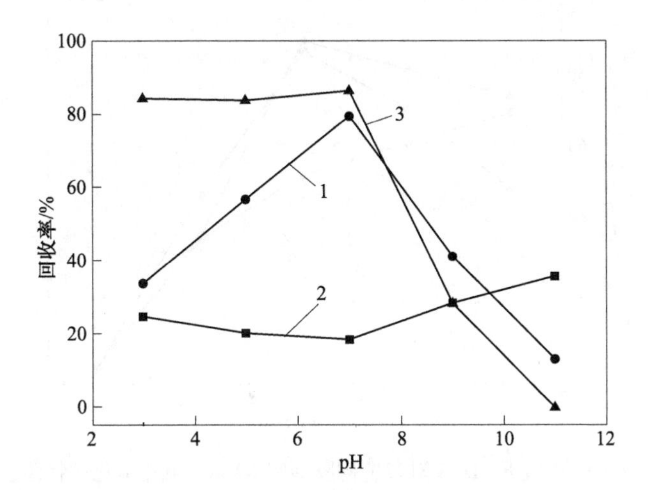

图 5.74 不同 pH 值下 EDTA 对黄薯树胶抑制 H_2O_2 氧化硫化矿物浮选的影响

（丁黄用量：1×10^{-4}mol/L；MIBC 用量：1×10^{-4}mol/L；

H_2O_2 用量：4×10^{-5}mol/L；黄薯树胶用量：25mg/L；EDTA 用量：20mg/L）

1—方铅矿；2—闪锌矿；3—黄铁矿

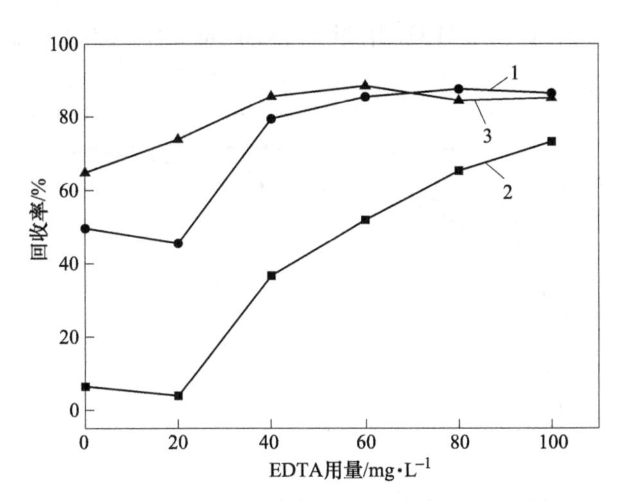

图 5.75 EDTA 用量对黄薯树胶抑制 $KMnO_4$ 氧化硫化矿物浮选的影响

（丁黄用量：1×10^{-4}mol/L；MIBC 用量：1×10^{-4}mol/L；

$KMnO_4$ 用量：1.63×10^{-3}mol/L；黄薯树胶用量：25mg/L；pH=7）

1—方铅矿；2—闪锌矿；3—黄铁矿

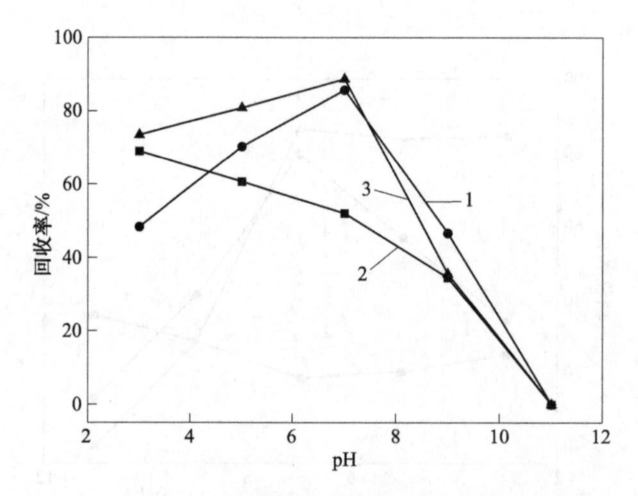

图 5.76　不同 pH 值下 EDTA 对黄薯树胶抑制 $KMnO_4$ 氧化硫化矿物浮选的影响

（丁黄用量：1×10^{-4}mol/L；MIBC 用量：1×10^{-4}mol/L；

$KMnO_4$ 用量：1.63×10^{-3}mol/L；黄薯树胶用量：25mg/L；EDTA 用量：60mg/L）

1—方铅矿；2—闪锌矿；3—黄铁矿

5.3.6　EDTA 作用下羧甲基淀粉钠对氧化后硫化矿物浮选的影响

图 5.77 所示为pH=7、H_2O_2 用量为4×10^{-5}mol/L、羧甲基淀粉钠用量为

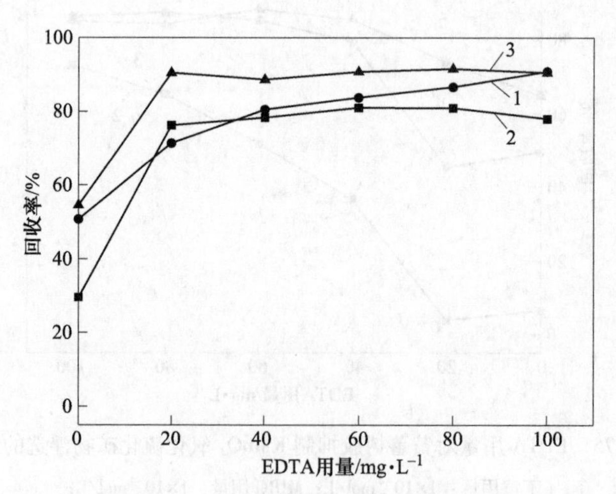

图 5.77　EDTA 用量对羧甲基淀粉钠抑制 H_2O_2 氧化硫化矿物浮选的影响

（丁黄用量：1×10^{-4}mol/L；MIBC 用量：1×10^{-4}mol/L；

H_2O_2 用量：4×10^{-5}mol/L；羧甲基淀粉钠用量：30mg/L；pH=7）

1—方铅矿；2—闪锌矿；3—黄铁矿

30mg/L 时，EDTA 用量对羧甲基淀粉钠抑制 H_2O_2 氧化硫化矿浮选行为的影响。由图 5.77 可得，EDTA 能减弱羧甲基淀粉钠对 3 种氧化硫化矿物的抑制作用。图 5.78 所示为 EDTA 用量为 60mg/L、羧甲基淀粉钠用量为 30mg/L、H_2O_2 用量为 4×10^{-5}mol/L 时，pH 值对羧甲基淀粉钠抑制 H_2O_2 氧化硫化矿浮选的影响。由图 5.78 可得，随着 pH 值的升高，3 种硫化矿的回收率先升高后降低。根据图 5.77 和图 5.78 可得，EDTA 能减弱羧甲基淀粉钠对 H_2O_2 氧化硫化矿物的抑制作用，但程度相近。

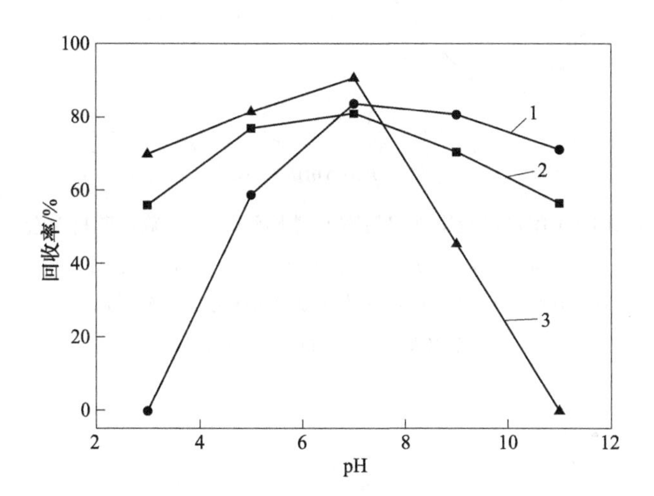

图 5.78 不同 pH 值下 EDTA 对羧甲基淀粉钠抑制 H_2O_2 氧化硫化矿物浮选的影响

（丁黄用量：1×10^{-4}mol/L；MIBC 用量：1×10^{-4}mol/L；

H_2O_2 用量：4×10^{-5}mol/L；羧甲基淀粉钠用量：30mg/L；EDTA 用量：60mg/L）

1—方铅矿；2—闪锌矿；3—黄铁矿

图 5.79 所示为 pH = 7、$KMnO_4$ 用量为 1.63×10^{-3}mol/L、羧甲基淀粉钠用量为 25mg/L 时，EDTA 用量对羧甲基淀粉钠抑制 $KMnO_4$ 氧化硫化矿浮选行为的影响。由图 5.79 可得，EDTA 能减弱羧甲基淀粉钠对 3 种氧化硫化矿物的抑制作用。图 5.80 所示为 EDTA 用量为 60mg/L、羧甲基淀粉钠用量为 25mg/L、$KMnO_4$ 用量为 1.63×10^{-3}mol/L 时，pH 值对羧甲基淀粉钠抑制 $KMnO_4$ 氧化 3 种硫化矿浮选的影响。由图 5.80 可得，随着 pH 值的升高，方铅矿和闪锌矿的回收率逐渐降低，黄铁矿的回收率先升高后降低。根据图 5.79 和图 5.80 可得，EDTA 能减弱羧甲基淀粉钠对 H_2O_2 氧化 3 种硫化矿物的抑制作用，当 EDTA 用量为 20mg/L 时，闪锌矿与方铅矿和黄铁矿有回收率的差异。

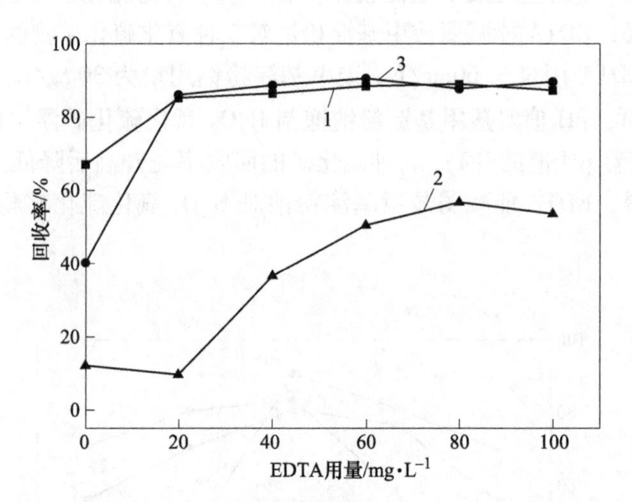

图 5.79 EDTA 用量对羧甲基淀粉钠抑制 $KMnO_4$ 氧化硫化矿物浮选的影响

（丁黄用量：1×10^{-4}mol/L；MIBC 用量：1×10^{-4}mol/L；

$KMnO_4$ 用量：1.63×10^{-3}mol/L；羧甲基淀粉钠用量：25mg/L；pH＝7）

1—方铅矿；2—闪锌矿；3—黄铁矿

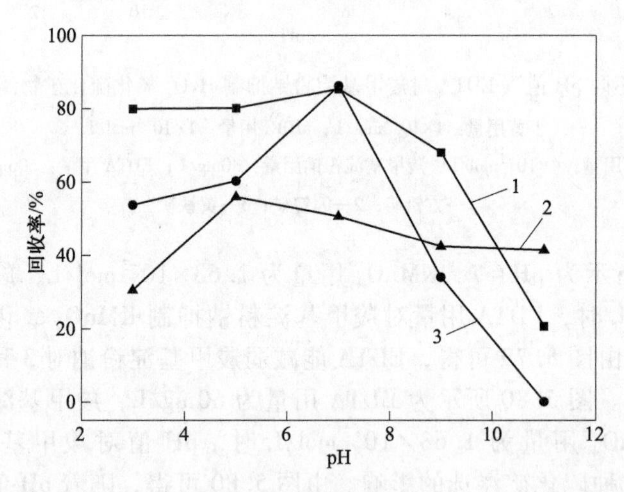

图 5.80 不同 pH 值下 EDTA 对羧甲基淀粉钠抑制 $KMnO_4$ 氧化硫化矿物浮选的影响

（丁黄用量：1×10^{-4}mol/L；MIBC 用量：1×10^{-4}mol/L；

$KMnO_4$ 用量：1.63×10^{-3}mol/L；羧甲基淀粉钠用量：25mg/L；EDTA 用量：20mg/L）

1—方铅矿；2—闪锌矿；3—黄铁矿

5.3.7 EDTA 作用下阿拉伯树胶对氧化后硫化矿物浮选的影响

图 5.81 所示为 pH=7、H_2O_2 用量为 4×10^{-5}mol/L、阿拉伯树胶用量为 30mg/L 时，EDTA 用量对阿拉伯树胶抑制 H_2O_2 氧化硫化矿浮选行为的影响。由图 5.81 可得，EDTA 能减弱阿拉伯树胶对 H_2O_2 氧化方铅矿和闪锌矿的抑制作用。图 5.82 所示为 EDTA 用量为 60mg/L、阿拉伯树胶用量为 30mg/L、H_2O_2 用量为 4×10^{-5}mol/L 时，pH 值对阿拉伯树胶抑制 H_2O_2 氧化硫化矿浮选的影响。由图 5.81 可得，随着 pH 值的升高，3 种硫化矿的回收率先升高后降低。根据图 5.81 和图 5.82 可得，EDTA 能减弱阿拉伯树胶对 H_2O_2 氧化方铅矿和闪锌矿的抑制作用，但 3 种矿物回收率相近。

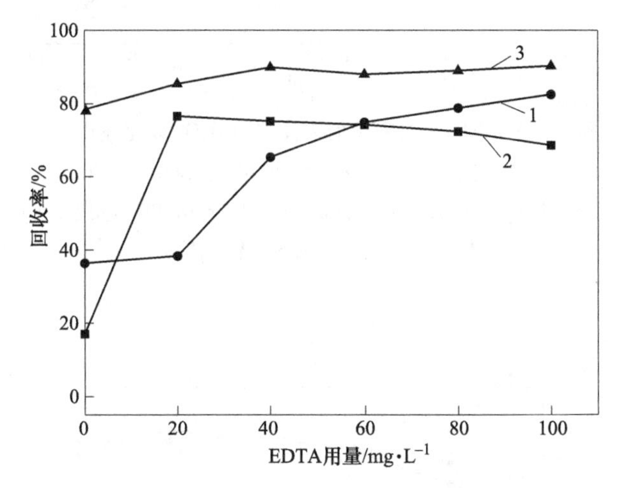

图 5.81 EDTA 用量对阿拉伯树胶抑制 H_2O_2 氧化硫化矿物浮选的影响

（丁黄用量：1×10^{-4}mol/L；MIBC 用量：1×10^{-4}mol/L；
H_2O_2 用量：4×10^{-5}mol/L；阿拉伯树胶用量：30mg/L；pH=7）
1—方铅矿；2—闪锌矿；3—黄铁矿

图 5.83 所示为 pH=7、$KMnO_4$ 用量为 1.63×10^{-3}mol/L、阿拉伯树胶用量为 30mg/L 时，EDTA 用量对阿拉伯树胶抑制 $KMnO_4$ 氧化硫化矿浮选行为的影响。由图 5.83 可得，EDTA 能减弱阿拉伯树胶对 $KMnO_4$ 氧化硫化矿的抑制作用。图 5.84 所示为 EDTA 用量为 60mg/L、阿拉伯树胶用量为 30mg/L、$KMnO_4$ 用量为 1.63×10^{-3}mol/L 时，pH 值对阿拉伯树胶抑制 $KMnO_4$ 氧化硫化矿浮选的影响。由图 5.84 可得，随着 pH 值的升高，3 种硫化矿的回收率先升高后降低。根据图 5.83 和图 5.84 可得，EDTA 能减弱阿拉伯树胶对 $KMnO_4$ 氧化硫化矿的抑制效果，当 EDTA 用量为 20mg/L 时，闪锌矿与方铅矿和黄铁矿有较大的回收率差异。

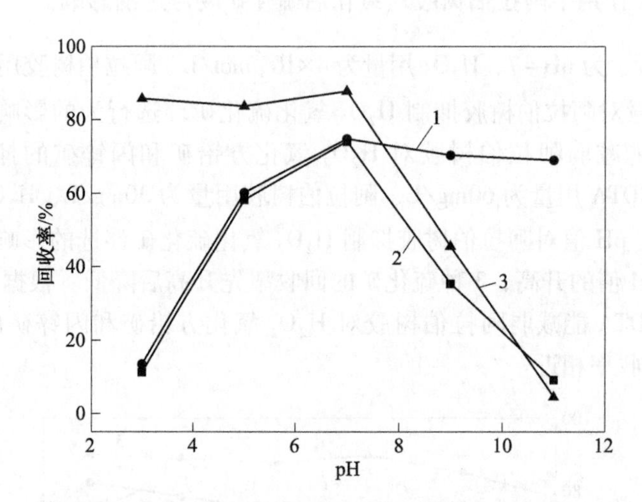

图 5.82　不同 pH 值下 EDTA 对阿拉伯树胶抑制 H_2O_2 氧化硫化矿物浮选的影响

（丁黄用量：1×10^{-4}mol/L；MIBC 用量：1×10^{-4}mol/L；

H_2O_2 用量：4×10^{-5}mol/L；阿拉伯树胶用量：30mg/L；EDTA 用量：60mg/L）

1—方铅矿；2—闪锌矿；3—黄铁矿

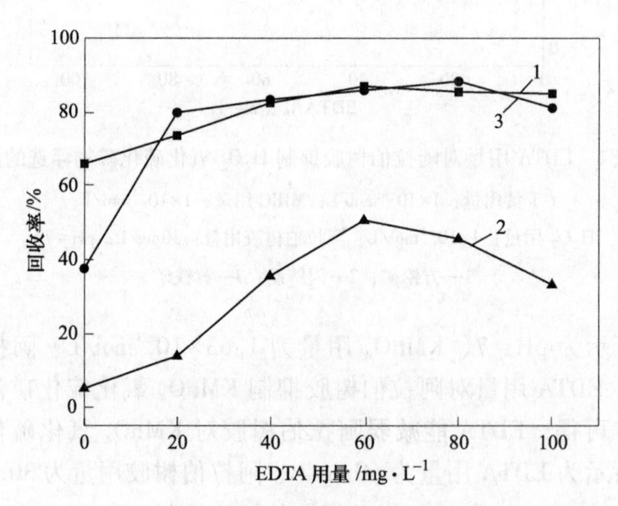

图 5.83　EDTA 用量对阿拉伯树胶抑制 $KMnO_4$ 氧化硫化矿物浮选的影响

（丁黄用量：1×10^{-4}mol/L；MIBC 用量：1×10^{-4}mol/L；

$KMnO_4$ 用量：1.63×10^{-3}mol/L；阿拉伯树胶用量：30mg/L；pH＝7）

1—方铅矿；2—闪锌矿；3—黄铁矿

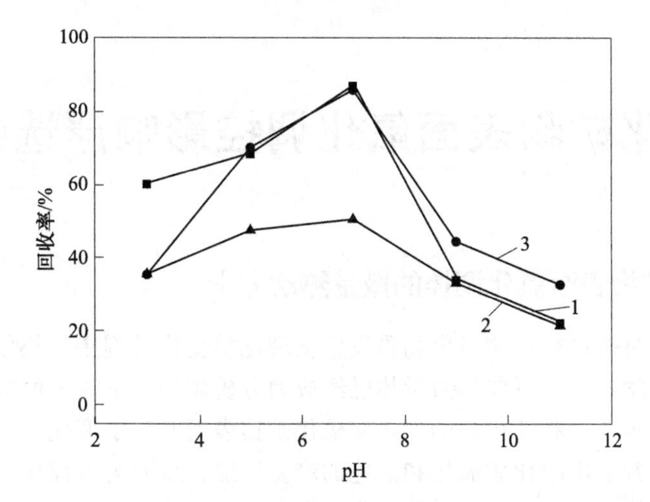

图 5.84 不同 pH 值下 EDTA 对阿拉伯树胶抑制 $KMnO_4$ 氧化硫化矿物浮选的影响

（丁黄用量：1×10^{-4}mol/L；MIBC 用量：1×10^{-4}mol/L；

$KMnO_4$ 用量：1.63×10^{-3}mol/L；阿拉伯树胶用量：30mg/L；EDTA 用量：60mg/L）

1—方铅矿；2—闪锌矿；3—黄铁矿

6　硫化矿物表面氧化调控影响浮选的机理

6.1　硫化矿物表面氧化调控的微量热动力学

微量热通过微量热计测量出物质发生物理化学变化过程中的热效应，从而获得对应的热力学参数。近些年微量热已经成为分析矿物浮选时表面吸附情况的一种研究手段。氧化剂和活化剂的加入使硫化矿物表面发生了变化，通过微量热动力学研究可以判断出硫化矿氧化和活化的难易程度，从而为调控硫化矿物表面氧化行为提供依据。

6.1.1　H_2O_2 氧化硫化矿物的微量热动力学

在室温25℃时，进行了方铅矿、闪锌矿和黄铁矿与 H_2O_2 反应的量热实验。方铅矿、闪锌矿和黄铁矿受 H_2O_2 氧化时的反应热动力学曲线如图6.1所示。

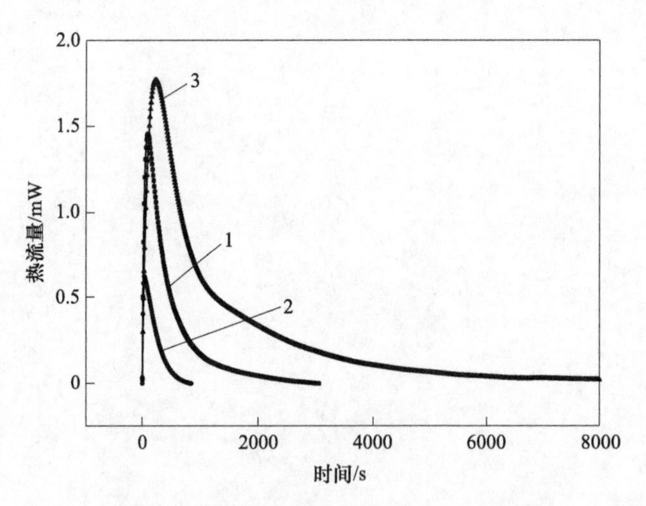

图6.1　H_2O_2 氧化硫化矿的反应热动力学曲线

1—闪锌矿，$H_\infty=165.83mJ$；2—黄铁矿，$H_\infty=749.59mJ$；3—方铅矿，$H_\infty=2251.72mJ$

由图6.1可知 H_2O_2 氧化硫化矿物的反应热动力学曲线对应的值均为正，表明该反应是放热反应，方铅矿、黄铁矿和闪锌矿被 H_2O_2 氧化时分别放热2251.72mJ、749.59mJ、165.83mJ。

根据微量热数据，通过微量热历史记录处理软件计算出方铅矿、闪锌矿和黄铁矿受 H_2O_2 氧化时的热动力学数据，结果见表 6.1。

表 6.1 H_2O_2 氧化硫化矿的反应热动力学数据

方铅矿			闪锌矿			黄铁矿		
t/s	H/H_∞/%	dH/dt /mJ · s^{-1}	t/s	H/H_∞/%	dH/dt /mJ · s^{-1}	t/s	H/H_∞/%	dH/dt /mJ · s^{-1}
470	30.6177	1.3980	80	25.8560	0.5680	190	31.2758	1.2137
540	34.7321	1.2481	90	29.2421	0.5531	210	34.4343	1.1493
610	38.3996	1.1113	100	32.5330	0.5368	230	37.4215	1.0866
680	41.6653	0.9910	110	35.7267	0.5205	250	40.2445	1.0262
750	44.5830	0.8875	120	38.8195	0.5036	270	42.9072	0.9675
820	47.2064	0.8012	130	41.8110	0.4867	290	45.4183	0.9122
890	49.5824	0.7288	140	44.6991	0.4693	310	47.7864	0.8596
960	51.7524	0.6684	150	47.4793	0.4511	330	50.0170	0.8106
1030	53.7511	0.6179	160	50.1509	0.4331	350	52.1234	0.7660
1100	55.6081	0.5772	170	52.7150	0.4155	370	54.1116	0.7213
1170	57.3489	0.5434	180	55.1719	0.3980	390	55.9849	0.6818
1240	58.9941	0.5151	190	57.5264	0.3813	410	57.7593	0.6460
1310	60.5589	0.4917	200	59.7805	0.3646	430	59.4404	0.6123
1380	62.0557	0.4712	210	61.9369	0.3491	450	61.0339	0.5811
1450	63.4920	0.4531	220	63.9970	0.3330	470	62.5464	0.5515
1520	64.8749	0.4372	230	65.9668	0.3185	490	63.9825	0.5237
1590	66.2098	0.4218	240	67.8461	0.3037	510	65.3472	0.4985
1660	67.4986	0.4070	250	69.6391	0.2892	530	66.6444	0.4730
1730	68.7420	0.3925	260	71.3472	0.2762	550	67.8782	0.4510
1810	70.1087	0.3765	270	72.9779	0.2632	570	69.0545	0.4301
H_∞ = 2251.72mJ			H_∞ = 165.83mJ			H_∞ = 749.59mJ		

由表 6.1 中的热力学参数，按照微量热的计算方法所得方铅矿、闪锌矿和黄铁矿受 H_2O_2 氧化时的反应动力学和热力学参数见表 6.2。

表 6.2 H_2O_2 氧化硫化矿的热动力学参数

矿物	Q/mJ	k/$\times 10^{-3}s^{-1}$	n	R^2
方铅矿	2251.72	0.994	1.5721	0.9735
黄铁矿	749.59	2.692	1.3175	0.9999
闪锌矿	165.83	4.448	0.7779	0.9986

由表6.2可知，硫化矿受H_2O_2氧化放热较多，3种硫化矿热效应值大小顺序为：方铅矿>黄铁矿>闪锌矿，3种矿物的热效应值呈现较大的差异表明H_2O_2对不同硫化矿的氧化作用不同，方铅矿与H_2O_2作用最强，这与浮选结果相一致。

6.1.2 $KMnO_4$氧化硫化矿物的微量热动力学

在室温25℃时，进行了方铅矿、闪锌矿和黄铁矿与$KMnO_4$反应的量热实验。方铅矿、闪锌矿和黄铁矿与$KMnO_4$作用时的反应热动力学曲线如图6.2所示。

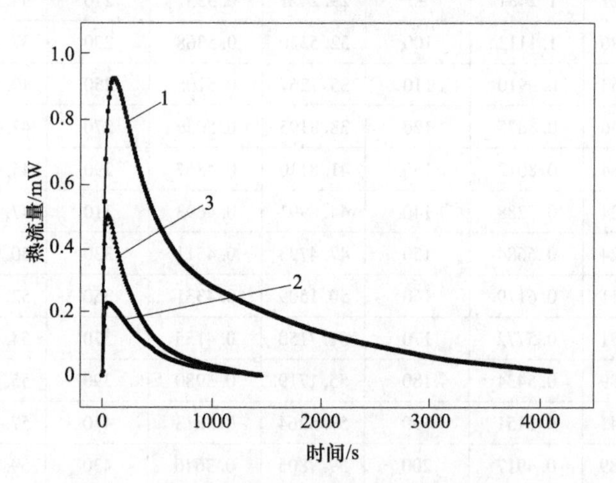

图6.2 $KMnO_4$氧化硫化矿的反应热动力学曲线

1—闪锌矿，$H_\infty=872.54\text{mJ}$；2—方铅矿，$H_\infty=97.03\text{mJ}$；3—黄铁矿，$H_\infty=176.61\text{mJ}$

由图6.2可知$KMnO_4$氧化硫化矿物的反应热动力学曲线对应值均为正，表明该反应是放热反应，方铅矿、闪锌矿和黄铁矿被$KMnO_4$氧化时分别放热97.03mJ、872.54mJ、176.61mJ。

根据微量热数据，通过微量热历史记录处理软件计算出方铅矿、闪锌矿和黄铁矿受$KMnO_4$氧化时的热动力学数据，结果见表6.3。

表6.3 $KMnO_4$氧化硫化矿的反应热动力学数据

方铅矿			闪锌矿			黄铁矿		
t/s	H/H_∞/%	dH/dt /mJ·s^{-1}	t/s	H/H_∞/%	dH/dt /mJ·s^{-1}	t/s	H/H_∞/%	dH/dt /mJ·s^{-1}
220	29.2493	0.1956	330	29.5412	0.6559	120	29.0644	0.4142
240	33.1925	0.1858	380	33.1370	0.5989	140	33.6010	0.3855
250	35.0886	0.1816	430	36.4265	0.5493	150	35.7484	0.3717
270	38.7481	0.1727	480	39.4495	0.5068	170	39.8155	0.3454

续表 6.3

方铅矿			闪锌矿			黄铁矿		
t/s	H/H_{∞}/%	$\mathrm{d}H/\mathrm{d}t$ /mJ·s^{-1}	t/s	H/H_{∞}/%	$\mathrm{d}H/\mathrm{d}t$ /mJ·s^{-1}	t/s	H/H_{∞}/%	$\mathrm{d}H/\mathrm{d}t$ /mJ·s^{-1}
280	40.5051	0.1680	530	42.2463	0.4698	180	41.7391	0.3328
300	43.8825	0.1591	580	44.8419	0.4362	200	45.3846	0.3103
310	45.5000	0.1542	630	47.2583	0.4085	210	47.1136	0.2995
330	48.6011	0.1460	680	49.5205	0.3814	230	50.4089	0.2822
340	50.0870	0.1422	730	51.6378	0.3575	240	51.9845	0.2735
360	52.9345	0.1341	780	53.6347	0.3398	260	54.9984	0.2578
370	54.2969	0.1301	830	55.5368	0.3242	270	56.4399	0.2503
390	56.9069	0.1230	880	57.3515	0.3094	290	59.1826	0.2335
400	58.1624	0.1206	930	59.0872	0.2955	300	60.4844	0.2258
420	60.5870	0.1145	980	60.7474	0.2836	320	62.9600	0.2106
430	61.7536	0.1115	1030	62.3449	0.2737	330	64.1359	0.2043
450	63.9945	0.1060	1080	63.8882	0.2651	350	66.3739	0.1910
460	65.0727	0.1028	1130	65.3851	0.2569	360	67.4384	0.1843
480	67.1391	0.0973	1180	66.8350	0.2488	370	68.4672	0.1783
490	68.1292	0.0947	1230	68.2357	0.2397	380	69.4619	0.1724
510	70.0269	0.0895	1280	69.5857	0.2313	390	70.4238	0.1668
H_{∞}=97.03mJ			H_{∞}=872.54mJ			H_{∞}=176.61mJ		

由表6.3中的热力学参数，按照微量热的计算方法所得方铅矿、闪锌矿和黄铁矿受$KMnO_4$氧化时的反应动力学和热力学参数见表6.4。

表6.4 $KMnO_4$氧化硫化矿的热动力学参数

矿物	Q/mJ	k/×10^{-3}s^{-1}	n	R^2
闪锌矿	872.54	3.294	1.0235	0.9995
黄铁矿	176.61	1.04	1.209	0.9781
方铅矿	97.03	2.778	0.9188	0.9996

由表6.4可知，硫化矿受$KMnO_4$氧化时放热较多，3种硫化矿热效应值大小顺序为：闪锌矿>黄铁矿>方铅矿，3种矿物的热效应值呈现较大的差异表明$KMnO_4$对不同硫化矿的氧化作用不同，闪锌矿受$KMnO_4$氧化效果最大，这与浮选结果相一致。

6.1.3 EDTA与H_2O_2氧化后硫化矿物作用的微量热动力学

在室温25℃时，进行了被H_2O_2氧化的方铅矿、闪锌矿和黄铁矿与EDTA反应的量热实验。EDTA 与经 H_2O_2 氧化的方铅矿、闪锌矿和黄铁矿作用的反应热动力学曲线如图 6.3 所示。

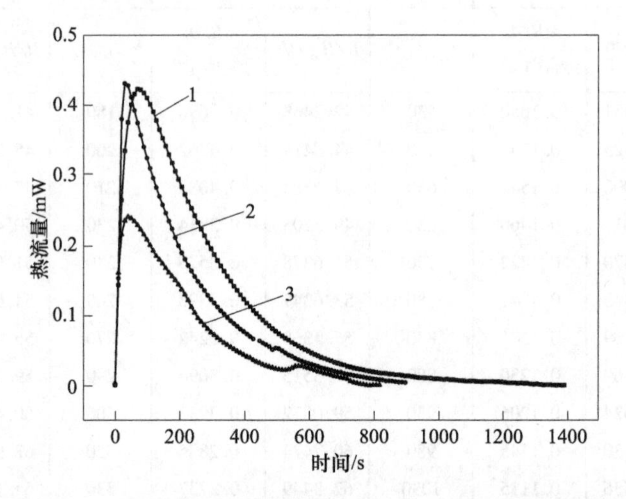

图 6.3 EDTA 与 H_2O_2 氧化硫化矿的反应热动力学曲线

1—黄铁矿，H_∞ = 135.76mJ；2—方铅矿，H_∞ = 100.25mJ；3—闪锌矿，H_∞ = 62.65mJ

由图 6.3 可知，EDTA 与 H_2O_2 氧化后硫化矿物的反应热动力学曲线均为正，表明是放热反应，EDTA 与被 H_2O_2 氧化的方铅矿、闪锌矿和黄铁矿作用时分别放热 100.25mJ、62.65mJ、135.76mJ。

根据微量热数据，通过微量热历史记录处理软件计算出被 H_2O_2 氧化的方铅矿、闪锌矿和黄铁矿与 EDTA 反应时的热动力学数据，结果见表 6.5。

表 6.5 EDTA 与 H_2O_2 氧化硫化矿的反应热动力学数据

方铅矿			闪锌矿			黄铁矿		
t/s	H/H_∞/%	dH/dt /mJ·s^{-1}	t/s	H/H_∞/%	dH/dt /mJ·s^{-1}	t/s	H/H_∞/%	dH/dt /mJ·s^{-1}
130	27.2368	0.3571	80	26.6019	0.2221	120	30.8458	0.3903
140	30.7226	0.3402	90	30.0958	0.2151	130	33.6816	0.3780
150	34.0441	0.3244	100	33.4765	0.2078	140	36.4204	0.3648
160	37.2145	0.3098	110	36.7391	0.2000	150	39.0678	0.3526
170	40.2426	0.2960	120	39.8743	0.1921	160	41.6274	0.3414
180	43.1332	0.2826	130	42.8811	0.1845	170	44.1026	0.3292
190	45.8938	0.2697	140	45.7905	0.1794	180	46.4878	0.3175
200	48.5285	0.2572	150	48.6146	0.1737	190	48.7866	0.3055
210	51.0412	0.2455	160	51.3433	0.1672	200	50.9984	0.2942

续表 6.5

方铅矿			闪锌矿			黄铁矿		
t/s	$H/H_{\infty}/\%$	dH/dt /$mJ \cdot s^{-1}$	t/s	$H/H_{\infty}/\%$	dH/dt /$mJ \cdot s^{-1}$	t/s	$H/H_{\infty}/\%$	dH/dt /$mJ \cdot s^{-1}$
220	53. 4383	0. 2340	170	53. 9623	0. 1608	210	53. 1302	0. 2833
230	55. 7236	0. 2229	180	56. 4922	0. 1556	220	55. 1798	0. 2724
240	57. 8919	0. 2104	190	58. 9363	0. 1501	230	57. 1528	0. 2620
250	59. 9383	0. 1989	200	61. 2886	0. 1437	240	59. 0497	0. 2521
260	61. 8760	0. 1888	210	63. 5302	0. 1366	250	60. 8721	0. 2418
270	63. 7173	0. 1798	220	65. 6621	0. 1295	260	62. 6202	0. 2320
280	65. 4707	0. 1709	230	67. 6725	0. 1212	270	64. 2970	0. 2223
290	67. 1400	0. 1631	240	69. 5354	0. 1116	280	65. 9042	0. 2132
300	68. 7303	0. 1551	250	71. 2605	0. 1036	290	67. 4408	0. 2032
310	70. 2459	0. 1482	260	72. 8561	0. 0959	300	68. 9099	0. 1948
320	71. 6948	0. 1417	270	74. 3455	0. 0905	310	70. 3161	0. 1863
H_{∞} = 100. 25mJ			H_{∞} = 62. 65mJ			H_{∞} = 135. 76mJ		

由表 6. 5 中的热力学参数，按照微量热的计算方法所得被 H_2O_2 氧化的方铅矿、闪锌矿和黄铁矿与 EDTA 反应时的反应动力学和热力学参数见表 6. 6。

表 6. 6　EDTA 与 H_2O_2 氧化硫化矿反应的热动力学参数

矿物	Q/mJ	$k/\times10^{-3}s^{-1}$	n	R^2
黄铁矿	135. 76	4. 017	0. 873	0. 9991
方铅矿	100. 25	4. 932	0. 9933	0. 9994
闪锌矿	62. 65	4. 589	0. 7664	0. 9858

由表 6. 6 可知，EDTA 与 3 种硫化矿作用的热效应值大小顺序为：黄铁矿>方铅矿>闪锌矿，表明 EDTA 与受 H_2O_2 氧化的不同硫化矿的作用不同，黄铁矿与 EDTA 作用效果最强，这与浮选结果相一致。

6. 1. 4　EDTA 与 $KMnO_4$ 氧化后硫化矿物作用的微量热动力学

在室温 25℃时，进行了被 $KMnO_4$ 氧化的方铅矿、闪锌矿和黄铁矿与 EDTA 反应的量热实验。EDTA 与 $KMnO_4$ 氧化的方铅矿、闪锌矿和黄铁矿的反应热动力学曲线如图 6. 4 所示。

由图 6. 4 可知 EDTA 与受 $KMnO_4$ 氧化后硫化矿物作用的反应热动力学曲线均为正，表明是放热反应，EDTA 与被 $KMnO_4$ 氧化的方铅矿、闪锌矿和黄铁矿作

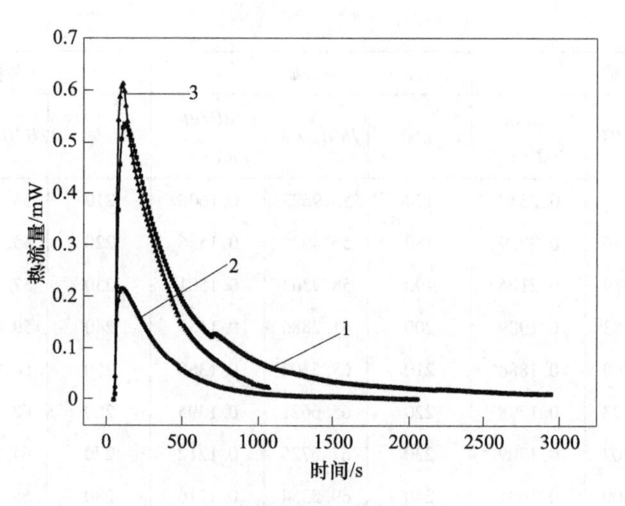

图 6.4　EDTA 与 $KMnO_4$ 氧化硫化矿作用的反应热动力学曲线

1—黄铁矿，H_∞ = 273.46mJ；2—方铅矿，H_∞ = 78.06mJ；3—闪锌矿，H_∞ = 193.41mJ

用时分别放热 78.06mJ、193.41mJ、273.46mJ。

根据微量热数据，通过微量热历史记录处理软件计算出被 $KMnO_4$ 氧化的方铅矿、闪锌矿和黄铁矿与 EDTA 反应时的热动力学数据，结果见表 6.7。

表 6.7　EDTA 与 $KMnO_4$ 氧化硫化矿的反应热动力学数据

方铅矿			闪锌矿			黄铁矿		
t/s	H/H_∞/%	dH/dt /mJ · s^{-1}	t/s	H/H_∞/%	dH/dt /mJ · s^{-1}	t/s	H/H_∞/%	dH/dt /mJ · s^{-1}
250	29.4441	0.1834	140	29.4829	0.4734	240	29.8867	0.4200
270	34.0062	0.1719	150	31.8939	0.4579	280	35.6926	0.3722
280	36.1798	0.1668	170	36.4863	0.4302	290	37.0366	0.3617
300	40.3110	0.1555	180	38.6800	0.4169	330	42.0204	0.3203
310	42.2673	0.1494	190	40.8062	0.4044	340	43.1778	0.3120
330	45.9749	0.1396	200	42.8689	0.3927	380	47.4898	0.2767
340	47.7309	0.1340	220	46.8183	0.3693	390	48.4880	0.2685
360	51.0562	0.1248	230	48.7011	0.3580	430	52.2000	0.2388
370	52.6302	0.1206	240	50.5273	0.3478	440	53.0623	0.2322
390	55.6077	0.1117	250	52.3053	0.3388	480	56.2764	0.2074
400	57.0142	0.1075	270	55.7006	0.3174	490	57.0243	0.2014
420	59.6810	0.1002	280	57.3182	0.3074	530	59.8066	0.1793
430	60.9433	0.0966	290	58.8866	0.2981	540	60.4544	0.1747

续表 6.7

方铅矿			闪锌矿			黄铁矿		
t/s	H/H_∞/%	dH/dt /mJ · s^{-1}	t/s	H/H_∞/%	dH/dt /mJ · s^{-1}	t/s	H/H_∞/%	dH/dt /mJ · s^{-1}
440	62.1605	0.0930	300	60.4045	0.2881	580	62.8869	0.1583
450	63.3326	0.0897	320	63.2879	0.2689	590	63.4596	0.1546
460	64.4620	0.0862	330	64.6579	0.2603	630	65.6202	0.1412
480	66.6027	0.0807	340	65.9824	0.2511	640	66.1316	0.1381
500	68.5889	0.0752	350	67.2602	0.2424	680	68.0585	0.1259
510	69.5354	0.0721	370	69.6796	0.2248	690	68.5147	0.1235
520	70.4484	0.0701	380	70.8242	0.2172	730	70.3375	0.1260
H_∞ = 78.06mJ			H_∞ = 193.41mJ			H_∞ = 273.46mJ		

由表 6.7 中的热力学参数，按照微量热的计算方法所得被 $KMnO_4$ 氧化的方铅矿、闪锌矿和黄铁矿与 EDTA 反应时的反应动力学和热力学参数见表 6.8。

表 6.8 EDTA 活化 $KMnO_4$ 氧化硫化矿的热动力学参数

矿物	Q/mJ	k/$\times10^{-3}s^{-1}$	n	R^2
黄铁矿	273.46	2.678	1.5271	0.9964
闪锌矿	193.41	3.311	0.8692	0.9995
方铅矿	78.06	3.558	1.12	0.996

由表 6.8 可知，EDTA 与 3 种硫化矿作用的热效应值大小顺序为：黄铁矿>闪锌矿>方铅矿，表明 EDTA 对受 $KMnO_4$ 氧化的不同硫化矿的活化作用不同，黄铁矿受 EDTA 活化效果最好，这与浮选结果相一致。

6.2 矿物表面氧化调控前后 XPS 分析

6.2.1 EDTA 与 H_2O_2 氧化黄铁矿作用前后的 XPS 分析

图 6.5 所示为 EDTA 与 H_2O_2 氧化黄铁矿作用前后的全元素扫描图谱，由图 6.5 可知，黄铁矿被 H_2O_2 氧化后表面存在铁、氧、碳、硫等元素，碳元素的峰可能是矿物表面有机物污染导致。加入 EDTA 后，黄铁矿表面仍然存在铁、氧、碳、硫等元素。由 XPS 全元素图谱可知，黄铁矿表面相应元素的对应结合能峰强度都有不同程度的变化，EDTA 作用后，黄铁矿表面的铁、硫、碳元素含量升高，而氧元素含量降低，这是 EDTA 使表面氧化产物溶解或螯合造成的。

为了确定 EDTA 与 H_2O_2 氧化黄铁矿的作用机理，对铁、碳、硫、氧等元素进行了窄区间扫描。

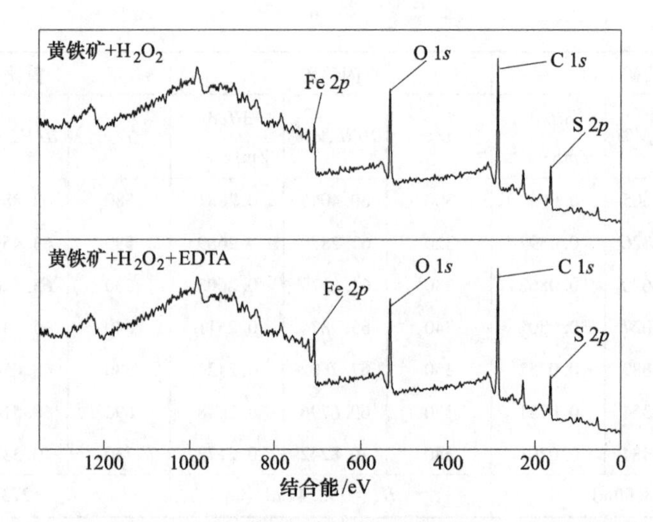

图 6.5　EDTA 与 H_2O_2 氧化黄铁矿作用前后表面 XPS 全谱扫描

图 6.6 所示为 EDTA 与 H_2O_2 氧化黄铁矿作用前后表面 C 1*s* 窄区间扫描图谱。由图 6.6 可知，H_2O_2 氧化黄铁矿后表面 C 1*s* 窄区间扫描图出现了 3 个峰，分别处于结合能 284.80eV、286.23eV、288.91eV 位置，3 个峰都是碳污染峰。结合能 284.80eV 和 286.23eV 处的峰为黄铁矿未被氧化的碳污染峰，288.91eV 处的结合能峰为黄铁矿表面氧化后的碳污染峰。EDTA 作用后黄铁矿表面的 C 1*s* 窄区间扫描图同样有 3 个峰，分别位于 284.80eV、286.17eV、288.89eV 处，与未加 EDTA 时的黄铁矿图谱相比差别不大，可能是 EDTA 与黄铁矿表面氧化产物反应后，溶解在了溶液中而矿物表面的组分并未变化。

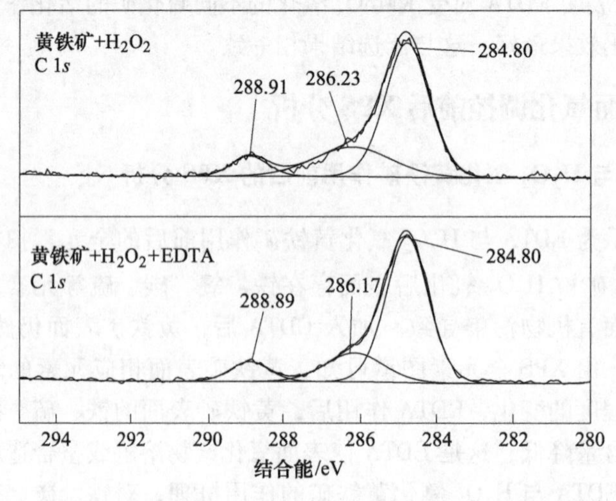

图 6.6　EDTA 与 H_2O_2 氧化黄铁矿作用前后表面 C 1*s* 窄区间扫描

图 6.7 所示为 EDTA 与 H_2O_2 氧化黄铁矿作用前后表面 O 1*s* 窄区间扫描图谱。由图 6.7 可知，H_2O_2 氧化后黄铁矿表面 O 1*s* 窄区间扫描图出现了 3 个峰，分别处于结合能 530.39eV、531.90eV、533.28eV 处，530.39eV 处的峰为黄铁矿被 H_2O_2 氧化后产生的金属氢氧化物的特征吸收峰，531.90eV 处的峰为水分子的吸收峰，533.28eV 处的峰为黄铁矿表面氧化产物硫酸根的特征吸收峰。EDTA 作用后黄铁矿表面只有两个峰，分别是 532.32eV、533.87eV，与未加 EDTA 时相比，530.39eV 处的金属氢氧化物的特征吸收峰消失不见，532.32eV 处的水分子吸收峰未发生明显的变化，而 533.87eV 处的黄铁矿表面氧化产物硫酸根的特征吸收峰发生了 0.59eV 的偏移，这表明 EDTA 完全螯合或者溶解黄铁矿表面产生的金属氢氧化物，并且 EDTA 对黄铁矿表面氧化产物硫酸盐也有螯合或者溶解，但是黄铁矿表面还有部分硫酸根存在。

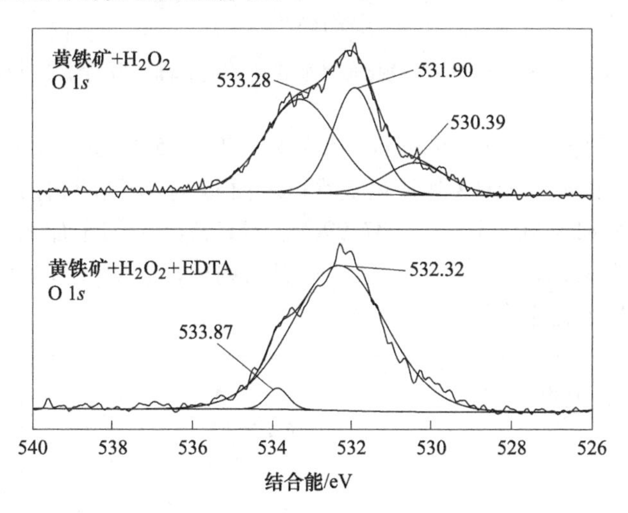

图 6.7 EDTA 活化 H_2O_2 氧化黄铁矿前后表面 O 1*s* 窄区间扫描

图 6.8 所示为 EDTA 与 H_2O_2 氧化黄铁矿作用前后表面 S 2*p* 窄区间扫描图谱。由图 6.8 可知，H_2O_2 氧化黄铁矿表面 S 2*p* 窄区间扫描图出现了 3 个峰，分别处于结合能 162.33eV、163.44eV、168.53eV 处，结合能 162.33eV 处的峰为 S^{2-} 的特征吸收峰，163.44eV 处为 S_2^{2-} 的特征吸收峰，168.53eV 处的峰为硫酸根的特征吸收峰，表明黄铁矿被 H_2O_2 氧化后部分 S^{2-} 或 S_2^{2-} 氧化成硫酸根。EDTA 作用后黄铁矿表面也存在 3 个峰，分别为 162.43eV、163.69eV、168.36eV，与未加 EDTA 时相差不大，表明 EDTA 作用后黄铁矿表面仍然有 S^{2-}、S_2^{2-} 和硫酸根存在。

图 6.9 所示为 EDTA 与 H_2O_2 氧化黄铁矿作用前后表面 Fe 2*p* 窄区间扫描图谱。由图谱 6.9 可知，H_2O_2 氧化黄铁矿表面 Fe 2*p* 窄区间扫描图出现了 3 个峰，分别在结合能 707.07eV、707.73eV、711.25eV 处，结合能 707.07eV 和

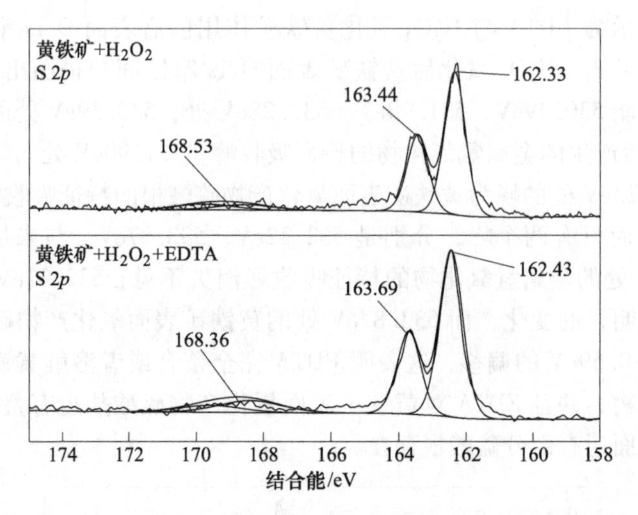

图 6.8　EDTA 与 H_2O_2 氧化黄铁矿作用前后表面 S 2*p* 窄区间扫描

707.73eV 处的峰分别为 Fe^{2+}-S 和 Fe^{3+}-S 的峰，711.25eV 处的峰为黄铁矿表面氧化产物氢氧化铁的峰。EDTA 作用后黄铁矿表面 Fe 2*p* 窄区间扫描图同样出现了 3 个峰，结合能分别为 707.17eV、707.99eV、711.37eV，与未加 EDTA 时的 Fe 2*p* 窄区间扫描图谱相比，3 个峰都发生了一定的偏移，表明 EDTA 与 Fe^{2+}、Fe^{3+} 和氢氧化铁都发生了化学作用。

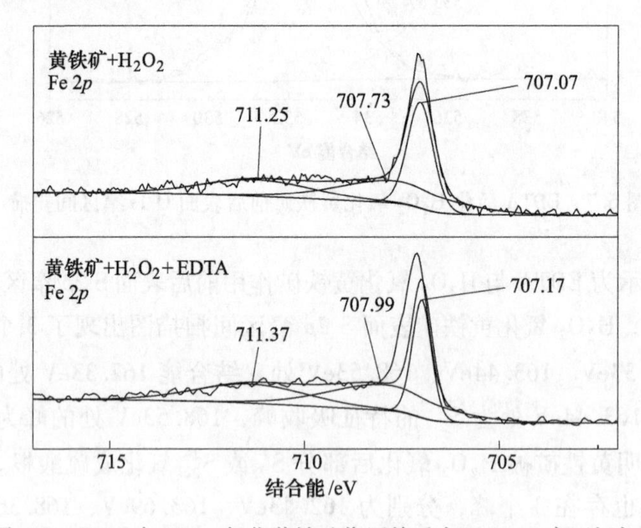

图 6.9　EDTA 与 H_2O_2 氧化黄铁矿作用前后表面 Fe 2*p* 窄区间扫描

6.2.2　EDTA 与 H_2O_2 氧化闪锌矿作用前后的 XPS 图谱分析

图 6.10 所示为 EDTA 与 H_2O_2 氧化闪锌矿作用前后的全元素扫描图谱，由图

6.10 可知，闪锌矿被 H_2O_2 氧化后表面存在锌、氧、碳、硫等元素，碳元素的峰可能是矿物表面有机物污染造成的，在加入 EDTA 后，闪锌矿表面仍然存在锌、氧、碳、硫等元素。EDTA 作用后，闪锌矿表面的锌、硫、碳元素含量升高，而氧元素含量降低，这是 EDTA 将表面氧化产物溶解或螯合造成的。

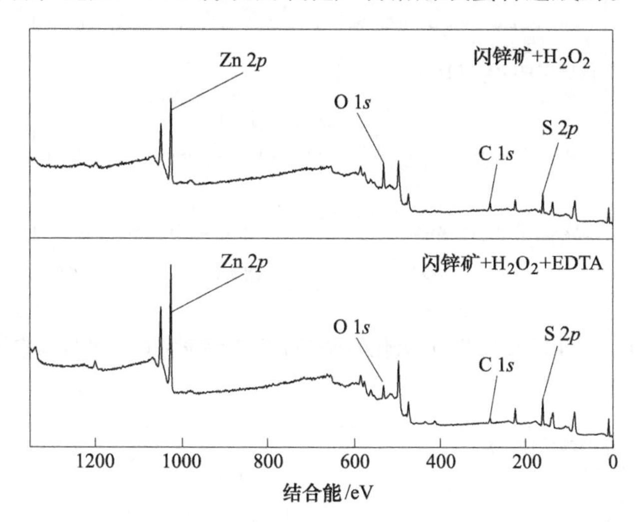

图 6.10 EDTA 与 H_2O_2 氧化是闪锌矿作用前后表面 XPS 全谱扫描

为了确定 EDTA 活化 H_2O_2 氧化闪锌矿表面的作用机理，对锌、碳、硫、氧等元素进行了窄区间扫描。

图 6.11 所示为 EDTA 与 H_2O_2 氧化闪锌矿作用前后表面 C 1*s* 窄区间扫描图谱。由图 6.11 可知，H_2O_2 氧化闪锌矿后表面 C 1*s* 窄区间扫描图出现了 3 个峰，分别处于结合能 284.80eV、285.67eV、288.01eV 处，3 个峰都是碳污染峰。结合能 284.80eV 和 285.67eV 处的峰为闪锌矿未被氧化的碳污染峰，288.01eV 处的结合能峰为闪锌矿表面氧化后的碳污染峰。EDTA 活化后闪锌矿表面的 C 1*s* 窄区间扫描图同样有 3 个峰，分别是 284.80eV、286.32eV、288.88eV，与未加 EDTA 时的闪锌矿图谱 286.32eV 和 288.88eV 处的峰相比都有一定的偏移，可能是 EDTA 加入后，EDTA 本身的碳氧单键和碳氧双键的影响。

图 6.12 所示为 EDTA 活化 H_2O_2 氧化闪锌矿前后表面 O 1*s* 窄区间扫描图谱。由图 6.12 可知，H_2O_2 氧化后闪锌矿表面 C 1*s* 窄区间扫描图出现了两个峰，分别处于结合能 530.76eV、532.38eV 处，530.76eV 处的峰为闪锌矿被 H_2O_2 氧化后产生的表面氧化产物的特征吸收峰，532.38eV 处的峰为水分子的吸收峰。EDTA 作用后闪锌矿表面只有两个峰，分别是 530.70eV、532.26eV，与未加 EDTA 相比，532.38eV 处的峰偏移到了 532.26eV 处，偏移了 0.12eV，表明 EDTA 加入后，EDTA 与闪锌矿的表面氧化产物产生了螯合或者溶解作用。

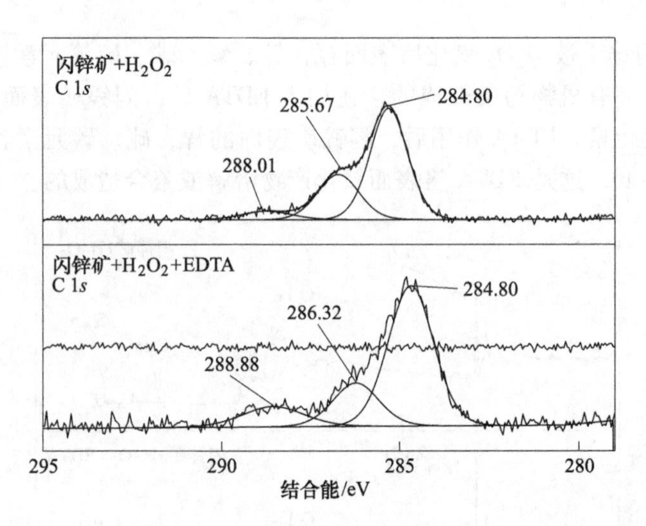

图 6.11 EDTA 与 H_2O_2 氧化闪锌矿作用前后表面 C 1*s* 窄区间扫描

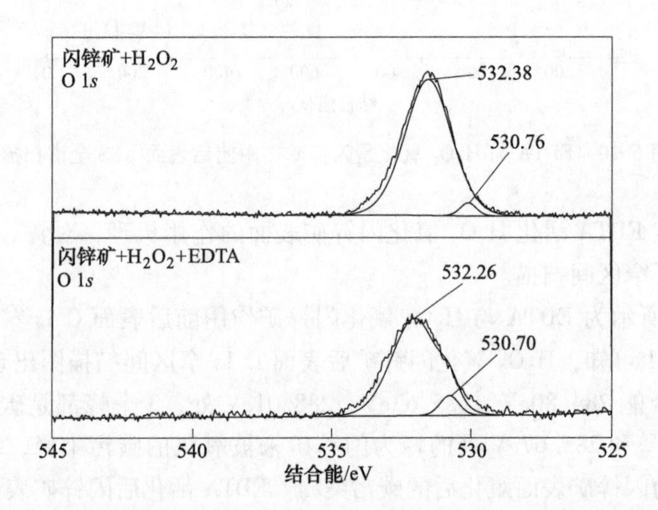

图 6.12 EDTA 与 H_2O_2 氧化闪锌矿作用前后表面 O 1*s* 窄区间扫描

图 6.13 所示为 EDTA 与 H_2O_2 氧化闪锌矿作用前后表面 S 2*p* 窄区间扫描图谱。由图 6.13 可知，H_2O_2 氧化闪锌矿表面 S 2*p* 窄区间扫描图出现了 3 个峰，分别处于结合能 161.56eV、162.51eV、168.24eV 处，结合能 161.56eV 处的峰为 S^{2-} 的特征吸收峰，162.51eV 处为 S_2^{2-} 的特征吸收峰，168.24eV 处的峰为硫酸根的特征吸收峰，这峰表明闪锌矿被 H_2O_2 氧化后部分 S^{2-} 或 S_2^{2-} 氧化成硫酸根。EDTA 作用后闪锌矿表面有两个峰，分别为 161.54eV、162.76eV，与未加 EDTA 相比，168.24eV 处的峰消失，表明 EDTA 作用后，EDTA 与闪锌矿表面的硫酸根发生了螯合或溶解作用。

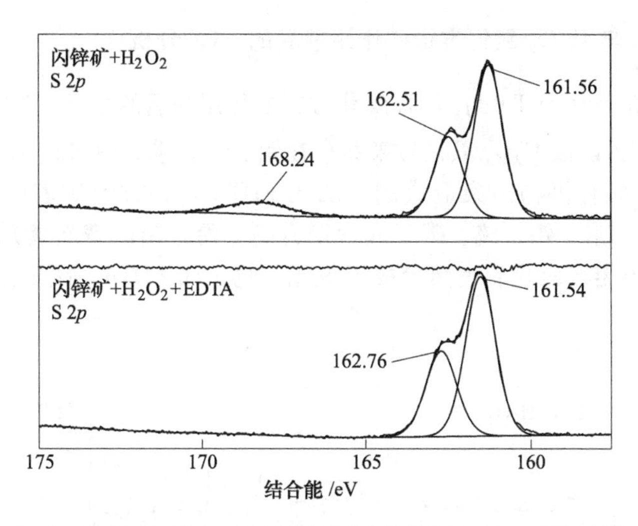

图 6.13 EDTA 与 H_2O_2 氧化闪锌矿作用前后表面 S 2p 窄区间扫描

图 6.14 所示为 EDTA 与 H_2O_2 氧化闪锌矿作用前后表面 Zn 2p 窄区间扫描图谱。由图 6.14 可知，H_2O_2 氧化闪锌矿表面 Zn 2p 窄区间扫描图出现了两个峰，分别位于 1021.91eV、1023.09eV 处，1021.91eV 处的峰为硫化锌的特征吸收峰，1023.09eV 处的峰为 H_2O_2 氧化闪锌矿表面产生的表面氧化产物的特征吸收峰。EDTA 作用后闪锌矿表面有两个峰，分别是 1021.88eV、1022.76eV，与未加 EDTA 相比，硫化锌的特征吸收峰并未有太大的变化，而 H_2O_2 氧化闪锌矿表面产生的表面氧化产物的特征吸收峰由 1023.09eV 偏移到 1022.76eV，偏移了 0.33eV，表明 EDTA 与闪锌矿的表面氧化产物产生了螯合或者溶解作用。

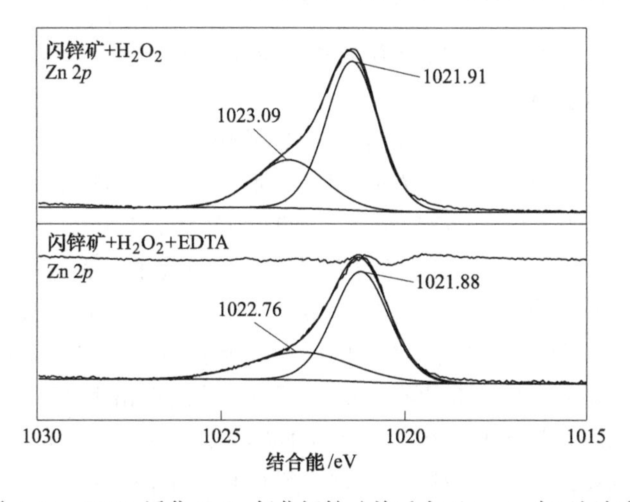

图 6.14 EDTA 活化 H_2O_2 氧化闪锌矿前后表面 Zn 2p 窄区间扫描

6.2.3 EDTA 与 H_2O_2 氧化方铅矿作用前后的 XPS 分析

图 6.15 所示为 EDTA 与 H_2O_2 氧化方铅矿作用前后的全元素扫描图谱，由图 6.15 可知，方铅矿被 H_2O_2 氧化后表面存在铅、氧、碳、硫等元素，碳元素的峰可能是矿物表面有机物污染造成的，加入 EDTA 后，方铅矿表面仍然存在铅、氧、碳、硫等元素。铅、硫、碳元素含量升高，而方铅矿表面氧元素含量降低，这是 H_2O_2 将方铅矿氧化后表面生成了氧化产物，而 EDTA 则将表面氧化产物溶解造成的。

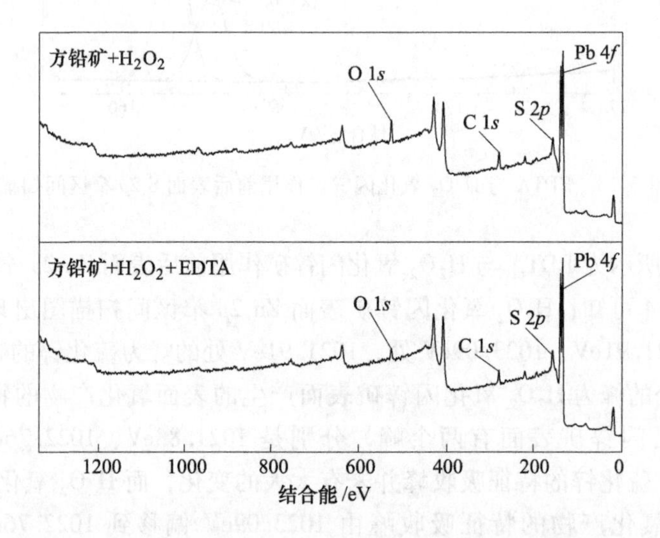

图 6.15 EDTA 与 H_2O_2 氧化方铅矿作用前后表面 XPS 全谱扫描

为了确定 EDTA 与 H_2O_2 氧化方铅矿表面的作用机理，对铅、碳、硫、氧等元素进行了窄区间扫描。

图 6.16 所示为 EDTA 与 H_2O_2 氧化方铅矿作用前后表面 C 1*s* 窄区间扫描图谱。由图 6.16 可知，H_2O_2 氧化方铅矿后表面 C 1*s* 窄区间扫描图出现了 3 个峰，分别处于结合能 284.80eV、285.56eV、289.05eV 处，3 个峰都是碳污染峰。结合能 284.80eV 和 285.56eV 处的峰为方铅矿未被氧化的碳污染峰，289.05eV 处的结合能峰为方铅矿表面氧化后的碳污染峰。EDTA 与方铅矿表面的作用后的 C 1*s* 窄区间扫描图同样有 3 个峰，分别是 284.80eV、286.76eV、288.36eV，与未加 EDTA 时的方铅矿图谱 286.76eV 和 288.36eV 处的峰相比都有一定的偏移，可能是 EDTA 加入后，受 EDTA 本身的碳氧单键和碳氧双建的影响。

图 6.17 所示为 EDTA 与 H_2O_2 氧化方铅矿作用前后表面 O 1*s* 窄区间扫描图谱。由图 6.17 可知，H_2O_2 氧化后方铅矿表面 O 1*s* 窄区间扫描图出现了 3 个峰，

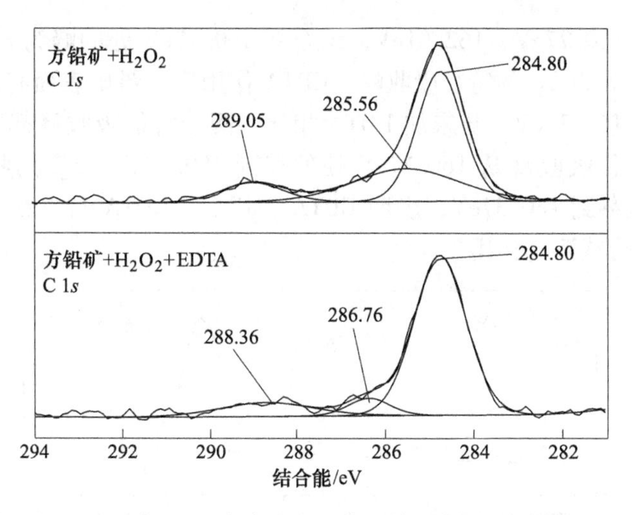

图 6.16 EDTA 与 H_2O_2 氧化方铅矿作用前后表面 C 1*s* 窄区间扫描

分别处于结合能 531.22eV、531.60eV、532.25eV 处，531.22eV 和 531.60eV 处的峰为方铅矿被 H_2O_2 氧化后产生的表面氧化产物的特征吸收峰，532.25eV 处的峰为水分子的吸收峰。EDTA 作用后方铅矿表面只有两个峰，分别是 531.28eV、531.95eV，与未加 EDTA 相比，532.25eV 处的水分子的吸收峰消失不见，而 531.60eV 处的峰偏移到了 531.95eV 处，偏移了 0.35eV，表明 EDTA 加入后，EDTA 与方铅矿的表面氧化产物产生螯合或者溶解作用。

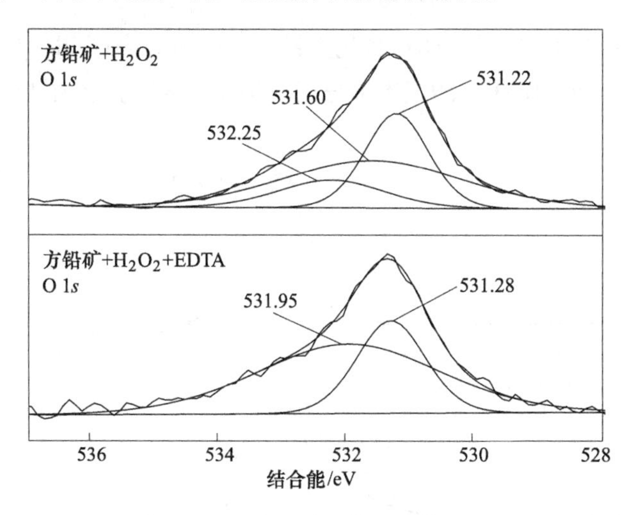

图 6.17 EDTA 与 H_2O_2 氧化方铅矿作用前后表面 O 1*s* 窄区间扫描

图 6.18 所示为 EDTA 与 H_2O_2 氧化方铅矿作用前后表面 S 2*p* 窄区间扫描图谱。由图 6.18 可知，H_2O_2 氧化方铅矿表面 S 2*p* 窄区间扫描图出现了两个峰，分

别处于结合能 160.77eV、162.01eV，结合能 160.77eV 处的峰为 S^{2-} 的特征吸收峰，162.01eV 处为 S_2^{2-} 的特征吸收峰。EDTA 作用后方铅矿表面有两个峰，分别为 159.17eV、160.37eV，与未加 EDTA 相比，两个特征吸收峰都发生了较大的偏移，S^{2-} 的特征吸收峰从 160.77eV 处偏移到 159.17eV，S_2^{2-} 的特征吸收峰从 162.01eV 处偏移到 160.37eV，表明 EDTA 作用后，EDTA 与方铅矿表面的氧化产物发生了螯合或溶解作用。

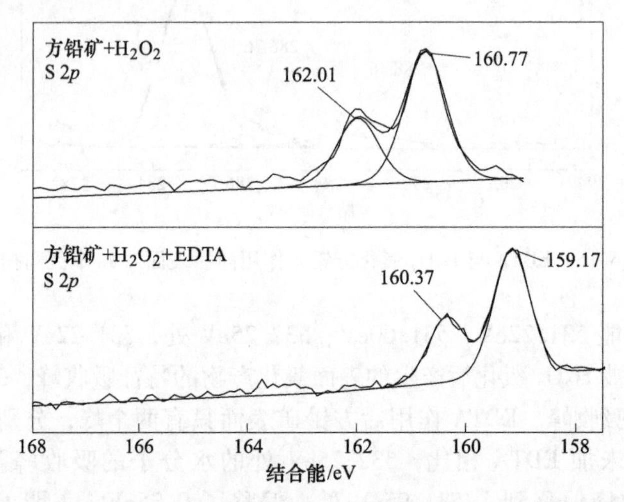

图 6.18　EDTA 与 H_2O_2 氧化方铅矿作用前后表面 S 2*p* 窄区间扫描

图 6.19 所示为 EDTA 与 H_2O_2 氧化方铅矿作用前后表面 Pb 4*f* 窄区间扫描图谱。由图 6.19 可知，H_2O_2 氧化方铅矿表面 Pb 4*f* 窄区间扫描图出现了两个峰，

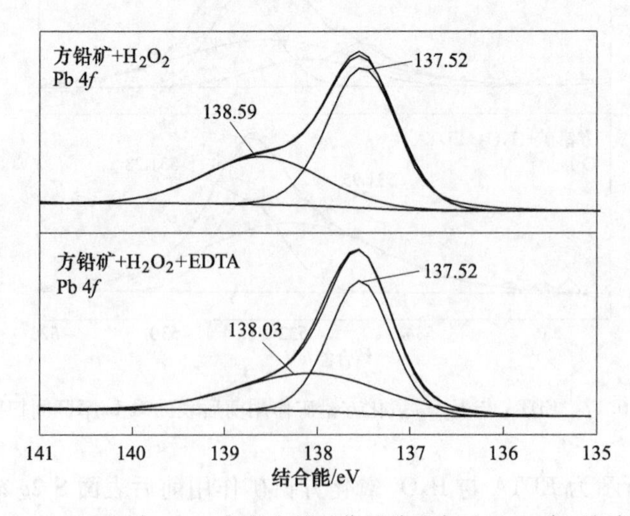

图 6.19　EDTA 与 H_2O_2 氧化方铅矿作用前后表面 Pb 4*f* 窄区间扫描

分别位于 137.52eV、138.59eV 处，137.52eV 处的峰为硫化铅的特征吸收峰，138.59eV 处的峰为 H_2O_2 氧化方铅矿表面产生的表面氧化产物的特征吸收峰。EDTA 作用后方铅矿表面有两个峰，分别是 137.52eV、138.03eV，与未加 EDTA 相比，硫化铅的特征吸收峰并未有太大的变化，而 H_2O_2 氧化方铅矿表面产生的表面氧化产物的特征吸收峰由 138.59eV 偏移到 138.03eV，偏移了 0.56eV，表明 EDTA 与方铅矿的表面氧化产物产生了螯合或者溶解作用。

参考文献

[1] 刘润清．利用工业废弃物合成选矿药剂及其在铜铅锌铁硫化矿浮选中的作用机制［D］．长沙：中南大学，2010.

[2] 胡海祥．中矿选择性分级再磨新技术磨—浮新工艺机理及应用研究［D］．武汉：武汉理工大学，2011.

[3] 徐斌．黔铜矿型铜铅锌硫化矿浮选新药剂及其综合回收新工艺研究［D］．长沙：中南大学，2013.

[4] 刘辉彦．青海祁连博凯矿业铜铅锌矿石可选性试验研究［D］．沈阳：东北大学，2009.

[5] 张劲羽．一种含铜铅锌硫化物矿石的选矿试验研究［D］．沈阳：东北大学，2013.

[6] 刘守信，杨波，师伟红，等．云南某氧化铜矿的选矿试验［J］．矿冶，2007，16（4）：14-16.

[7] 曹钊．组合调整剂在铜镍硫化矿浮选中降镁作用机理研究［D］．沈阳：东北大学，2015.

[8] 徐其红．硫化铜矿电位调控浮选试验研究［D］．赣州：江西理工大学，2011.

[9] 贾春云．微生物在硫化物矿物表面的选择性吸附［D］．沈阳：东北大学，2008.

[10] 陶红标．高碱体系方铅矿和脆硫锑铅矿浮选分离研究与应用［D］．长沙：中南大学，2014.

[11] 张国范，张佰发，石晴．油酸钠在闪锌矿表面的吸附机理［J］．中南大学学报（自然科学版），2017，48（1）：16-24.

[12] 吴昊．黄铜矿和闪锌矿在浮选分离过程中的微量热动力学研究［D］．赣州：江西理工大学，2017.

[13] 祁忠旭．高硫难选铜矿石的浮选研究［D］．长沙：中南大学，2010.

[14] 康端．伽伐尼作用对硫化矿物浮选行为及其对电子结构和性质的影响研究［D］．南宁：广西大学，2014.

[15] 马鑫，钟宏，王帅，等．硫化矿捕收剂的研究进展［J］．应用化工，2012，41（10）：1791-1795.

[16] 魏明安．复杂铜铅锌多金属硫化矿浮选分离的研究特点及应用研究［C］// 全国选矿学术会议．2009.

[17] 赵军伟，陈建华．硫化矿浮选分离有机抑制剂研究的进展［J］．矿产保护与利用，1998（2）：32-36.

[18] 马忠臣，杨长颖，马延全．铅锌硫化矿中伴生银综合回收试验研究［J］．黄金，2014（11）.

[19] 王勇，朱及天，廖力．某低品位铅锌矿无氰分离工艺研究［J］．有色金属（选矿部分），2010（2）.

[20] 程琍琍，郑春到，李啊林，等．组合抑制剂在硫化矿浮选过程中抑制闪锌矿的电化学机理［J］．有色金属工程，2014，4（4）：50-53.

[21] 陶坤，魏明安．新型铜硫分离有机抑制剂 BKY-1 的机理研究［J］．有色金属（选矿部分），2013，5：73-77.

[22] 熊道陵，张辉，汪杨，等. 一种新型有机抑制剂的铜硫分离效果 [J]. 金属矿山，2015，44（6）：59-64.

[23] 刘斌，周源. 采用有机抑制剂进行无石灰铜硫分离及机理研究 [J]. 江西理工大学学报，2008，3：24-26.

[24] 何名飞，熊道陵，陈玉平，等. 一种新型有机抑制剂甘油基黄原酸钠对硫化矿抑制作用机理研究 [J]. 矿冶工程，2007，3：30-36.

[25] 徐竞，孙伟，张芹，等. 新型有机抑制剂 RC 对黄铁矿和磁黄铁矿的抑制作用研究 [J]. 矿冶工程，2003，(6)：27-37.

[26] A L 瓦尔帝维叶索，崔洪山，林森. 在黄药作捕收剂浮选时用糊精作为黄铁矿的无毒抑制剂的研究 [J]. 国外金属矿选矿，2004，11：29-32.

[27] 罗仙平，邱廷省，方夕辉，等. 黄铁矿低碱介质高效有机抑制剂的选择及其机理研究 [J]. 江西科学，2001，(2)：79-83.

[28] Liu R, Sun W, Hu Y, et al. Effect of organic depressant lignosulfonate calcium on separation of chalcopyrite from pyrite [J]. Journal of Central South University of Technology, 2009, 16: 753-757.

[29] Wang Z, Qian Y, Xu L H, et al. Selective chalcopyrite flotation from pyrite with glycerine-xanthate as depressant [J]. Minerals Engineering, 2015, 74: 86-90.

[30] 卜勇杰，刘润清，孙伟，等. 新型组合抑制剂在低品位铜铅硫化矿浮选分离中的应用 [J]. 矿冶工程，2013，33（5）：50-52.

[31] 周德炎. 单宁类有机抑制剂对长坡选矿厂全浮硫化矿铅锌分离试验研究 [J]. 大众科技，2012（1）：111-113.

[32] 庞威. 硫化铜与含钴黄铁矿低碱度分离新工艺研究 [J]. 湖南有色金属，2014，30（1）：5-8.

[33] 胡喆，覃文庆，王军，等. 抑制剂对低品位复杂硫化镍矿浮选分离的影响 [J]. 有色金属工程，2014，4（6）：40-43.

[34] 刘豹，郝良影，李强，等. 辽宁某铜铅锌硫化矿石电位调控优先浮选试验 [J]. 金属矿山，2016，45（3）：82-85.

[35] 尚衍波. 硫化矿选矿药剂的靶向性设计及绿色合成技术 [J]. 中国科技成果，2016，17（19）：25-26.

[36] Feng B, Peng J, Guo W, et al. The effect of changes in pH on the depression of talc by chitosan and the associated mechanisms [J]. Powder Technology, 2017, 325.

[37] 冯博，朱贤文，彭金秀. 甲基纤维素的应激反应及其对滑石浮选的影响 [J]. 中国有色金属学报，2017，27（5）：1031-1036.

[38] Xiang Yahui. Carboxymethyl chitosan as a selective depressant in differential flotation of galena and chalcopyrite [D]. Edmonton: University of Alberta, 2015.

[39] 刘润清. 新型有机抑制剂对铅锑锌铁硫化矿浮选分离影响的研究 [D]. 长沙：中南大学，2006.

[40] Pawar S N, Edgar K J. Alginate derivatization: a review of chemistry, properties and applications. [J]. Biomaterials, 2012, 33 (11): 3279-305.

[41] Treenate P, Monvisade P. In vitro drug release profiles of pH-sensitive hydroxyethylacryl chitosan/sodium alginate hydrogels using paracetamol as a soluble model drug [J]. International Journal of Biological Macromolecules, 2017, 99: 71-78.

[42] 冯博，彭金秀，朱贤文，等. 阿拉伯胶在黄铜矿滑石浮选分离中的作用及机理 [J]. 矿物学报，2017，37 (3): 352-356.

[43] 朱贤文，冯博，彭金秀，等. 以羟乙基纤维素为抑制剂浮选分离铜硫 [J]. 金属矿山，2017，46 (7): 97-100.

[44] 翁存建. 铜镍硫化矿物与多元镁硅酸盐浮选分离行为研究 [D]. 赣州：江西理工大学，2016.

[45] 冯博，朱贤文，彭金秀. 羧甲基纤维素对微细粒蛇纹石的絮凝及抑制作用 [J]. 硅酸盐通报，2016，35 (5): 1367-1371.

[46] Bo F, Wei G, Peng J, et al. Separation of scheelite and calcite using calcium lignosulphonate as depressant [J]. Separation & Purification Technology, 2018: S1383586617330010.

[47] Bo F, Peng J, Wei G, et al. The effect of changes in pH on the depression of talc by chitosan and the associated mechanisms [J]. Powder Technology, 2017, 325: S0032591017308768.

[48] Oelhafen P. Practical surface analysis by auger and X-ray photoelectron spectroscopy : Edited by D. Briggs and M. P. Seah, John Wiley and Sons, 1983, 533pp. ISBN 0471 26279 X [J]. Journal of Electron Spectroscopy & Related Phenomena, 1984, 34 (2): 203-203.

[49] Briggs D. Handbook of X-ray Photoelectron Spectroscopy C. D. Wanger, W. M. Riggs, L. E. Davis, J. F. Moulder and G. E. Muilenberg Perkin-Elmer Corp. Physical Electronics Division, Eden Prairie, Minnesota, USA, 1979. 190 pp. $195 [J]. Surface & Interface Analysis, 1981, 3 (4): v-v.

[50] Buckley A N, Woods R, Wouterlood H J. An XPS investigation of the surface of natural sphalerites under flotation-related conditions [J]. International Journal of Mineral Processing, 1989, 26 (1): 29-49.

[51] Boumhara K, Tabyaoui M, Jama C, et al. Artemisia Mesatlantica, essential oil as green inhibitor for carbon steel corrosion in 1mol/L HCl solution: Electrochemical and XPS investigations [J]. Journal of Industrial & Engineering Chemistry, 2015, 29 (11): 146-155.

[52] Watts J F. High resolution XPS of organic polymers: The Scienta ESCA 300 database. G. Beamson and D. Briggs. 280pp. £ 65. John Wiley & Sons, Chichester, ISBN 0471 935921, (1992) [J]. Surface & Interface Analysis, 1993, 20 (3): 267-267.

[53] Jones C F, Lecount S, Smart R S C, et al. Compositional and structural alteration of pyrrhotite surfaces in solution: XPS and XRD studies [J]. Applied Surface Science, 1992, 55 (1): 65-85.

[54] López G P, Castner D G, Ratner B D. XPS O 1*s* binding energies for polymers containing hydroxyl, ether, ketone and ester groups [J]. Surface & Interface Analysis, 2010, 17 (5): 267-272.

[55] Bhatia Q S, Pan D H, Koberstein J T. Preferential surface adsorption in miscible blends of polystyrene and poly (vinyl methyl ether) [J]. Macromolecules, 1988, 21 (7): 2166-2175.

[56] Melnick D J, Jolly C J, Kidd K K. The genetics of a wild population of rhesus monkeys (Macaca mulatta) . I. Genetic variability within and between social groups [J] . Amer. j. phys. anthropol, 1984, 63 (4): 341-360.

[57] Prestidge C A, Ralston J, Smart R S C. The competitive adsorption of cyanide and ethyl xanthate on pyrite and pyrrhotite surfaces [J] . International Journal of Mineral Processing, 1993, 38 (3-4): 205-233.

[58] Deroubaix G, Marcus P. X-ray photoelectron spectroscopy analysis of copper and zinc oxides and sulphides [J]. Surface & Interface Analysis, 2010, 18 (1): 39-46.

[59] Skinner W M, Prestidge C A, Smart R S C. Irradiation effects during XPS studies of Cu (Ⅱ) activation of zinc sulphide [J]. Surface & Interface Analysis, 1996, 24 (9): 620-626.

[60] 杨二磊. 2-磺酸基丁二酸金属——有机配位聚合物的合成、晶体结构和性能研究 [D]. 南昌：江西师范大学，2011.

[61] AL 瓦尔帝维叶索，崔洪山，林森. 在黄药作捕收剂浮选时用糊精作为黄铁矿的无毒抑制剂的研究 [J]. 国外金属矿选矿，2004，41 (11): 29-32.

[62] Gerson, AR, Lange, et al. The mechanism of copper activation of sphalerite [J] . Applied Surface Science, 1999, 137 (1~4): 207-223.

[63] Siriwardane R V, Poston J A. Interaction of H_2S with zinc titanate in the presence of H_2 and CO [J]. Applied Surface Science, 1990, 45 (2): 131-139.

[64] Nefedov V I. A comparison of results of an ESCA study of nonconducting solids using spectrometers of different constructions [J] . Journal of Electron Spectroscopy & Related Phenomena, 1982, 25 (1): 29-47.

[65] Siriwardane, R V, Cook, et al. Interactions of SO_2 with sodium deposited on CaO [J] . Journal of Colloid & Interface Science, 1986, 114 (2): 525-535.

[66] Chang J K, Huang C H, Lee M T, et al. Physicochemical factors that affect the pseudocapacitance and cyclic stability of Mn oxide electrodes [J]. Electrochimica Acta, 2009, 54 (12): 3278-3284.

[56] Melnick D. J., Jolly C. J., Kidd K. K. The genetics of a wild population of rhesus monkeys (Macaca mulatta). I. Genetic variability within and between social groups [J]. Amer. J. phys. anthropol., 1984, 63 (4): 341-360.

[57] Prestidge C. A., Ralston J., Smart R. St. C. The competitive adsorption of cyanide and ethyl xanthate on pyrite and pyrrhotite surfaces [J]. International Journal of Mineral Processing, 1993, 38 (3-4): 205-233.

[58] Deroubaix G., Marcus P. X-ray photoelectron spectroscopy analysis of copper and zinc oxides and sulphides [J]. Surface & Interface Analysis, 1992, 18 (1): 39-46.

[59] Sunmer W. M., Prestidge C. A., Smart R. St. C. Irradiation effects during XPS studies of Cu(II) activation of sphalerite [J]. Surface & Interface Analysis, 1996, 24 (9): 620-626.

[60] [illegible] [D]. [illegible], 2011.

[61] [illegible] [J]. [illegible], 2004, [illegible]: 29-33.

[62] Gerson A. R., Lange A. G., et al. The mechanism of copper activation of sphalerite [J]. Applied Surface Science, 1999, 137 (1-4): 207-223.

[63] Siriwardane R. V., Poston J. A. Interaction of H_2S with zinc titanate in the presence of H_2 and CO [J]. Applied Surface Science, 1990, 45 (2): 131-139.

[64] Nefedov V. I. A comparison of results of an ESCA study of nonconducting solids using spectrometers of different constructions [J]. Journal of Electron Spectroscopy & Related Phenomena, 1982, 25 (1): 29-47.

[65] Siriwardane R. V., Cook J. M. Interactions of SO_2 with sodium deposited on CaO [J]. Journal of Colloid & Interface Science, 1986, 114 (2): 525-535.

[66] Chang J. K., Huang C. H., Tsai W. T., et al. Electrochemical factors that affect the capacitive performance and cycle stability of [illegible] [J]. Electrochimica Acta, 2008, 53 (12): 3276-3284.